1+X 职业技术·职业资格培训教材

铣工（数控铣工）（三级）

XIGONG (SHUKONG XIGONG)

编审委员会

主　　任　张　岚　魏丽君

委　　员　顾卫东　葛恒双　孙兴旺　张　伟　李　晔　刘汉成

执行委员　李　晔　瞿伟洁　夏　莹

编审人员

主　　编　李蓓华

编　　者　李蓓华　黄　忠　万金贵

主　　审　何亚飞

中国劳动社会保障出版社

图书在版编目(CIP)数据

铣工：数控铣工：三级 / 人力资源社会保障部教材办公室等组织编写. -- 北京：中国劳动社会保障出版社，2019

1+X 职业技术 · 职业资格培训教材

ISBN 978-7-5167-3014-0

Ⅰ.①铣…　Ⅱ.①人…　Ⅲ.①数控机床-铣床-职业培训-教材　Ⅳ.①TG54

中国版本图书馆 CIP 数据核字(2019)第 257501 号

中国劳动社会保障出版社出版发行

（北京市惠新东街 1 号　邮政编码：100029）

*

北京市艺辉印刷有限公司印刷装订　新华书店经销

787 毫米×1092 毫米　16 开本　18 印张　337 千字

2019 年 12 月第 1 版　2019 年 12 月第 1 次印刷

定价：50.00 元

读者服务部电话：（010）64929211/84209101/64921644

营销中心电话：（010）64962347

出版社网址：http://www.class.com.cn

内容简介

本教材由人力资源社会保障部教材办公室、中国就业培训技术指导中心上海分中心、上海市职业技能鉴定中心依据上海 1+X 铣工（数控铣工）三级职业技能鉴定细目组织编写。教材从强化培养操作技能、掌握实用技术的角度出发，较好地体现了当前最新的实用知识与操作技术，对于提高从业人员基本素质、掌握铣工（数控铣工）三级核心知识与技能有直接的帮助和指导作用。

本教材在编写中根据本职业的工作特点，以能力培养为根本出发点，采用模块化的编写方式。全书共分为6章，内容包括：数控系统概述、数控机床铣削加工、数控铣床的精度检验与零件误差分析、数控铣床编程、计算机辅助编程技术与操作、数控铣床的维护与常见故障的诊断和排除。

本教材第 1 章、第 3 章、第 4 章、第 6 章由李蓓华编写，第 2 章由李蓓华、万金贵编写，第 5 章由黄忠编写。全书由李蓓华修改统稿。

本教材可作为铣工（数控铣工）三级职业技能培训与鉴定考核教材，也可供全国中、高等职业技术院校相关专业师生参考使用，以及本职业从业人员培训使用。

前　言

职业培训制度的积极推进，尤其是职业资格证书制度的推行，为广大劳动者系统地学习相关职业的知识和技能，提高就业能力、工作能力和职业转换能力提供了可能，同时也为企业选择适应生产需要的合格劳动者提供了依据。

随着我国科学技术的飞速发展和产业结构的不断调整，各种新兴职业应运而生，传统职业中也越来越多、越来越快地融进了各种新知识、新技术和新工艺。因此，加快培养合格的、适应现代化建设要求的高技能人才就显得尤为迫切。近年来，上海市在加快高技能人才建设方面进行了有益的探索，积累了丰富而宝贵的经验。为优化人力资源结构，加快高技能人才队伍建设，上海市人力资源和社会保障局在提升职业标准、完善技能鉴定方面做了积极的探索和尝试，推出了 1+X 培训与鉴定模式。1+X 中的 1 代表国家职业标准，X 是为适应经济发展的需要，对职业的部分知识和技能要求进行的扩充和更新。随着经济发展和技术进步，X 将不断被赋予新的内涵，不断得到深化和提升。

上海市 1+X 培训与鉴定模式，得到了国家人力资源社会保障部的支持和肯定。为配合 1+X 培训与鉴定的需要，人力资源社会保障部教材办公室、中国就业培训技术指导中心上海分中心、上海市职业技能鉴定中心联合组织有关方面的专家、技术人员共同编写了职业技术·职业资格培训系列教材。

职业技术·职业资格培训教材严格按照 1+X 鉴定考核细目进行编写，教材内容充分反映了当前从事职业活动所需要的核心知识与技能，较好地体现了适用性、先进性与前瞻性。聘请编写 1+X 鉴定考核细目的专家，以及相关行业的专家参与教材的编审工作，保证了教材内容的科学性及与鉴定考核细目和题库的紧密衔接。

职业技术·职业资格培训教材突出了适应职业技能培训的特色，不仅有助于学员通过鉴定考核，而且有助于学员有针对性地进行系统学习，真正掌握本职业的核心技术与操作技能，从而实现从“懂得”到“会做”的飞跃。

职业技术·职业资格培训教材立足于国家职业标准，也可为全国其他省市开展新职业、新技术职业培训和鉴定考核，以及高技能人才培养提供借鉴或参考。

新教材的编写是一项探索性工作，由于时间紧迫，不足之处在所难免，欢迎各使用单位及个人对教材提出宝贵意见和建议，以便教材修订时补充更正。

人力资源社会保障部教材办公室
中国就业培训技术指导中心上海分中心
上海市职业技能鉴定中心

目　录

1

第 1 章

数控系统概述

第 1 节 数控系统的特点、功能与发展

学习目标

- 了解数控系统的特点
- 熟悉数控系统的功能
- 了解数控技术的发展

知识要求

随着科学技术的飞速发展，机械制造技术发生了深刻的变化。机械制造技术经过操作机械、动力机械、电动机与自动控制三个阶段的发展后，已开始进入智能化阶段。传统的制造设备已难以适应市场对产品多样化的要求，难以适应市场竞争对高效率、高质量的要求。而以数控技术为核心、以微电子技术为基础的现代制造技术，将传统的机械制造技术与现代控制技术、传感检测技术、信息处理技术及网络通信技术有机地结合在一起，构成了高度信息化、高度柔性化、高度自动化的制造系统。

随着现代微电子技术的飞速发展，微电子器件的集成度和信息处理能力不断提高，而价格不断下降，以信息技术为中心的新技术革命正冲击着各个技术领域，机械制造自动化正在经历“CNC（计算机数字控制）—FMS（柔性制造系统）—CIMS（计算机集成制造系统）”的发展阶段。

一、数控系统的特点

1. 具有很高的柔性

（1）由于超大规模集成电路的发展，具有各种功能的集成电路芯片已经标准化、系列化、通用化。在硬件结构不变的情况下，只需改变系统软件就可以方便地改善或扩展 CNC 系统的功能。

（2）由于 CPU（中央处理器）的高智能性，CNC 系统可以对复杂曲线进行精确计算、编程、加工。加工不同的零件只需改变程序即可。

2. 能够实现编程自动化

CNC 系统不仅可以实现在线编程，有的还可以以人机对话的形式实现编程。例如，有的 CNC 系统可以根据图样直接编制程序，操作人员或编程人员只需输入图样上简单表示尺寸的 *A*（角度）、*B*（斜面）、*R*（半径）等命令，就能自动地计算出所有交点、切点和圆心坐标，生成加工程序；有的 CNC 系统可以根据引导图和提示进行对话式编程，并具有工序选择（对于数控车床）、刀具及切削条件的自动选择及刀具使用顺序的变更（对于数控铣床或加工中心）等功能。

3. 具有更高的可靠性

由于功能器件的标准化、系列化、通用化，利用 CNC 系统的自诊断功能和报警提示可以很快查到故障部位，从而通过更换或修理有故障的器件迅速将故障排除。而微电子技术的发展使 CNC 系统有很强的抗干扰能力，从而具有更高的可靠性。衡量可靠性的重要量化指标是平均故障间隔时间（MTBF），即一台数控机床在使用中两次故障间隔的平均时间，一般用总工作时间除以总故障次数来计算。20 世纪 70 年代中期，采用小型计算机为硬件基础的 CNC 替代了过去采用中、小规模集成电路为基础的硬件结构数控系统（NC），德国西门子公司用 SINUMERIK 520C/550C 替代过去的 SINUMERIK S520K（550K），数控从此由硬件结构时代进入 CNC 时代，其平均故障间隔时间由过去的 539 h 提高到 1 500 h 以上。

20 世纪 70 年代后期至 80 年代初出现了以微处理器为基础的 CNC，如日本 FANUC 和德国 SIEMENS 7 系列，两者都采用了位片式微处理器芯片。后来又出现了用 Intel 8086 为 CPU 的 FANUC 3/6 系列和 SIEMENS 3/8 系列，平均故障间隔时间大为提高，如日本 FANUC 0 系列，其平均故障间隔时间已超过 125 个月。

4. 具有很强的通信功能

CNC 系统通常具有 RS-232（RS 意为“推荐标准”）接口，有的还备有 DNC（直接数控或分布式数控）接口，设有缓冲寄存器，可以用数控格式输入，也可以用二进制数格式输入以进行高速传输。有的 CNC 系统可以与 MAP（制造自动化协议）相连，接入企业的通信网络，适应 FMS、CIMS 的要求。

5. 容易实现多种功能

由于 CPU 运算速度和位数的不断提高、多 CPU 的出现及各类功能模块的不断完善，CNC 系统的功能已变得非常丰富，具备多轴联动的控制功能、准备功能、插补功能、进给功能、刀具功能、主轴功能、图显功能、辅助功能、补偿功能、固定循环功能、通信功能、人机对话编程功能等。

二、数控系统的功能

1. 控制功能

数控系统常见的控制功能见表 1-1。

表 1-1　数控系统常见的控制功能

名称	说明
控制轴数	指数控系统可以控制并按加工要求运动的轴数，如三轴（*X*、*Y*、*Z* 轴）
联动轴数	指数控系统可以同时控制并按加工要求运动的轴数，如二轴联动（*XY*、*XZ*、*YZ*）
设定单位	指数控系统设定的最小尺寸单位，如 0.001 mm
最大编程尺寸	指数控系统可以表示的工件最大尺寸，如±8 位数（±99 999.999 mm）
快移速度	指数控系统可以实现的进给部件快速移动（非加工）速度，如 24 000 mm/min
进给速度	指机床进给（加工）速度范围，如 1~15 000 mm/min
插补	指数控系统可以实现的插补加工线型能力，如点位和直线插补、多象限圆弧插补、正弦曲线插补等
自动加减速	数控系统可以实现在升速和降速时自动地用斜线、折线或指数曲线平缓过渡，代替阶跃式的升降速变化，以防止产生冲击等不稳定因素
暂停	数控系统可以根据加工需要用程序或外部按钮实现机床运动的暂停以进行某种操作，然后依程序控制或外部按钮操作再继续进行加工
急停	在数控设备工作时，若发生任何异常现象需要紧急处理，可设置相应的急停按钮，以便停止设备运行
空运行	指数控系统仅执行插补等工作，机床与伺服机构不工作
单步进给	指每启动一次，只进给一个脉冲当量的控制
点动进给	每当按下点动按钮即产生进给机构的移动，不按时进给即停止
单程序段操作	每启动一次仅执行一个程序段。此功能便于核查程序执行情况
选择程序段跳过	指数控系统对零件程序中某个或某些指定的程序段跳过不执行
固定循环	指数控系统为常见的加工工艺所编制的、可多次循环加工的约定功能
手动备用控制	当控制系统前级部分发生故障时，可用人工调节控制执行机构
手控方式	完全用手动控制某种运动或循环
逐段工作方式	一次读出一个程序段，执行完毕后，按下启动按钮，再读出下一段
进给保持	在自动或手动控制的运行中，使所有轴或某个轴的进给暂时停止或解除
轴禁止	禁止一台数控机床的所有轴移动
互锁	为了封锁机床移动部件的信号而设置的功能

续表

名称	说明
机械锁住	禁止数控机床的自动换刀装置、主轴和切削液系统的机械动作，而数控系统内部的分配仍在进行
任选停止	若预先启用了使该功能有效的开关，相应指令就无效
间隙补偿	数控系统可以依靠程序，按用户约定自动地补偿机床机械传动部件因间隙而产生的误差
刀具补偿	指垂直于刀具轨迹的位移，可用来修正刀具实际半径或直径与其程序规定值之差
刀具位置补偿	指刀具位置沿平行于控制坐标方向的补偿
刀具半径补偿	车刀刀尖有一个很小的半径值，为了在加工中实现对其磨损量的补偿，可沿假设的刀尖方向，在刀尖的半径值上附加一个刀具偏移量
刀具长度补偿	一般指数控铣床、加工中心等在三维加工时，沿深度方向对刀具长度变化的补偿
刀具寿命管理	检测型刀具寿命管理功能是指系统借助刀具检测系统监视刀具磨损情况，并根据磨损情况决定是否由刀库备用刀自动进行调换；约定型刀具寿命管理功能是指刀具按约定完成若干套工件加工后，能自动用刀库备用刀完成调换
主轴准停	指系统在换刀时对主轴准确定位的控制
刀具选择	数控机床加工时可进行必要的刀具自动选择，如数控机床上的自动换刀装置
刀具偏置	指按规定的部分或全部程序作用于机床轴的相对位移，而受控轴的位移方向仅由偏置值的正负号来确定
恒线速度控制	指数控系统使旋转工件切削点的线速度自动保持不变的一种控制功能
存储型行程限位	由存储单元在开始加工时存放最大允许加工范围，而当加工到约定尺寸时，系统能够自动停止

2. 编程功能

数控系统常见的编程功能见表 1-2。

表 1-2　　数控系统常见的编程功能

名称	说明
会话型自动编程	数控系统在编程时采用人机对话的交互式菜单编程
用户宏程序	供用户针对某种工艺所需，自行编制相应的自动循环加工程序的族程序
录返	指数控系统提供用手动操作对工件的加工过程进行模拟，系统可将其动作顺序、坐标等参数依次录入存储器中，然后用返演方式自动地控制设备完成同样的操作
镜像	指数控系统简化对称工件编制零件程序的功能
F1 位方式	指进给速度的一种表达方式，即用 F0～F9 中的一位 F 代码来表达使用的某种进给速度
F4 位方式	指进给速度的直接指定方式，系统用 F 码后面紧跟的四位数字表示进给速度的实际值

续表

名称	说明
手动数据输入（MDI）	通过 CNC 面板按键，由人工逐个输入程序字符
CRT（阴极射线管）显示	CRT 字符显示器可配合 MDI 进行数据输入，也可用于工件坐标值和报警号显示、事故显示等
缩放	指数控系统对 CRT 上的显示图形实现缩小和放大的功能，有的系统还可将缩放功能用于加工
旋转	指数控系统对工件图形显示实现二维或三维旋转若干角度后再显示的功能，有的系统还具有剖面显示功能
零件程序存储及编辑	指数控系统对输入的零件程序进行存储及编辑的功能

3. 输出功能

数控系统常见的输出功能见表 1–3。

表 1–3　　数控系统常见的输出功能

名称	说明
当前位置显示	在 CRT 上能同时显示每个轴当前位置的绝对数值
数控数据显示	在 CRT 上显示出数控程序的全部程序段数据
偏置值显示	在 CRT 上显示刀具长度每一组的偏置数值，包括在每一个坐标轴上的分量值（相对坐标值）
参数显示	在 CRT 上显示系统控制用的参数表上的每组参数值
报警号显示	数控系统为维修的需要设置每一种功能的报警号
诊断数据显示	为了检查数控系统输入及输出部件的故障，在对应号码上设置诊断数据
顺序号显示	指对零件源程序的程序段号码的自动显示，可方便用户了解加工进程
顺序号检索	指对零件源程序的顺序号的检索功能，便于用户了解及核查各程序段数据
程序号显示	指对程序号（工件号）的显示功能
通信	指为数控系统与外围设备及其他数控系统或上级机通信而设置的通信功能

三、数控技术的发展

1. 数控铣床的发展

（1）数控加工中心。数控加工中心与普通数控铣床的区别主要在于其能在一台机床上完成由几台数控机床才能完成的工作，它的特点是只需对被加工零件进行一次装夹，就可以连续地对工件各表面自动进行钻削、扩孔、铰孔、镗孔、攻螺纹、铣削等多工序加工，工序高度集中。这种机床一般具有分度工作台（或者双工作台）、刀库和自动换刀装置，在加工过程中能自动地进行刀具更换工作，以满足加工的要求。卧式加工中心如图 1–1 所示。

(2) 自动编程。加工简单的零件时，可由操作人员直接在数控机床上编制程序，称为手工编程。复杂的零件，特别是军工、宇航、模具等工业部门的零件，其轮廓不全是由简单的平面、直线或圆弧组成，用手工逐段计算与编程十分复杂，因此不得不求助于计算机进行自动编程。自动编程的要点就是采用简单的编程语言去描述工件的几何形状和加工过程，由计算机接收后按指定的要求进行分段计算，最后处理成数控机床适用的程序，通过信息载体输入数控机床进行加工。

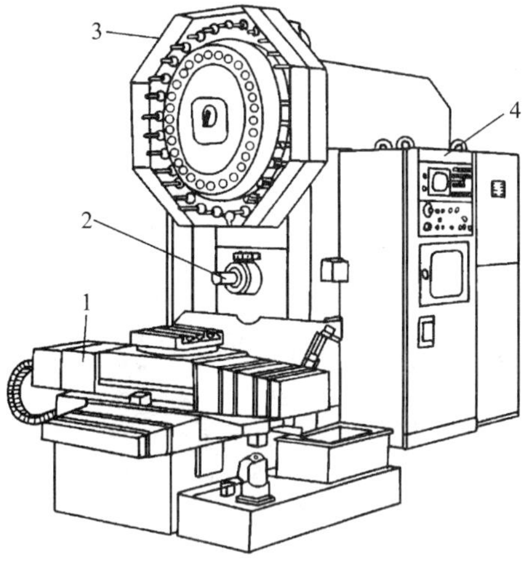

图 1-1 卧式加工中心

1—工作台 2—主轴 3—刀库 4—数控柜

自动编程技术源于 20 世纪 50 年代初期。1953 年，美国麻省理工学院伺服机构研究室为了充分发挥数控机床的加工能力、解决复杂工件的加工问题，在美国空军的资助下，着手研究数控自动编程，并于 1955 年公布研究成果，即 APT（自动编程工具）系统，从而奠定了 APT 语言自动编程的基础。1983 年，美国 Unigraphics Solutions 公司开发研制出 UG Ⅱ CAD/CAM（计算机辅助设计/计算机辅助制造）系统，这也是目前应用较广泛的 CAD/CAM 软件之一。自 20 世纪 80 年代以后，各种不同的 CAD/CAM 自动编程系统如雨后春笋般地发展起来，如 Master CAM、Pro/Engineer、SolidWorks 等。

(3) 柔性制造系统。柔性制造系统是一个由中央计算机控制的、一组数控机床组成的自动化制造系统。尽管柔性制造系统的规模差异很大，但其必须包含三个基本部分，即加工系统、物料输送系统和信息系统。柔性制造系统的构成如图 1-2 所示，其结构流程关系如图 1-3 所示。

1）加工系统。加工系统一般是以数控加工中心为主体的一组加工单元，是完成产品加工等工序的子系统。

2）物料输送系统。物料输送系统通常由工业机器人、无人输送小车、自动仓库等组成，负责完成零件及毛坯的自动搬运和储存任务。

3）信息系统。信息系统即控制系统，其对整个柔性制造系统实施全盘管理与调度。

采用柔性制造系统可显著提高劳动生产率，大大缩短制造周期，提高机床利用率，减少操作人员数量，压缩在制品数量和库存量，从而大大降低成本，缩小生产场地，提高技术经济效益。

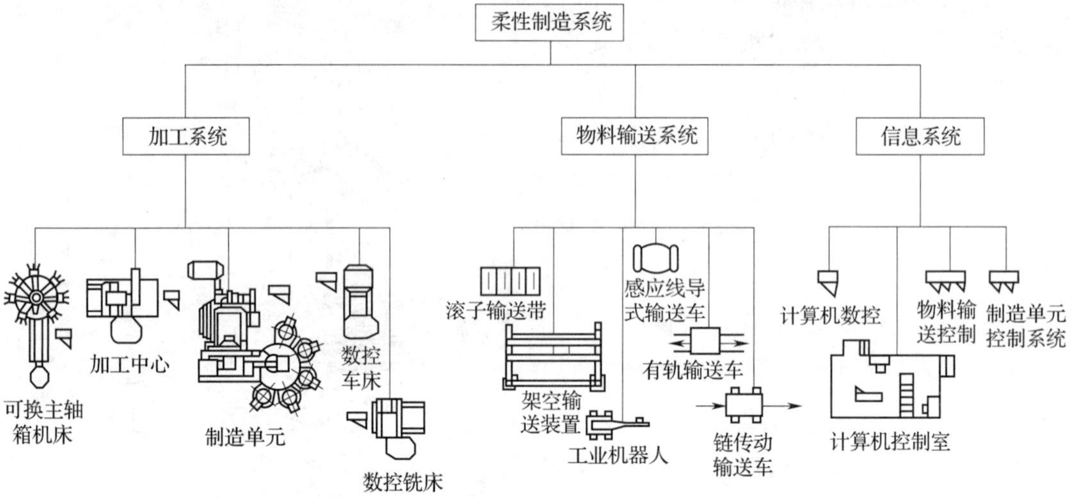

图 1-2 柔性制造系统的构成

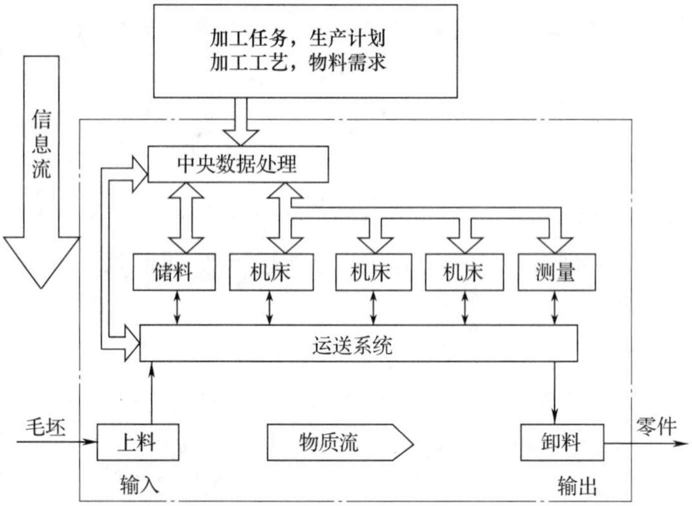

图 1-3 柔性制造系统的结构流程关系

（4）计算机设计、制造、检测一体化（CAD/CAM、CAPP、CAT）。机械制造自动化的高级阶段是走向设计、制造、检测一体化。CAD（计算机辅助设计）充分利用计算机的高速运算能力、逻辑判断能力、大存储容量，特别是图像显示和人机对话能力，使计算机能履行很大一部分设计、制图人员的职能，快速、高质量地完成设计工作。CAM（计算机辅助制造）的核心是计算机数值控制，是将计算机应用于制造生产过程的过程或系统。CAPP（计算机辅助工艺过程设计）的作用是利用计算机进行零件加工工艺过程的制定。CAT（计算机辅助检测）实现在线质量控制。计算机设计、制造、检测三者结合，使产品的设计、计算、制造、装配和质量控制成为完整的自动化体系。

（5）计算机集成制造系统。计算机集成制造系统是用计算机通过信息集成实现现代化的生产制造，以求得企业的总体效益的。CIMS 包含制造企业生产、经营的全过程，具有经营管理、工程设计、加工制造等主要功能。CIMS 可由管理信息分系统、工程设计自动化分系统、制造自动化分系统、质量保证分系统、计算机网络分系统和数据库分系统六个部分组成，它们之间的关系如图 1-4 所示。

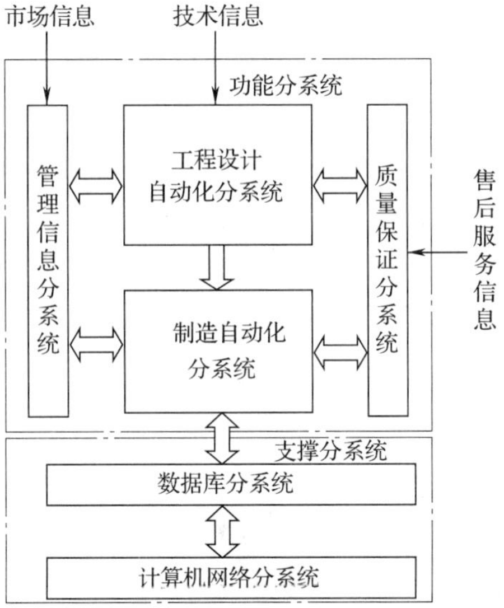

图 1-4　计算机集成制造系统的组成关系

2. 数控系统的发展

（1）数控系统向开放式体系结构发展。20 世纪 90 年代以来，计算机技术的飞速发展推动数控技术更快地更新换代。世界上许多数控系统生产厂家利用计算机丰富的软件、硬件资源，开发开放式体系结构的新一代数控系统。开放式体系结构使数控系统有更好的通用性、柔性、适应性、可扩展性，并可以较容易地实现智能化、网络化。开放式体系结构的新一代数控系统的硬件、软件和总线规范都是对外开放的，数控系统制造商和用户可以根据这些开放的资源进行系统的集成。同时，开放式体系结构也为用户根据实际需要灵活配置数控系统提供了极大的便利，促进了数控系统多档次、多品种的开发和广泛应用，使开发生产周期大大缩短。此外，这种数控系统还可以随 CPU 的升级而升级，而结构可以保持不变。

（2）数控系统向软数控方向发展。软数控系统是一种具有开放式体系结构的数控系统。它为用户提供最大的选择性和灵活性，它的 CNC 软件全部装在计算机中，而硬件部分仅是计算机与伺服驱动和外部 I/O（输入/输出）之间的标准化通用接口。就像计算机中可以安装各种品牌的声卡和相应的驱动程序一样，用户可以在 Windows NT 平台上利用开放的 CNC 内核开发所需的各种功能，构成各种类型的高性能数控系统。通过软件智能替代复杂的硬件正在成为当代数控系统发展的重要趋势。

（3）数控系统控制性能向智能化方向发展。智能化是 21 世纪发展的一个大方向。随着人工智能在计算机领域的渗透和发展，数控系统引入了适应控制、模糊系统和神经网络的控制机理，不但具有自动编程、前馈控制、模糊控制、学习控制、自适应控制、工艺参数自动生成、三维刀具补偿、运动参数动态补偿等功能，而且人机界面极为友好，并具有故障诊断专家系统，使自诊断和故障监控功能更趋完善。伺服系统智能化的主轴交流驱动和智能化进给伺服装置能自动识别负载并自动优化及调整参数。

（4）数控系统向网络化方向发展。数控系统从控制单台机床到控制多台机床的分级式控制需要网络进行通信。网络的主要任务是进行通信、共享信息。这种通信常分为以下三级：

1）工厂管理级，一般由以太网组成。

2）车间单元控制级，一般由 DNC（分布式数控）功能进行控制。

3）现场设备级，用总线相连接。

（5）数控系统向高可靠性方向发展。随着数控机床网络化应用的日趋广泛，数控系统的高可靠性已经成为数控系统制造商追求的目标。数控系统的可靠性要高于被控设备可靠性一个数量级以上，但目前距理想目标还有差距。

（6）数控系统向复合化方向发展。为了尽可能地降低在零件加工过程中的大量辅助时间，人们希望将不同的加工功能整合在同一台机床上，因此，具有复合功能的机床成为近年来发展很快的机种。柔性制造范畴的机床复合加工是指将工件一次装夹后，机床便能按照数控加工程序自动进行同一类工艺方法或不同类工艺方法的多工序加工，以完成一个复杂形状零件的主要乃至全部加工工序。

（7）数控系统向多轴联动化方向发展。多轴联动能实现同时对机床多个运动进行协调控制，从而大幅度提高加工效率，显著改善加工表面质量。因此，各大数控系统开发商不遗余力地开发五轴、六轴联动数控系统。随着五轴联动数控系统和编程软件的成熟与日益普及，五轴联动控制的加工中心和数控铣床已经成为当前的一个开发热点。

第 2 节　数控系统的基本组成与工作过程

学习目标

➢ 了解数控系统的基本组成
➢ 熟悉数控系统的基本工作过程

知识要求

一、数控系统的基本组成

数字控制（简称 NC 或数控）是指用数字化的信息对某一对象进行控制的技术。控制对象既可以是位移、角度、速度等机械量，也可以是温度、压力等物理量。这些量的大小不仅可以测得，而且可以经过 A/D（模拟信号/数字信号）转换，用数字信号来表示。

数控系统的硬件基础是数字逻辑电路。最初的数控系统是由数字逻辑电路构成的，因而被称为硬件数控系统。随着微型计算机的发展，硬件数控系统逐渐被淘汰，取而代之的是计算机数控（CNC）系统。由于计算机可完成由软件来确定数字信息的处理过程，从而具有真正的“柔性”，并可以处理硬件逻辑电路难以处理的复杂信息，使数控系统的性能大大提高。当前，微型计算机技术发展迅速，性能提高，价格降低，所以在数控系统中得到广泛应用。

CNC 装置由硬件和软件组成，硬件的组成如图 1-5 所示，软件的组成如图 1-6 所示。CNC 的硬件为一专用计算机，由软件来实现部分或全部数控功能，通过改变软件可以很容易地更改或扩展其功能。

二、数控系统的基本工作过程

CNC 系统的工作是在硬件的支持下执行软件的全过程，其主要内容包括输入、译码、刀具补偿、进给速度处理、插补、位置控制、I/O 处理、显示、自诊断等。

1. 输入

向 CNC 装置输入的内容有零件程序、控制参数、补偿数据等。输入大多采用中断方式。输入的形式有键盘输入、磁盘输入和连接上级计算机的 DNC 接口输入。CNC 系统的输入按 CNC 装置的工作方式可分为存储方式输入和 NC 方式输入。所谓存储方式输入，就是将加工的零件程序一次性地全部输入 CNC 装置的内部存储器中，加工时再从存储器中逐个调出各程序段；所谓 NC 方式输入，就是一边往 CNC 装置输入程序一边进行加工，即当前一程序段在加工时，输入后一程序段。CNC 装置在输入过程中还要进行无效码删除、代码校验、代码转换等工作。

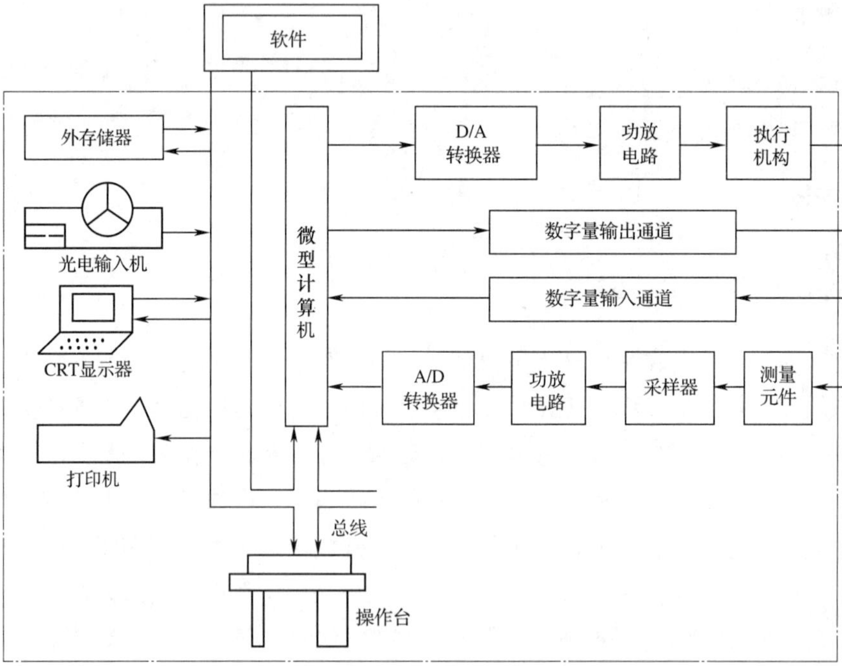

图 1-5　CNC 装置硬件的组成

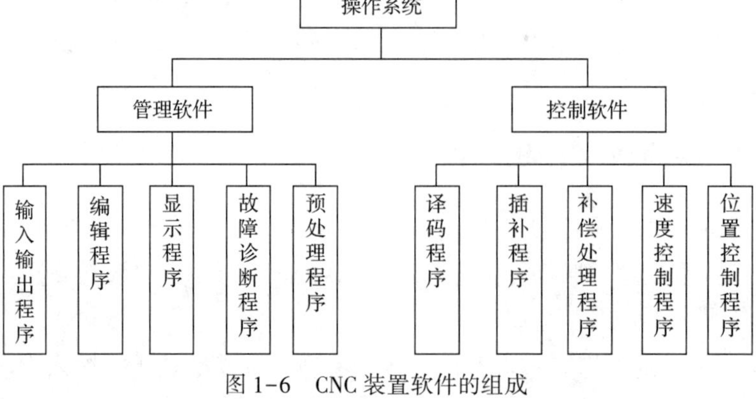

图 1-6　CNC 装置软件的组成

2. 译码

零件程序及其他信息输入内存后，在计算机做插补运算与控制操作之前要进行译码处理。

译码是以一个程序段为单位进行的。译码的目的是把程序段中的各种零件轮廓信息（如起点、终点、直线、圆弧等几何要素）、加工速度信息（F 代码）和其他辅助信息（M、S、T 代码等）按照一定的语法规则解释成数控装置能够识别的语言，并以一定的格式存放在指定的内存专用区间。在译码过程中，还要完成对程序段的语法检查，一旦发现错误便立即报警。

3. 刀具补偿

刀具补偿包括刀具半径补偿和刀具长度补偿。刀具半径补偿的作用是把零件轮廓轨迹转换成刀具中心轨迹，这样就可按零件的轮廓轨迹进行编程，从而简化了编程工作。刀具长度补偿是编程人员不必知道刀具实际长度，而是根据假设刀具长度编程，数控装置按两者之差自动补偿，从而简化了编程工作。目前，CNC 装置均具有 C 刀补功能，能在程序段之间进行自动转接和过切削判别。

4. 进给速度处理

数控装置进给速度处理的任务是要保证编程速度的实现。编程所给定的刀具移动速度是加工轨迹切线方向的速度，速度处理就是把它分解成各运动坐标方向的分速度。

5. 插补

插补是在已知起点和终点的曲线（工作轮廓）上，按选定的数学模型求其他中间数据点的工作，即所谓的“数据点的密化”。

插补按周期运行，每个插补周期运行一次。利用程序给定的进给速度和插补周期 Δt 可计算出一个微小直线段，经过若干个周期后可完成一个程序段的插补工作，所得到的若干个微小直线段的交点就是该程序段的“数据点的密化”。

如图 1-7 所示，已知曲线 L，起点为 A，终点为 B。在一个插补周期内可计算出微小直线段的各坐标分量 Δx_i 和 Δy_i。经过若干插补周期，可计算出曲线 L 的若干微小直线段（Δx_1，Δy_1），（Δx_2，Δy_2），……，（Δx_n，Δy_n）。每个插补周期所计算出的微小直线段（Δx_i，Δy_i）都足够小，以保证轨迹精度。

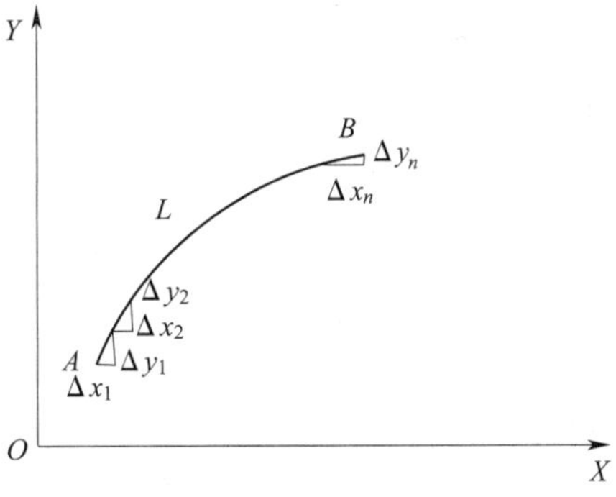

图 1-7　插补原理

目前，一般的 CNC 装置都能对直线、圆弧进行插补运算，而一些专用的或高档的 CNC 装置还能完成对椭圆、抛物线、正弦曲线和一些专用曲线的插补计算。

6. 位置控制

在闭环控制的 CNC 系统中，位置控制的作用是：在每个采样周期内，把插补计算得到的理论位置与实际反馈位置相比较，用其差值去控制进给电动机。在位置控制中，通常还要进行位置回路的增益调整、各坐标方向的螺距误差补偿和反向间隙补偿，以提高机床的定位精度。

7. I/O 处理

I/O 处理主要是处理 CNC 装置与机床之间强电信号的输入、输出和控制（如换刀、换挡、冷却等）。

8. 显示

CNC 装置的显示主要是为操作人员提供便利，通常有零件程序显示、参数显示、零件程序的图形仿真显示、刀具位置显示、机床状态显示、报警显示等。有些 CNC 装置还有刀具加工轨迹的静态图形和动态图形显示。

9. 自诊断

现代数控机床的 CNC 装置都具有联机和脱机诊断能力。联机诊断是指 CNC 装置在自诊断程序的支持下随时监控机床各部分的运行情况，及时发现异常事件。脱机诊断是指在机床停止加工和停机情况下的检查。脱机诊断还可以采用远程通信方式进行，由诊断中心计算机对 CNC 装置进行诊断，确定故障位置和修理方法。

第 3 节　数控系统的硬件

学习目标

➢ 了解数控系统的硬件组成
➢ 熟悉数控系统的硬件接口

知识要求

一、数控系统的硬件组成

1. 微处理器和总线

微处理器是 CNC 装置的核心，主要由运算器和控制器两大部分组成。运算器对数据进行算术和逻辑运算；控制器则将存储器中的程序指令进行译码，按顺序向 CNC 装置各部分发出操作的控制信号，并且接收执行部件的反馈信息，从而决定下一步的操作命令。

微处理器进行实时插补数据处理与机床位置伺服控制，同时将辅助动作指令通过可编程逻辑控制器（PLC）发往机床，并接收通过 PLC 返回的机床各部分信息。CNC 装置中常用的微处理器为 8 位、16 位和 32 位。选用微处理器时，要根据实时控制和数据处理的要求，对运算速度、字长、数据宽度、寻址能力等方面进行考虑。当代 CNC 系统中出现了多微处理器系统，即数控系统中有两个甚至两个以上的微处理器，每个 CPU 之间都采用紧耦合，有集中的操作系统，共享资源；或者由多个微处理器构成功能模块，功能模块之间采用松耦合，由多重操作系统有效实现并处理。

总线是微处理器与各组成部件、接口之间的信息公共传输线。系统总线包括地址总线、数据总线和控制总线。采用标准总线连接模板的 CNC 系统，其性能限制的最终可能就是总线本身的结构。因此，在选用标准总线时，要根据用户系统的要求来评价总线的性能和特点。

2. 存储器

存储器用于存放 CNC 装置的程序、数据和参数，分为只读存储器（ROM）和随机存储器（RAM）两类。ROM 一般采用可以用紫外线擦除的可擦可编程只读存储器（EPROM）。这种存储器的内容只能由 CNC 装置的生产厂家固化（写入），写入信息的 EPROM 即使断电，信息也不会丢失。它只能被微处理器读出，不能写进新的内容。CNC 装置的系统程序存放在 EPROM 中。零件加工程序、机床参数、刀具参数等存放在有后备电池的 CMOS RAM（CMOS 即互补金属氧化物半导体）或磁泡存储器中。这些数据既能读出，也能写入或修改，断电后信息仍被保留。数控过程中各种运算的中间结果、运行中需显示的状态信息等均存放在 RAM 中，它可以随时读写，断电后内容即刻消失。

机床数据存储器有静态随机存储器（SRAM）和高速闪存只读存储器（Flash ROM）两种。静态随机存储器存放工作数据（数据可修改）；高速闪存只读存储器存放固定数据，通常作为数据备份区、出厂数据区、PLC 区、文本区等，并存放系统程序。

3. 位置控制器

位置控制器分为位置控制单元和速度控制单元。经过插补运算得到的控制信号被送往位置控制单元，由它产生伺服电动机速度指令并送往速度控制单元。速度控制单元接收速度反馈信号，控制伺服电动机以恒定速度运转。同时，位置控制单元接收实际位置反馈信号并修正速度指令，实现机床运动的准确控制。

在进行位置控制的同时，数控系统还进行自动升降速处理，即当机床启动、停止或在加工过程中改变进给速度时，数控系统自动进行线性规律或指数规律的速度升降处理。对于一般机床，可采用较为简单的线性升降速处理，如图 1-8a 所示；对于重型机床，则采用指数升降速处理，以便使速度变化平滑，如图 1-8b 所示。

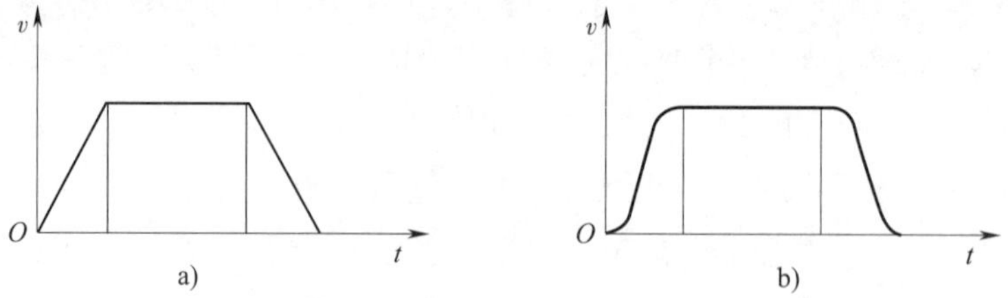

图 1-8　线性升降速与指数升降速变化曲线

a）线性升降速变化曲线　b）指数升降速变化曲线

4. 可编程逻辑控制器

可编程逻辑控制器利用逻辑运算实现数控机床的顺序控制功能，替代了传统机床强电继电器逻辑控制。数控机床的辅助机械动作控制功能（如工件的夹紧、放松，主轴运动控制，切削液控制，刀具管理控制等）通常由 PLC 来实现。PLC 有独立的语言系统，其体积小，控制灵活。

二、数控系统的硬件接口

1. 输入/输出接口

输入/输出（I/O）接口电路用于传送 CNC 装置与机床间的信号。输入接口接收机床操作面板上的各种开关、按钮信号，机床上的各种行程开关信号，以及温度、压力、电压等检测信号。输出接口将所检测的各种机床工作状态信息送到机床操作面板进行声光指示，将 CNC 装置发出的控制机床动作信号送到强电控制柜，以控制机床电气执行部件动作。

2. 控制设备接口

控制设备接口信号有数字信号和模拟信号两种。通过控制设备接口，控制设备与 I/O 接口芯片连接起来。其中，机床控制设备接口电路的主要任务是进行电平转换和功率放大。一般来说，数控系统输入/输出接口电路为低电平，而控制设备如接触器、继电器等，大多电压高、电流大，因此要进行电平转换或功率放大。另外，控制设备接口会将数控系统处理的数字量信息与被控模拟量信息进行匹配，以进行 D/A 和 A/D 转换。

3. 通信接口

（1）通信显示接口。通信显示接口即 CRT 接口。在数控系统中，为了排除故障和进行现场操作，需要用 CRT 显示终端等设备与操作人员进行对话，以方便操作人员通过显示器观察图形、检查数据或进行参数修改。这些设备无论是接收数据还是发送数据，都是以串行通信方式与微处理器实现信息交换的。因此，在计算机数控系统中设置串行通信接口是十分必要的。串行 I/O 通信接口的操作方式有同步和异步两种。这些串行通信接口的基本功能是将微处理器送来的并行数据转化为同步或异步的串行数据，以及将输入的同步或异步的串行数据转化为并行数据送给微处理器。

（2）加工数据通信接口。通常，数控系统均具有标准的 RS-232C 或 RS-422 串行通信接口，用来连接输入/输出设备、外部机床控制面板、编程机等。数控机床上使用最普遍的异步串行通信接口标准为 RS-232C。RS-232C 接口常使用 9 针、25 针连接器。RS-232C 接口的最大传输距离一般为 15 m。一台计算机通过串行通信控制多台数控设备时，所能控制的数控设备数一般不超过 64 台。目前，在 DNC 系统中采用的通信技术主要有串口传输、网络通信、现场总线。串行接口不可以在通电状态下直接插拔。DNC 即计算机直接数控或分布式数控，是指一台或多台计算机对多台数控机床实施综合数字控制。

4. 网络接口

随着柔性制造技术的发展，单台数控设备已不能满足要求，需要与其他设备和计算机一起通过工业局部网络（LAN）连接，以构成 FMS 或 CIMS。某些高档的 CNC 装置上配有专用的通信接口，担负网络通信任务。

近年来，制造自动化协议（MAP）已成为应用于企业自动化的标准工业局部网络协议。MAP 是美国 GM（通用汽车）公司研究和开发的用于企业车间环境的通用网络通信标准，已被许多国家和企业接受。

西门子公司开发的总线结构的 SINEC H1 工业局域网络可以连接形成柔性制造系统。SINEC H1 基于线性工业以太网标准，符合局域网的模型结构。

目前，一般做法是利用网络适配器通过 TCP/IP 协议，设置好本计算机的 IP 地址以适应局域网，设置共享的资源。设置完成后，可以在企业内部局域网任何一台计算机上控制和查看数控机床的情况，编写数控机床程序，解决数控机床所出现的问题。

5. 通信参数设置

数据传送的速率用波特率进行描述。一秒内传送代码的位数称为波特率。产生波特率的器件叫作波特发生器。波特发生器由一个外部定时时钟参与控制，它可以对波特率进行变换和调节，以适应不同系统或不同工作状况对波特率的不同要求。

CNC 装置与外部计算机之间要进行通信，双方必须遵从统一的通信协议。所谓通信协议，就是要规定字符数据的传送格式，如数控机床串行通信波特率设置为 9 600 波特，则传输软件的波特率应该设置为 9 600 波特。异步串行通信接口是指通信的机床和计算机应分别设定相同的传输速率，如 FANUC 系统串行通信参数中的数据位一般为 7 位。使用 RS-232C 接口必须设定的串行通信参数主要有停止位、设备号、波特率、代码标准。

2

第 2 章

数控机床铣削加工

第 1 节　数控铣削加工工艺

学习单元 1　数控铣削加工工艺分析

学习目标

- 熟悉数控加工专用技术文件，掌握工艺卡片及刀具调整单
- 熟悉图样分析，掌握加工工艺路线的拟定
- 掌握加工余量的确定，掌握切削用量的选择
- 能够熟练分析典型零件的加工工艺规程

知识要求

一、数控加工专用技术文件

编写数控加工专用技术文件是数控加工工艺设计的内容之一。数控加工专用技术文件在生产中可指导操作工人按程序正确加工，同时也可保证产品的质量，有的甚至是产品制造的重要依据。因此，在编写数控加工专用技术文件时，应保证准确、明了。准备长期使用的程序和文件要统一编号，办理存档手续，建立相应的管理制度。数控加工专用技术文件主要有数控加工编程任务书、数控加工工序卡片、数控刀具调整单、数控机床调整单、数控加工程序单及说明。

1. 数控加工编程任务书

数控加工编程任务书是编程人员和工艺人员协调工作及编制数控程序的重要依据。数控加工编程任务书阐明了工艺人员对数控加工工序的技术要求、切削参数选择、数控加工前的加工余量要求等。

2. 数控加工工序卡片

数控加工工序卡片与普通加工工序卡片的不同点主要是：数控加工工序卡片的工序草图要注明编程原点与对刀点，进行简要编程说明及切削参数选择说明。数控加工工序卡片

的内容主要包括工步顺序、工步内容、各工步所用刀具、切削用量等。数控加工工序卡片是编制加工程序的主要依据和操作人员配合数控程序进行加工的主要指导性工艺文件。

3. 数控刀具调整单

数控加工时的刀具管理十分严格，一般要对刀具进行组装、编号，并在机外对刀仪上事先调整好刀具直径和长度。数控刀具调整单主要包括数控刀具明细表（简称刀具表）和数控刀具卡片（简称刀具卡）两部分。数控刀具明细表用于表明数控加工工序所用刀具的刀号、规格、用途，是操作人员调整刀具的主要依据。数控刀具卡片反映刀具编号、刀具结构、尾柄规格、组合件名称代号、刀片型号和材料等，也是组装刀具的依据。

4. 数控机床调整单

数控机床调整单主要包括机床控制面板开关调整单、数控加工零件装夹定位夹紧方法和零点设定卡片、加工前需输入的数据等内容，是操作人员在加工零件之前进行零件定位夹紧、调整机床的依据。

机床控制面板开关调整单主要记录机床控制面板上相关开关的位置，内容包括进给速度 F、调整旋钮位置或超调（倍率）旋钮位置、刀具半径补偿旋钮位置、垂直校验开关及冷却方式等。数控加工零件装夹定位夹紧方法和零点设定卡片（简称装夹图和零点设定卡）表明数控加工零件的定位方法和夹紧方法，也标明了工件零点设定的位置和坐标方向、使用夹具的名称和编号等。加工前需输入的数据主要包括刀具长度补偿、刀具半径补偿数值等。一般来说，数控机床的功能不同，机床调整单的形式也不同。

5. 数控加工程序单及说明

数控加工程序单是编程人员根据工艺分析情况，经过数值计算，按照机床特定的指令代码编制的。数控加工程序单应包括加工性质（如粗加工、精加工等）、理论加工时间、程序文件名、程序名、工件名等内容。

实践证明，仅依据数控加工程序单和数控加工工序卡来进行实际加工还有许多不足之处。由于操作人员对程序的内容、对编程人员的意图不够清楚，因此经常需要编程人员在现场进行口头解释、说明与指导。这在单件加工时还能实行，但不利于长期批量生产。因此，对加工程序，特别是对那些需要长时间保留和使用的程序进行详细说明是很有必要的。

二、图样分析

分析零件图样是工艺准备中的首要工作，直接影响零件加工程序的编制及加工结果。此项工作主要考虑以下内容。

1. 几何轮廓

根据图样给出的几何条件，求出编程所需的基点坐标。

2. 技术要求

（1）尺寸公差要求。分析零件图样上的公差要求，以确定控制其尺寸精度的加工工艺，如选择刀具、确定切削用量等。在公差分析过程中，可以同时进行一些编程尺寸的换算，如增量尺寸、绝对尺寸、中值尺寸、尺寸链的解算等。

（2）几何公差要求。图样上给定的几何公差是保证零件精度的重要要求。在工艺准备过程中，除了按要求确定零件的定位基准和检验基准，并满足设计基准的规定外，还可以根据机床的特殊需要进行一些技术性处理，以便有效地控制几何误差。

对于数控切削加工，零件的几何误差主要受机床机械运动副精度的影响。如果无法提高精度，则可在工艺准备工作中考虑进行相关技术性处理。

（3）表面粗糙度要求。表面粗糙度要求既是保证零件表面微观精度的重要要求，也是合理选择机床、刀具及确定切削用量的重要依据。

3. 其他要求

（1）材料与热处理要求。材料与热处理要求是选择刀具（材料、几何参数及寿命）和确定切削用量的重要依据。

（2）毛坯要求。零件的毛坯要求主要指对毛坯形状和尺寸的要求，如棒材、管材或铸坯件、锻坯件的形状及尺寸等。分析毛坯要求对确定数控机床的加工工序，选择机床型号、刀具材料、走刀路线和切削用量都是必不可少的。

（3）零件产量要求。零件的加工件数对装夹与定位、刀具选择、工序安排及走刀路线的确定都是不可忽视的参数。

三、加工工艺路线的拟定

1. 数控加工工艺的内容

根据实际应用需要，数控加工工艺主要包括以下内容：

（1）选择并确定适合在数控机床上加工的零件及内容；

（2）对零件图样进行数控加工工艺分析，明确技术要求；

（3）具体设计加工工序、加工路线，选择刀具、夹具及切削用量；

（4）对零件图形进行必要的数学处理；

（5）编写加工程序并输入数控机床；

（6）首件试加工与现场处理特殊的工艺问题，如对刀点、换刀点确定，刀具补偿，分配加工误差等；

（7）数控加工工艺技术文件的定型与归档。

2. 加工方法的选择

加工方法的选择应符合产品质量、产量与经济性的要求，且首先必须满足质量要求。除零件图上有特殊规定的之外，工艺人员应运用自己在产品构造、材料、工艺性等方面的知识，结合各种加工方法的特点和应用范围，并结合车间的具体情况正确地选择加工方法。

一个有一定技术要求的表面一般都不能只用一种方法一次加工而成。对于精密零件的主要表面，则更需要用几次加工由粗到精逐步完成。

在零件各表面的加工方法选定以后，就需要进一步确定这些加工方法在工艺路线中的大致顺序及位置，而这些顺序及位置的确定与加工阶段的划分有关。

3. 零件结构工艺性分析

零件结构工艺性涉及的问题较多，这里主要从编程的可能性与方便性角度进行分析。编程是否方便常常是衡量零件数控加工工艺性好坏的一个指标。为了方便编程，首先，零件图样上的尺寸标注应便于数值计算；其次，零件的内外形状应尽量采用统一的几何类型或尺寸。这样不但能减少换刀次数，还有可能应用零件轮廓加工的专用程序。由于工件圆角的大小决定刀具直径的大小，因此很容易从中看出工艺的好坏。主要的数控加工零件应推行规范化设计结构及尺寸。

4. 加工阶段的划分

工艺路线按工序性质的不同一般可分成粗加工、半精加工和精加工三个阶段。零件精度及表面质量要求特别高时，还需要光整加工阶段。

（1）粗加工阶段。粗加工阶段的任务主要是高效率地去除各表面的大部分余量。在这个阶段中，精度要求不高，切削用量、切削力、切削功率都较大，切削热及内应力等问题较突出。

（2）半精加工阶段。半精加工阶段的任务是使各次要表面达到图样要求，消除各主要表面粗加工时留下的误差，达到一定的精确度，为精加工做准备。

（3）精加工阶段。精加工阶段的任务是使表面达到零件设计图样的要求。在这个阶段中，加工精度要求较高，各表面的加工余量和切削用量一般均较小。

（4）光整加工阶段。光整加工阶段的重点在于保证获得几个重要表面的表面粗糙度，或同时进一步提高精度。

在机械加工工序中，如果工件要进行热处理，则必须把工艺路线分为热处理前、热处理后两个阶段。这是因为热处理往往会引起较大的变形，使加工精度和表面质量下降，从而需靠热处理后的机械加工予以修正。

5. 加工工序的安排

在数控机床上加工零件时，工序应比较集中，尽量在一次装夹中完成大部分工序，一般原则有以下几种，但对具体零件应进行具体分析、区别对待及灵活处理。

（1）基准先行原则。一般应首先加工要精加工的表面，以便用它定位加工其他表面。因此，轴类零件的中心孔、箱体类零件的主要表面等一般应首先进行加工。

（2）先粗后精原则。考虑到工件的加工精度、刚度、变形等因素，应将工件的粗、精加工工序分开进行，即先进行粗加工、半精加工，后进行精加工。当粗加工后所留余量的均匀性满足不了精加工要求时，半精加工作为过渡性工序可使精加工余量小而均匀。

通常在一次装夹中，不允许将零件某一部分表面加工完毕后再加工零件的其他表面，否则一方面粗加工引起的各种变形得不到恢复，另一方面不能及时发现毛坯的缺陷，也不能发挥粗加工的效率。在粗加工与精加工之间，最好隔一段时间或安排时效处理，以提高工件的加工精度。

在安排可以一刀或多刀进行的精加工工序时，零件的最后轮廓应由一刀连续加工而成。这时，刀具的进退刀位置要考虑妥当，尽量不要在连续的轮廓中安排切入、切出或换刀、停顿，以免因切削力变化或对刀误差而造成表面划伤、形状突变或滞留刀痕等。

（3）先面后孔原则。当零件上既有面加工又有孔加工时，应先加工面，后加工孔，这样可以提高孔的加工精度。

（4）先主后次原则。主要表面一般是零件上的工作表面、装配基面等，其技术要求较高，加工工作量较大，所以应先安排加工。次要表面如非工作面、键槽、螺纹孔等，一般可穿插在主要表面加工工序之间或稍后进行加工，但应安排在主要表面最后精加工或光整加工之前。

（5）先内后外原则。对既有内表面又有外表面的零件，通常应先安排加工内表面，后安排加工外表面。这是因为控制内表面的尺寸和形状较困难，刀具刚度较低，刀尖（刃）的使用寿命易受切削热的影响而缩短，以及在加工中清除切屑较困难等。

（6）先近后远原则。这里所说的远与近是按加工部位相对于对刀点的距离大小而言的。一般情况下，特别是在粗加工时，应先加工离对刀点近的部位，后加工离对刀点远的部位，以便缩短刀具移动距离，减少空行程时间。

对于铣削加工，先近后远原则还有利于保持毛坯或半成品件的刚度，改善其切削条件。

使用同一把刀具要遵循先近后远原则外，使用不同刀具时要尽量减少换刀次数，即先使用一把刀加工完相应各部位，再换另一把刀加工相应的其他部位，以缩短辅助时间，减小定位误差。

6. 加工路线的确定

在数控加工中，常常要注意并防止刀具在运动中与夹具、工件等发生意外碰撞，为此，必须设法告诉操作人员编程中的刀具运动路线，使操作人员在加工前就有所了解，同时，应计划好夹紧位置并控制夹紧元件的高度。此外，有些被加工零件由于工艺性问题必须在加工中挪动夹紧位置，此时也需要事先告诉操作人员，以防出现安全问题。这些内容用程序说明卡和工序说明卡是难以说明或表达清楚的，用走刀路线图加以说明效果会更好。

四、加工余量

1. 加工余量的选择原则

加工余量泛指毛坯实体尺寸与工件（图样）尺寸之差。工件加工就是对大于工件（图样）尺寸的毛坯实体进行加工，使加工后的工件尺寸、精度、表面粗糙度均能符合图样的要求。通常，工件要经过粗加工、半精加工和精加工才能达到最终要求。因此，工件总的加工余量应等于中间工序的加工余量之和。加工余量的大小对工件的加工质量和生产效率均有较大的影响。加工余量过大，会增加劳动力、工具和电力的消耗，提高加工成本，降低生产效率；加工余量过小，则不能保证切除材料表面的缺陷，可能产生废品，有时还会使刀具切在较硬的表皮上，导致刀具迅速磨损。因此，应当合理地确定加工余量。工序间加工余量的选择一般应按以下两条原则进行：

（1）采用最小加工余量原则，以求缩短加工时间，降低工件的加工费用；

（2）应有充分的加工余量（特别是最后的工序），保证能达到工件图样上规定的要求。

2. 加工余量的选择方法

（1）由于工件的大小不同，切削力、内应力引起的变形差异很大。工件越大，变形会越大，因此要求的加工余量也相应大一些。

（2）工件热处理时会引起变形，应适当增大加工余量。

（3）加工方法、装夹方式和工艺装备的刚度可能引起工件变形，过大的加工余量也会由于切削力增大引起工件的变形。因此，加工余量要适度，不可过大也不可过小。

五、切削用量

1. 切削用量要素

切削用量要素是指切削运动的参数，包括切削速度、进给量和进给速度、背吃刀量。

（1）切削速度（v_c）。切削速度是指主运动速度，即单位时间内工件和刀具沿主运动方向相对移动的距离。主运动为旋转运动，则切削速度取其线速度。切削速度的计算公式为：

$$v_c = \frac{\pi D n}{1\ 000}$$

式中　v_c——切削速度，m/min；

D——工件待加工（或刀具）最大直径，mm；

n——工件（或刀具）转速，r/min。

（2）进给量和进给速度（f 和 v_f）。进给量是指主运动完成一个循环时，刀具或工件沿进给方向移动的距离，用 f 表示。例如，铣削时的进给量为刀具每旋转一周，工件沿进给方向移动的距离，单位为 mm/r。进给速度是指单位时间内工件或刀具沿进给方向移动的距离，用 v_f 表示，单位为 mm/min。进给速度的计算公式为：

$$v_f = nf$$

对于铣削，有每齿进给量（f_z）。每齿进给量是指铣刀每转过一个刀齿时，工件沿进给方向所移动的距离，单位为 mm/齿。每齿进给量的计算公式为：

$$f_z = f/z$$

式中　z——铣刀齿数，齿。

（3）背吃刀量 a_p。背吃刀量是指工件上已加工表面和待加工表面之间的垂直距离，用 a_p 表示，单位为 mm。

$$a_p = \frac{D - d}{2}$$

式中　D——工件待加工表面直径，mm；

d——工件已加工表面直径，mm。

2. 切削用量的选择原则

在切削用量的三要素中，对刀具耐用度影响最大的是切削速度，其次是进给量，最小的是背吃刀量。在粗加工时，首先选择最大的背吃刀量，其次选择较大的进给量，最后选定合理的切削速度。在半精加工和精加工时，要保证加工精度和表面质量，同时要兼顾必要的刀具耐用度和生产效率，因此一般多选择较小的背吃刀量和进给量，在保证刀具耐用度的前提下，确定合理的切削速度。数控铣削的切削用量推荐见表 2-1，数控钻削的切削用量推荐见表 2-2。

表 2-1　　高速钢立铣刀铣削的切削用量推荐

工件材料	加工工序	背吃刀量（mm）	切削速度（m/min）	每齿进给量（mm/齿）
碳钢	粗加工	2~3	15~25	0.1~0.2
	精加工	0.5~1	30~40	0.05~0.1
铝合金	粗加工	2~4	80~150	0.3~0.4
	精加工	0.5~1	200~300	0.1~0.2

表 2-2　　高速钢麻花钻钻削的切削用量推荐

<table>
<tr><th rowspan="2">工件材料</th><th rowspan="2">牌号</th><th rowspan="2">切削用量</th><th colspan="3">钻头直径</th></tr>
<tr><th>1~6 mm</th><th>6~12 mm</th><th>12~22 mm</th></tr>
<tr><td rowspan="4">钢</td><td rowspan="2">35、45</td><td>v_c（m/min）</td><td colspan="3">8~25</td></tr>
<tr><td>f（mm/r）</td><td>0.05~0.1</td><td>0.1~0.2</td><td>0.2~0.3</td></tr>
<tr><td rowspan="2">15Cr、20Cr</td><td>v_c（m/min）</td><td colspan="3">12~30</td></tr>
<tr><td>f（mm/r）</td><td>0.05~0.1</td><td>0.1~0.2</td><td>0.2~0.3</td></tr>
<tr><td rowspan="4">铝合金</td><td rowspan="2">铝合金（长切屑）</td><td>v_c（m/min）</td><td colspan="3">20~50</td></tr>
<tr><td>f（mm/r）</td><td>0.05~0.25</td><td>0.1~0.6</td><td>0.2~1.0</td></tr>
<tr><td rowspan="2">铝合金（短切屑）</td><td>v_c（m/min）</td><td colspan="3">20~50</td></tr>
<tr><td>f（mm/r）</td><td>0.03~0.1</td><td>0.05~0.15</td><td>0.08~0.36</td></tr>
</table>

3. 切削用量的影响因素

（1）切削速度的影响因素

1）刀具材料。刀具材料不同，允许的最高切削速度就不同。高速钢刀具的耐高温切削速度不到 50 m/min，碳化物刀具的耐高温切削速度达 100 m/min 以上，陶瓷刀具的耐高温切削速度高达 1 000 m/min。

2）工件材料。工件材料的硬度会影响刀具的切削速度。同一刀具加工硬材料时切削速度需降低，加工软材料时切削速度可提高。

3）刀具耐用度。刀具耐用度高，使用时间要求长，则应采用较低的切削速度；反之，可采用较高的切削速度。

4）背吃刀量与进给量。背吃刀量与进给量大，切削抗力也大，切削热会增加，因此切削速度应降低。

5）刀具的形状。刀具的角度、刃口的锋利程度都会影响切削速度的选取。

6）切削液的使用。在切削时使用切削液可有效降低切削热，从而提高切削速度，提高表面加工质量。

7）机床性能。机床刚度和精度高，可提高切削速度；反之，则需降低切削速度。

（2）背吃刀量、进给量或进给速度的影响因素。背吃刀量主要受机床刚度的制约，在机床刚度允许的情况下，尽可能取大值。如果不受加工精度的限制，背吃刀量可以等于零件的加工余量。这样可以减少进给次数。

进给量或进给速度要根据工件的加工精度、表面粗糙度、刀具材料来选择，对断屑的影响最大。最大进给量或进给速度受机床刚度、进给驱动及数控系统的限制。

技能要求

制定数控铣削加工工艺规程

制定如图 2-1 所示零件的数控铣削加工工艺规程。

操作准备

图样、空白工艺卡片、空白刀具卡片、笔、尺等。

操作步骤

步骤 1 零件图样分析

分析零件图样具有的特征，如双面外轮廓、内腔方变圆锥孔、内孔、通孔等。

步骤 2 加工方法选择

平面与外轮廓采用平底键槽铣刀，内腔方变圆锥孔采用带圆角 $R1$ mm 的立铣刀，有公差且要求表面粗糙度 $Ra \leqslant 1.6$ μm 的内孔采用钻孔与镗孔，四个通孔采用麻花钻加工。

步骤 3 加工阶段划分

零件双面外轮廓划分粗、精铣阶段，保证表面粗糙度要求；内腔方变圆锥孔采用带圆角 $R1$ mm 的立铣刀一次铣削而成；有公差且要求表面粗糙度 $Ra \leqslant 1.6$ μm 的内孔采用一次钻孔、粗镗孔与精镗孔；四个通孔采用一次钻削而成。

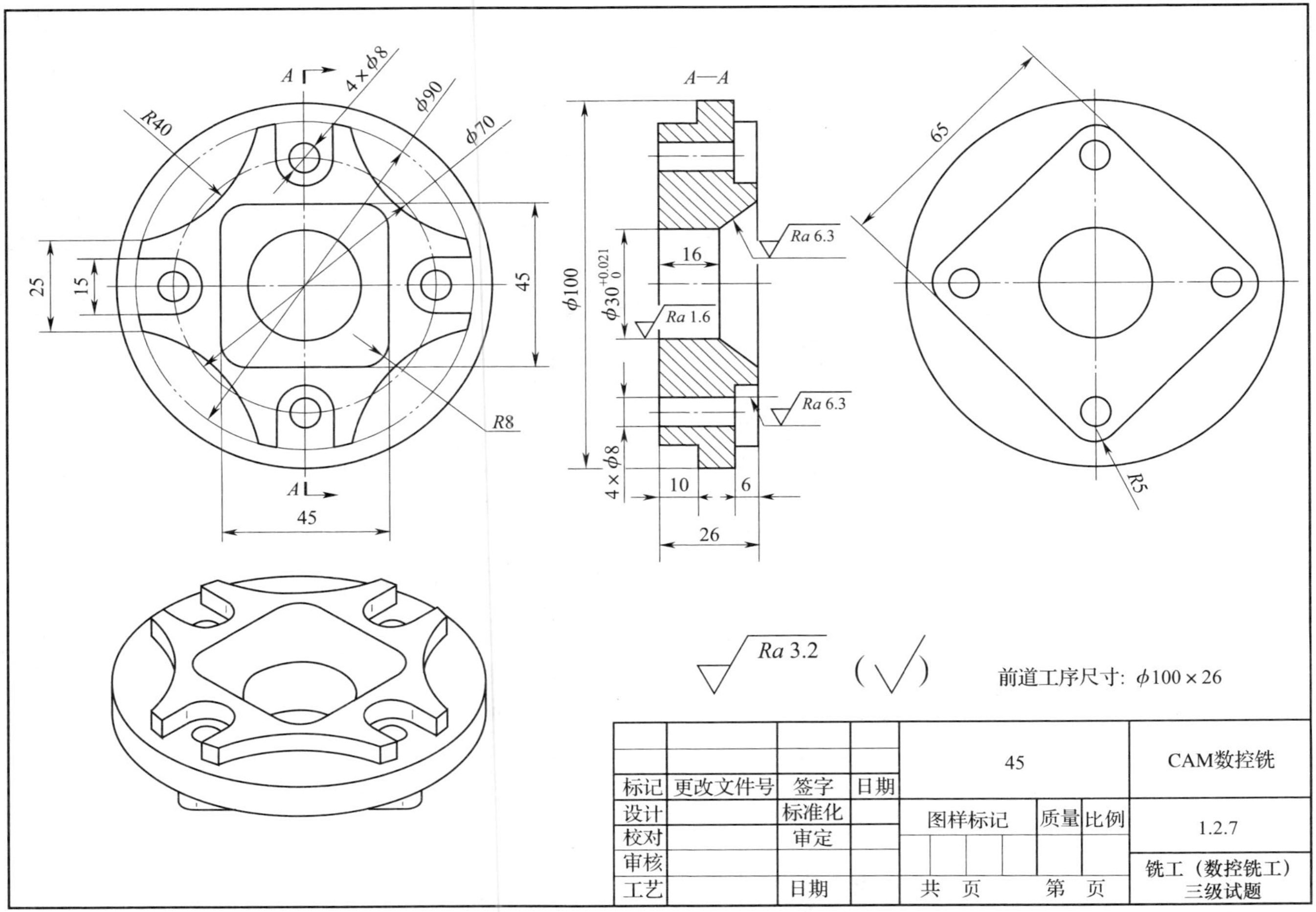

图2-1　带圆孔和键槽的平面内外轮廓零件

步骤 4　加工工序划分与安排

按照基准先行、先主后次、先面后孔等原则，应先安排加工下面的正方形外轮廓，然后夹紧加工完的正方形外表面，再加工上表面的外轮廓、内腔和孔。

步骤 5　时间定额确定及辅助工序安排

单件加工的时间定额应包括基本时间 T_j、辅助时间 T_f、准备与终结时间 T_z。

辅助工序主要包括检验、清洗、去毛刺等。为保证加工精度，应在粗加工后、精加工前安排检验工序。

步骤 6　加工路线确定

外轮廓、内腔加工均采用顺铣方式，即外轮廓按照顺时针、内腔按照逆时针安排进给路线，并使刀具沿轮廓切线方向切入与切出。四个通孔加工要按照定位准确、进给路线最短的原则。

步骤 7　工艺卡片和刀具卡片填写

根据以上分析，填写零件的工艺卡片和刀具卡片，见表 2-3 和表 2-4。

表 2-3　　数控加工工艺卡片

数控加工工艺卡					零件代号		材料名称	零件数量
					1.2.7		45	1
设备名称		数控铣床	系统型号	FANUC-0i	夹具名称	机床用平口虎钳	毛坯尺寸	$\phi100\times26$
工序号	工步号	工序内容	刀具号	主轴转速（r/min）	进给速度（mm/min）	背吃刀量（mm）	备注	
1		装夹机床用平口虎钳，校正定位钳口						
2		铣削正方形外轮廓						
	1	装夹 1 号刀具						
	2	用机床用平口虎钳装夹工件，以底面、侧面定位，工件露出 12 mm，粗铣正方形外轮廓，工件坐标系原点位于上平面中心	1	800	80	2（深度）		
	3	工件装夹同上，精铣正方形外轮廓，工件坐标系不变	1	1 000	50	0.2（侧面）		
3		铣削另一表面外轮廓						

续表

数控加工工艺卡				零件代号		材料名称		零件数量
				1.2.7		45		1
设备名称	数控铣床	系统型号	FANUC-0i	夹具名称	机床用平口虎钳	毛坯尺寸		ϕ100×26
工序号	工步号	工序内容		刀具号	主轴转速(r/min)	进给速度(mm/min)	背吃刀量(mm)	备注
	1	掉头装夹工件，以加工后的正方形外侧表面及底面定位，粗铣上表面带有四个凹槽的外轮廓，工件坐标系原点位于上平面中心		1	800	80	2（深度）	
	2	工件装夹同上，精铣上表面外轮廓，工件坐标系不变		1	1 000	50	0.2（侧面）	
4		钻、扩中间孔						
	1	装夹2号刀具						
	2	工件装夹同上，在中心位置钻中心孔，工件坐标系不变		2	1 600	50		
	3	装夹3号刀具						
	4	工件装夹同上，在中心位置钻孔，工件坐标系不变		3	1 000	30		
	5	装夹4号刀具						
	6	工件装夹同上，在中心位置扩孔，工件坐标系不变		4	1 000	30		
5		镗削中间孔						
	1	装夹5号刀具						
	2	工件装夹同上，粗镗中间孔，工件坐标系不变		5	800	80	1	
	3	工件装夹同上，精镗中间孔，工件坐标系不变		5	1 000	50	0.2	
6		铣削内腔方变圆锥孔						
	1	装夹6号刀具						
	2	工件装夹同上，铣中心位置的内腔方变圆锥孔，工件坐标系不变		6	800	80	1	
7		钻4个ϕ8 mm孔						
	1	装夹7号刀具						
	2	工件装夹同上，钻4个ϕ8 mm孔，工件坐标系不变		7	1 000	30		
8		去毛刺						
编制		审核		批准		年 月 日	共1页	第1页

表 2-4　　数控加工刀具卡片

序号	刀具号	刀具名称	刀具规格	刀具材料	备注
1	1	键槽铣刀	ϕ12 mm	高速钢	
2	2	中心钻	ϕ2 mm	高速钢	
3	3	直柄麻花钻	ϕ16 mm	高速钢	
4	4	直柄扩孔钻	ϕ24 mm	高速钢	
5	5	镗孔刀	ϕ16 mm	硬质合金	
6	6	带圆角的立铣刀	ϕ12 mm（R1 mm）	高速钢	
7	7	直柄麻花钻	ϕ8 mm	高速钢	

编制		审核		批准		年　月　日	共 1 页	第 1 页

学习单元 2　工件定位与夹紧

学习目标

- 熟悉工件定位与夹紧的基本知识
- 熟悉数控铣床夹具系统对不同批量零件的基本要求
- 能够熟练运用通用夹具，准确铣削工件

知识要求

一、工件的定位

1. 以平面定位

工件以平面作为定位基准时，由于工件的平面和定位件的表面不可能是绝对的理想平面，两平面只能由最凸起的三个点接触，而最凸起的三点位置对于每一个工件都是不一样的，有可能这三点间距离很近，使工件定位不稳定。为了保证定位的稳定可靠，工件以平面定位时，三点间距不能太小。当采用已加工平面作为定位基准时，由于其平面误差已减小，为了提高定位的稳定性，可适当增加定位面的接触面积。

在夹具中作为平面定位的主要定位元件有支撑钉、支撑板等。支撑钉的头部有平头式、球头式和齿纹式三种。平头式支撑钉适用于已加工表面的定位，其余两种适用于未加工表面的定位。支撑板适用于精加工表面的定位或定位基准面较大时的定位，如图 2-2 所示。

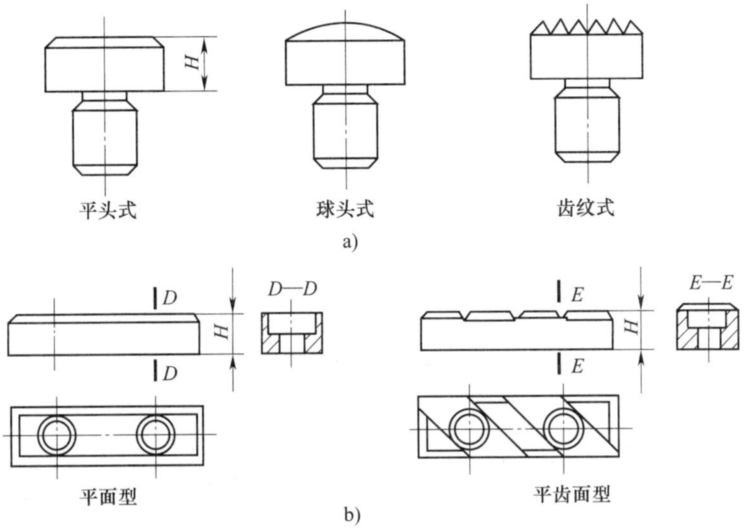

图 2-2　平面定位元件

a）支撑钉　b）支撑板

2. 以外圆柱表面定位

（1）在圆柱孔中定位。工件在圆柱孔中定位的方法简单，应用广泛，但用于精定位时，工件定位外圆必须经过加工，一般适用于定位基准精度为 IT7、IT8 级的工件。

（2）在 V 形块上定位。工件在 V 形块上定位最突出的优点是对中性好，不受定位基准直径误差的影响。图 2-3 所示为各类 V 形块。

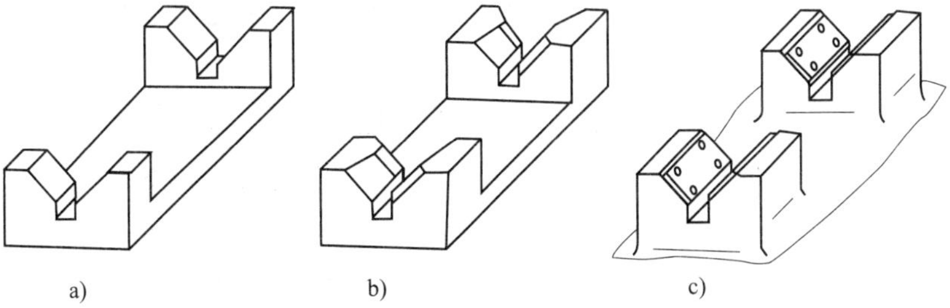

图 2-3　V 形块定位

a）精定位 V 形块　b）粗定位 V 形块　c）长 V 形块

3. 以圆柱孔定位

（1）在圆柱体上定位。工件以已加工的圆柱孔作为定位基准，用圆柱心轴来定位。使用时，工件能较方便地装夹在心轴上，但由于配合面存有间隙，径向偏移量较大，定心精度较低，因此一般用于加工同轴度要求较低的工件，如图 2–4a 所示。

（2）在圆锥体上定位。工件以已加工的圆柱孔作为定位基准，用锥度很小的圆锥心轴来定位。工件装入心轴并揳紧后，由于弹性变形的关系，增加了孔与心轴的实际接触长度，从而控制了工件定位的歪斜程度，并达到较高的定心精度。圆锥心轴多用于精度不低于 IT7 级的基准孔定位，如图 2–4b 所示。

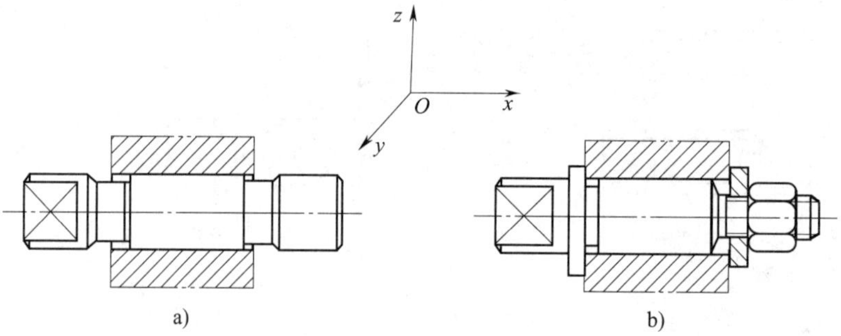

图 2–4　以圆柱孔定位

a）在圆柱体上定位　b）在圆锥体上定位

4. 以其他表面定位

（1）以圆锥孔定位。一般采用与工件锥度相同的圆锥心轴来定位。当圆锥斜角小于自锁角（锥度小于 1 : 4）时，为了方便取下工件，一般在心轴大端装有卸下工件用的螺母，如图 2–5a 所示。

（2）以花键孔定位。当工件上的花键孔已加工好时，可用花键心轴来定位。为了安装方便，工作部分可做有锥度，如图 2–5b 所示。

（3）一面两销定位。当工件以两个中心线互相平行的孔及与孔相垂直的平面作为定位基准时，可采用“一面两销”的定位方法，即用一个平面、一个圆柱销和一个削边销来定位，如图 2–6 所示。

二、工件的夹紧

1. 夹紧的基本要求

（1）夹紧时，应不破坏工件在定位时所获得的正确位置。

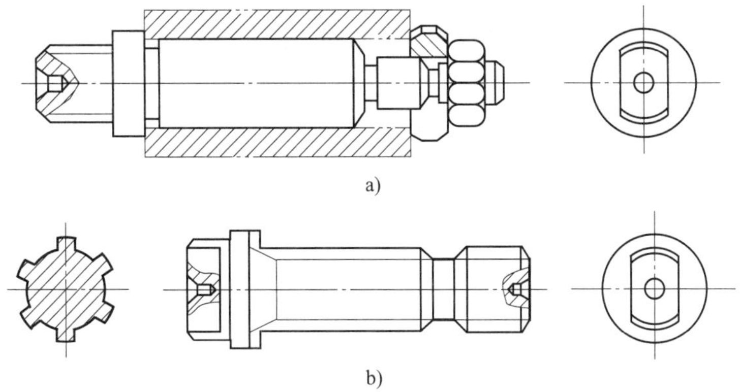

图 2-5　以圆锥孔和花键孔定位

a）以圆锥孔定位　b）以花键孔定位

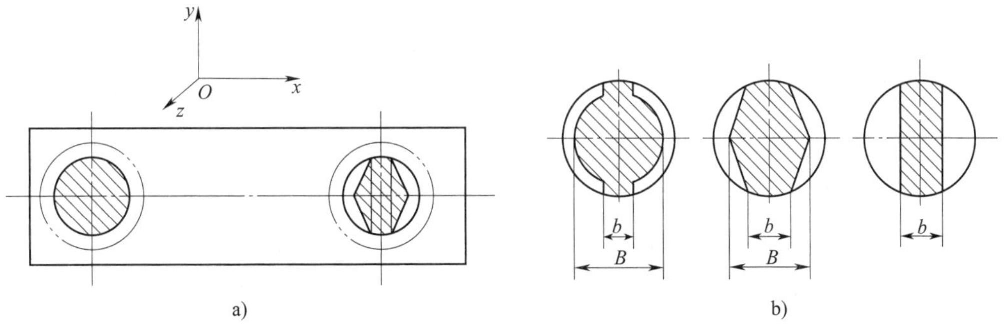

图 2-6　一面两销定位

a）一面两销定位原理　b）各类削边销的结构形式

（2）夹紧力的大小应能保证在加工过程中工件位置不发生变化，工作可靠。

（3）夹紧迅速，操作方便，安全省力。

（4）结构简单、紧凑，有足够的强度和刚度，并且便于制造。

2. 夹紧力的选择

夹紧力的方向、作用点和大小合称为夹紧力三要素。

（1）夹紧力方向的选择

1）夹紧力方向尽量垂直作用于主要定位面，以保证定位正确。

2）夹紧力方向应朝着工件刚度较高或接触面较大的那个面，以减小工件变形。

3）夹紧力方向应使所需夹紧力最小。减小所需要的夹紧力可以减轻工人的劳动强度，简化夹紧结构。应尽可能使夹紧力的方向与切削力和工件重力的方向相重合。

（2）夹紧力作用点的选择

1）夹紧力作用点应使工件定位正确。作用点应与支撑件相对，以避免产生使工件变形的弯曲力矩。

如图 2-7a 所示，加工工件内孔时，压板压紧在凸缘处，这时夹紧力势必造成工件翘起或产生较大的变形。如果把压板压紧位置移到图 2-7b 所示的端面位置，就不会出现上述后果。因此，在夹紧工件时，夹紧力应作用在定位表面的支撑范围内。

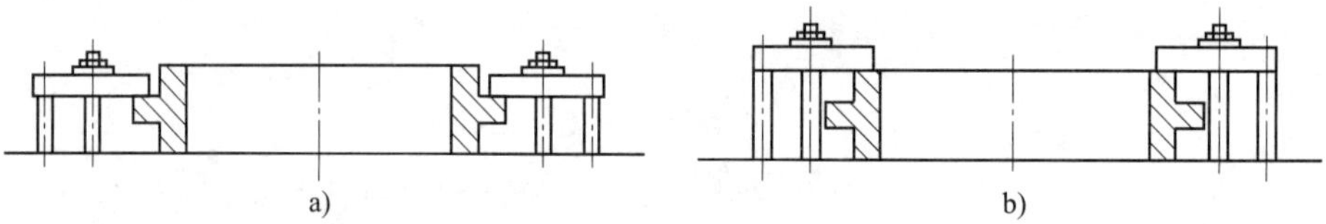

图 2-7　夹紧力作用点

a）压板压紧凸缘　b）压板压紧端面

2）夹紧力作用点应靠近加工表面，以提高工件的装夹刚度，减小振动。

3）夹紧力作用点应作用在工件刚度高的部位，以免工件变形。

（3）夹紧力大小的选择。夹紧力大小的选择要适当，过大会使工件变形，并且使夹紧结构复杂、不紧凑；过小就有可能因抵抗不了切削力、惯性力和重力而夹不紧工件，造成工件报废，甚至发生安全事故。因此，应根据加工时的具体情况适当选择夹紧力的大小。一般粗加工或工件刚度较高时，夹紧力应大一些；精加工或工件刚度较低时，夹紧力应小一些。在生产实践中，所需夹紧力的大小通常按经验或类比法确定。

3. 工件的夹紧装置

工件的夹紧装置常用各种螺旋、斜楔、偏心、杠杆、薄壁弹性元件及由它们组合而成的夹紧机构，其中以螺旋、斜楔、偏心夹紧机构应用最为广泛。

螺旋夹紧机构就是用螺钉和螺母直接或间接夹紧工件的机构。它结构简单，夹紧可靠，应用最广泛。但螺旋夹紧机构在夹紧和松开时比较费时费力。图 2-8 所示为常用的螺旋压板夹紧机构。

斜楔夹紧机构是利用斜楔面将推力转变为夹紧力，从而将工件夹紧的一种机构。它的夹紧力不大，一般与螺旋机构联合使用，用来改变夹紧力的方向和增大夹紧力，如图 2-9 所示。

偏心夹紧机构是用偏心件来实现夹紧作用的装置。其优点是结构简单，动作迅速；缺点是夹紧力小，夹紧距离有一定限制，自锁可靠性差。偏心夹紧机构适用于振动较小和夹紧力不大的情况。图 2–10 所示为一偏心夹紧机构。

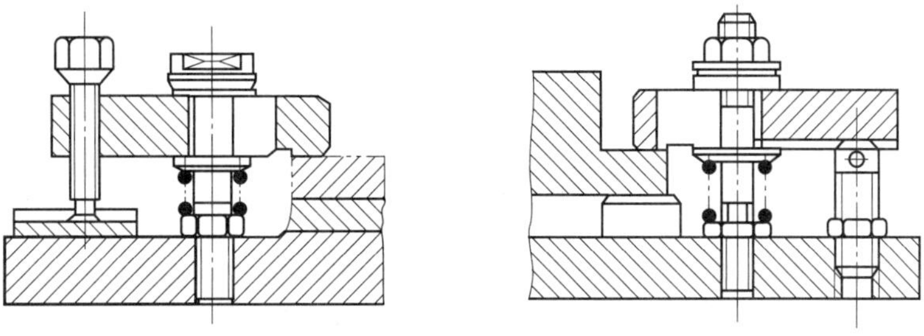

图 2–8　螺旋压板夹紧机构

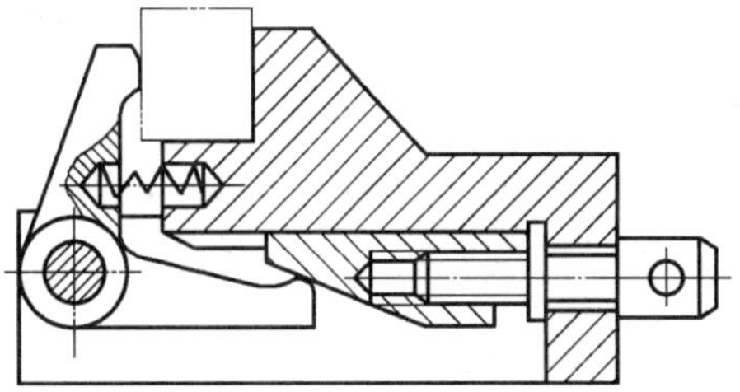

图 2–9　斜楔夹紧机构

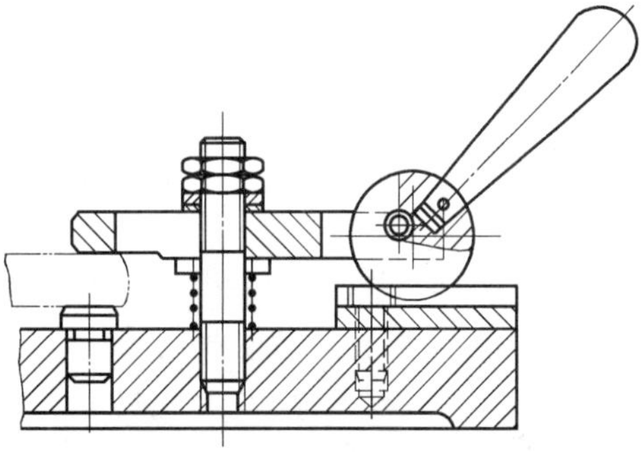

图 2–10　偏心夹紧机构

以工件的轴线或对称中心定位，并同时使工件夹紧的机构称为定心夹紧机构，如三爪自定心卡盘、弹簧夹头夹紧装置等。定心夹紧机构的特点是：定位和夹紧是用同一个元（组）件，元件之间有精确的联系，能同时等距离地移近或退离工件。这一特点能使工件定位基准的误差对称地分布，使工件的轴线或对称中心不产生偏移而实现定心夹紧。

三、数控铣床夹具系统

1. 单件、小批量工件的装夹与校正

装夹单件、小批量工件时，一般采用通用夹具，常见的有机床用平口虎钳和压板。

装夹平口虎钳时，应擦净钳底面与铣床工作台面，装夹后可用百分表调整钳口与机床的相对位置。尺寸较大的工件可用螺栓、压板直接装夹于工作台上，为确保加工面与铣刀的相对位置，一般均需校正工件。

2. 中、小批量工件的装夹

装夹中、小批量工件时，应尽量采用组合夹具，必要时可以设计专用夹具。无论是采用组合夹具还是设计专用夹具，一定要考虑数控机床的特点。在数控机床上加工工件，由于工序集中，往往是在一次装夹中就要完成全部工序，因此，对夹紧工件时的变形要给予足够的重视。此外，还应注意协调工件和机床坐标系的关系。

3. 大批量工件的装夹

大批量工件的装夹一般以设计专用夹具为主。在设计专用夹具时，应注意以下几点。

（1）选择合适的定位方式。夹具在机床上安装的定位基准应与设计基准一致，即所谓基准重合原则。所选择的定位方式应具有较高的定位精度，没有过定位干涉现象且便于工件的装夹。为了便于夹具或工件的装夹与找正，最好用工作台某两个面定位。对于箱体类工件，最好采用一面两销定位。若工件本身无合适的定位孔和定位面，可以设置工艺基准面和工艺孔。

（2）确定合适的夹紧方法。考虑夹紧方案时，要注意夹紧力的作用点和方向。夹紧力作用点应靠近主要支撑点或在支撑点所组成的三角形内，并应力求靠近切削部位及刚度较高的地方。

（3）夹具结构要有足够的刚度和强度。夹具的作用是保证工件的加工精度，因此要求夹具必须具备足够的刚度和强度，以减小其变形对加工精度的影响。特别是对于切削用量较大的工序，夹具的刚度和强度更为重要。

技能要求

铣削正六面体

现有一块六面均为毛坯面的工件（100 mm×50 mm×40 mm）装夹在机床用平口虎钳上进行六个面的铣削，试说明其铣削与装夹过程。

在平口虎钳上进行六个面的铣削显然需要六次定位才能完成。要满足六个面的垂直度与平面度要求，首先要正确装夹平口虎钳。装夹平口虎钳时，应擦净平口虎钳底面与铣床工作台面，可用百分表调整钳口与机床的相对位置。具体装夹及铣削步骤如图 2-11 所示。

操作步骤

步骤 1 铣削平面 1

先将工件的其中一个面紧贴于固定钳口上，夹紧工件铣削平面 1。工件的装夹高度以铣削尺寸高出钳口平面 3~5 mm 为宜，若装夹位置不合适，应在工件下面垫上适当厚度的平行垫铁，如图 2-11a 所示。

步骤 2　铣削平面 2

第二次装夹时，将加工面 1 作为工件基准面紧贴于固定钳口上，在活动钳口与工件之间垫一圆棒，如图 2-11b 所示。

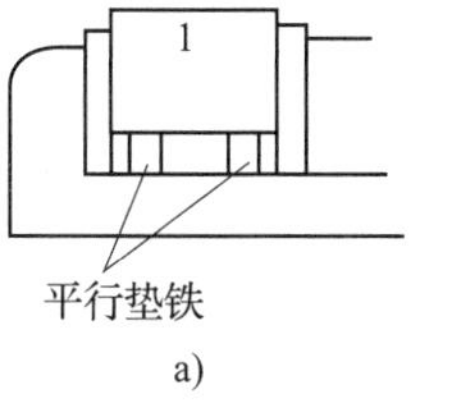

图 2-11　装夹及铣削六面体的步骤

a）面 1　b）面 2　c）面 3　d）面 4　e）面 5　f）面 6

步骤 3　铣削平面 3

第三次装夹时，仍将加工面 1 作为工件基准面紧贴于固定钳口上，平面 2 向下，在活动钳口与工件之间垫一圆棒，如图 2-11c 所示。

步骤 4　铣削平面 4

第四次装夹时，将加工面 3 作为工件基准面紧贴于固定钳口上，平面 1 向下，活动钳口对准平面 2。由于这时平面 2 为已加工表面，因此不需垫圆棒，如图 2-11d 所示。

步骤 5　铣削平面 5

第五次装夹时，仍将加工面 3 作为工件基准面紧贴于固定钳口上，未加工平面 6 向下，活动钳口对准平面 2，如图 2-11e 所示。

这时为保证平面 5 与平面 1、平面 4 垂直，在夹紧前要进行平面 1 与平口虎钳底面垂直度的校正，图 2-12 所示为用直角尺或百分表校正。

步骤 6　铣削平面 6

第六次装夹时，仍将加工面 3 作为工件基

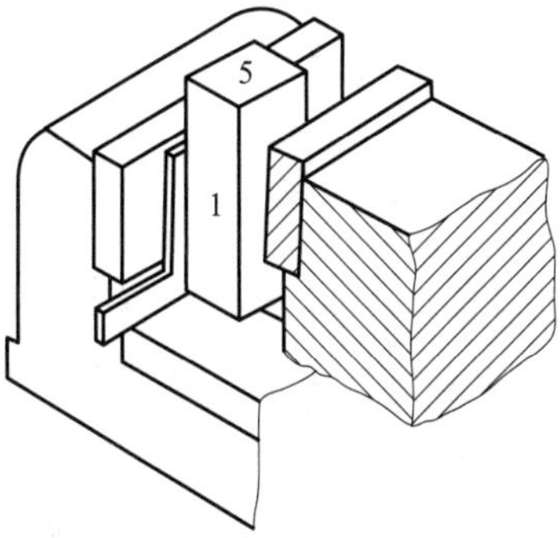

图 2-12　铣削平面 5 时工件位置的校正

准面紧贴于固定钳口上，平面 5 向下，活动钳口对准平面 2，如图 2-11f 所示。

注意事项

在每次夹紧工件时，应将工件向固定钳口方向轻轻推压，轻轻夹紧工件后可用铜锤等轻轻敲击工件，以使工件紧贴于底部垫铁上，最后再将工件夹紧。

第 2 节　数控铣削刀具系统与高速铣削

学习单元 1　数控铣削刀具系统

学习目标

- 了解数控铣削刀具的特点
- 掌握数控铣削常用刀具材料的特点及应用
- 掌握数控铣削工具系统的特点及应用

知识要求

一、数控铣削刀具的特点

数控机床所使用的刀具与普通机床所使用的刀具相比，其类型、材料、切削刃的结构、参数、切削方式等均无多大差别，但为了满足数控机床加工工序集中、零件装夹次数少、加工精度高、能自动换刀等要求，数控机床使用的刀具还应具有以下特点。

1. 高刚度

数控机床所使用的刀具应适应高速切削要求，具有良好的切削性能。刀柄应符合强度、刚度及耐磨性要求。

2. 高耐用度

数控加工刀具的耐用度及其经济寿命指标应具有合理性，要注重刀具材料及切削参数与被加工工件材料之间匹配的选用原则。

3. 较高的换刀精度和定位精度

数控加工刀具定位基准的优化及对机床主轴相对位置精度的要求，使刀具转位、交换的重复定位精度较高。

4. 合理的断屑、卷屑和排屑措施

数控加工刀具的几何参数和切削参数应规范化、典型化，对刀具切入的位置和方向也应有明确要求。

5. 装卸及调整方便

刀具系统有装载质量限度要求，整个数控刀具自动换刀系统的结构应优化，以方便装卸及调整。

6. 标准化、系列化、通用化程度高

数控加工刀具应有较高的标准化、系列化、通用化程度，最终达到高效、多能、快换、经济的目的。

二、数控铣削刀具的材料

1. 刀具材料的技术要求

在切削过程中，刀具的切削刃要承受很高的温度和很大的切削力，同时还要承受冲击与振动。要使刀具能在这样的条件下工作并保持良好的切削能力，刀具材料应满足以下基本要求。

（1）高硬度及高耐磨性。刀具材料的硬度只有大于工件材料的硬度才能维持正常的切削。通常，刀具材料的硬度必须在 62HRC 以上。耐磨性是指材料抵抗磨损的能力。一般情况下，材料的硬度越高，耐磨性越好。对于同硬度的刀具，其耐磨性还取决于它们的显微组织。

（2）足够的强度和韧性。刀具材料必须具备足够的抗弯强度和冲击韧度，以承受切削力、冲击和振动，避免刀具在切削过程中产生断裂和崩刃。

（3）良好的耐热性。耐热性是指刀具材料在切削过程中的高温下保持硬度、耐磨性、强度和韧性的能力，又称热硬性或红硬性。此外，刀具材料还应具有在高温下抗氧化、抗黏结和抗扩散的能力。

（4）良好的工艺性。为了便于制造刀具，刀具材料应具有良好的工艺性，如良好的锻造性能、热处理性能、高温塑性变形性能、刃磨性能等。

（5）经济性。经济性指向刀具材料价格及刀具制造成本，整体的经济性可以降低分摊到每个工件的成本。值得注意的是，有些刀具材料虽然单价很高，但因其使用寿命长，分摊到每个零件的成本不一定很高，仍有较好的经济性。

2. 刀具材料的种类

刀具材料的种类有很多，但目前还没有找到一种能同时满足以上技术要求的刀具材料。例如，耐磨性好的刀具材料往往刃磨性较差。

目前，数控加工中常用的刀具材料有碳素工具钢、合金工具钢、高速钢（HSS）、硬质合金、氮化硅陶瓷（SiN）、立方氮化硼（CBN）、聚晶金刚石（PCD）等。

各种材料刀具对被加工材料硬度的适应性由低到高排列如下：HSS—涂层 HSS—硬质合金—涂层硬质合金—氮化硅陶瓷—立方氮化硼—聚晶金刚石。

（1）高速钢。高速钢是含有较多的钨（W）、钼（Mo）、铬（Cr）、钒（V）的高合金工具钢（又称白钢或锋钢）。高速钢具有较高的强度、韧性和耐磨性，耐热性好，在550~650℃时仍能保持其切削性能。

由于高速钢的抗弯强度、冲击韧度高，高速钢刀具制造工艺简单，刃磨时容易获得锋利的切削刃，能锻造，热处理变形小，特别适合制造复杂及大型的成形刀具（如钻头、丝锥、拉刀、齿轮刀具等）。高速钢刀具可以加工从有色金属到高温合金范围内的广泛的工件材料。常用的高速钢牌号是 W18Cr4V。

（2）硬质合金。硬质合金是以钨的碳化物、钛的碳化物粉末为基础，以钴（Co）作为黏结剂，高压压制成形后再高温烧结而成的粉末冶金制品。

目前，硬质合金已成为生产中的主要刀具材料之一。硬质合金的硬度、耐磨性、耐热性都很高。在相同的刀具耐用度下，硬质合金的切削速度比高速钢高 4~10 倍。硬质合金的切削性能好，切削效率高，实际生产中 80%以上的金属去除量是由它完成的。硬质合金的抗弯强度比高速钢低得多，冲击韧度很低，因此使用硬质合金刀具时要力求避免冲击、振动。硬质合金刀具制造也较困难，用于制造复杂结构的刀具时还受到一定的限制。

国产硬质合金刀具材料的品种基本分为以下三类。

第一类为 W-Co 类硬质合金，牌号为“YG”。例如，YG6 表示含钴量为 6%，余量为 WC。含钴量多的硬质合金刀具用于冲击、振动较大的粗加工，含钴量少的硬质合金刀具用于精加工。此外，该类合金具有较高的强度和较好的韧性，刃磨性也较好，所以该类硬质合金刀具适宜于加工铸铁和有色金属材料。

第二类为 W-Ti-Co 类硬质合金，牌号为“YT”。例如，YT15 表示含 TiC 量为 15%，余量为 WC 和钴。含 TiC 量多的硬质合金刀具用于工作条件比较稳定的精加工，含 TiC 量少的硬质合金刀具用于粗加工。此外，该类合金具有较好的耐磨性和耐热性，所以该类硬质合金刀具适宜于加工钢材。

第三类为 W-Ti-Ta（或 Nb）类硬质合金，牌号为“YW1”和“YW2”。前者用于半精加工和精加工，后者用于粗加工和半精加工。这类硬质合金刀具既可以加工钢材，又可以加工铸铁和有色金属，该硬质合金称为通用硬质合金。

在 ISO 标准中，硬质合金主要以其硬度、抗弯强度等指标为依据，分为 P、K、M 三大类。

P 类硬质合金主要用于加工长切屑的黑色金属，用蓝色作为标记，相当于国产的 YT 类；K 类硬质合金主要用于加工短切屑的黑色金属、有色金属和非金属材料，用红色作为标记，相当于国产的 YG 类；M 类硬质合金主要用于加工黑色金属和有色金属，用黄色作为标记，相当于国产的 YW 类。

P、K、M 后面的阿拉伯数字表示其性能和加工承受载荷的情况或加工条件。数字越大，硬度越高，韧性越差。

（3）涂层材料。涂层刀具是为提高刀具耐磨性，同时不降低其韧性，在硬质合金或高速钢刀具基体上涂覆一薄层耐磨性好的难熔金属（或非金属）化合物而获得的。刀具涂层工艺有化学气相沉积（CVD）法和物理气相沉积（PVD）法两种。常用的涂层材料有 TiC、TiN 等。CVD 法的沉积温度为 900～1 050℃，涂层厚度为 5～10 μm，一般用于硬质合金基体；PVD 法的沉积温度为 300～500℃，涂层厚度为 2～5 μm，一般用于高速钢基体。

（4）其他刀具材料。其他刀具材料有氮化硅陶瓷、聚晶金刚石、立方氮化硼等。

氮化硅陶瓷刀具材料的优点是：有很高的硬度及耐磨性，其硬度达到 91～95HRA；有很高的耐热性，在 1 200℃时硬度仍有 80HRA，仍可切削；有很好的化学稳定性；与金属的亲和力小，摩擦因数小，加工表面质量高，刀具耐用度高。其最大缺点是：抗弯强度低，冲击韧度低，脆性大，冲击下易破裂，导热能力低，线膨胀系数大。

聚晶金刚石是已知的最硬的材料，其硬度可达 10 000HV。此外，聚晶金刚石还具有很高的耐磨性及很低的摩擦因数，较好的导热性及较小的线膨胀系数，能长期保持切削刃的锋利。但聚晶金刚石脆性大，热稳定性差，切削温度在 700～800℃时，其表面就会碳化。

立方氮化硼的硬度高，仅次于聚晶金刚石，达到 8 000～9 000HV，耐热温度高达 1 400～1 500℃，化学惰性大，与铁族元素在 1 200～1 300℃时也不易起化学反应，耐磨性好且不易粘刀，导热性良好且摩擦因数较低，使用立方氮化硼刀具可达到很高的耐用度及很高的表面质量与加工精度。立方氮化硼的韧性虽优于聚晶金刚石，但脆性较大，强度较低，韧性较差，所以不宜用于低速加工。

三、数控铣削工具系统

数控机床工具系统（又称数控刀柄系统）是指连接机床和刀具的一系列工具，由刀柄、连接杆、连接套、夹头等组成。

由于数控机床所要完成的加工内容多，因此必须配备许多不同品种、不同规格的刀具，而众多的刀具只有通过数控工具系统才能与机床连接。同时，数控工具系统还能实现刀具的快速、自动装夹。在数控机床切削加工中，数控工具系统是必不可少的。随着数控工具系统的应用与日俱增，我国已经建立了标准化、系列化的数控工具系统，为普及、发展数控工具系统打下了良好的基础。

1. 工具柄部

工具柄部简称刀柄。刀柄是机床主轴和刀具之间的连接工具，它除了能够满足装夹刀具的需要外，还能满足在机床主轴上的自动松开和拉紧定位、刀库中的存储和识别、机械手的夹持和搬运等需要。刀柄和机床的主轴孔相对应，并且已经标准化和系列化，采用的标准有国际标准（ISO7388）、德国标准（DIN69871）、美国标准（ANSI/ASME B5. 50）、日本标准（MAS403）、中国标准（GB 10944—2013）等。由于标准繁多，在机床上使用时务必注意，刀具系统的标准必须与所使用的机床相适应。

刀柄与主轴孔的配合锥面一般采用 7∶24 的锥度。这种锥柄不自锁，换刀方便，与直柄相比有较高的定心精度和刚度。

固定在锥柄尾部、与主轴内拉紧机构相配备的拉钉也已标准化，装配时首先要将拉钉旋紧在锥柄尾部，主轴内拉紧机构通过滚珠与拉钉的配合来使刀具定位。装配拉钉时，要注意清理拉钉与锥柄的表面，防止夹杂切屑及杂物。

目前使用较多的有 JT 系列与 BT 系列刀柄。

JT 表示采用国际标准（ISO7388）、德国标准（DIN69871）和中国标准（GB 10944—2013）的加工中心机床用锥柄柄部（带机械手夹持槽），其后数字为相应的 ISO 锥度号，例如，50 和 40 分别代表大端直径为 69. 85 mm 和 44. 45 mm 的 7∶24 的锥度。JT40 刀柄与拉钉如图 2-13 所示。

BT 表示采用日本标准（MAS403）的加工中心机床用锥柄柄部（带机械手夹持槽），其后数字为相应的 ISO 锥度号，例如，50 和 40 分别代表大端直径为 69. 85 mm 和 44. 45 mm 的 7∶24 的锥度。BT40 刀柄与拉钉如图 2-14 所示。

2. 工具系统

加工中心的刀具种类很多，造成与锥柄相连的装夹刀具的工具多种多样，通用性较强的装夹工具均已标准化、系列化。镗铣类工具系统可分为整体式结构与模块式结构两大类。

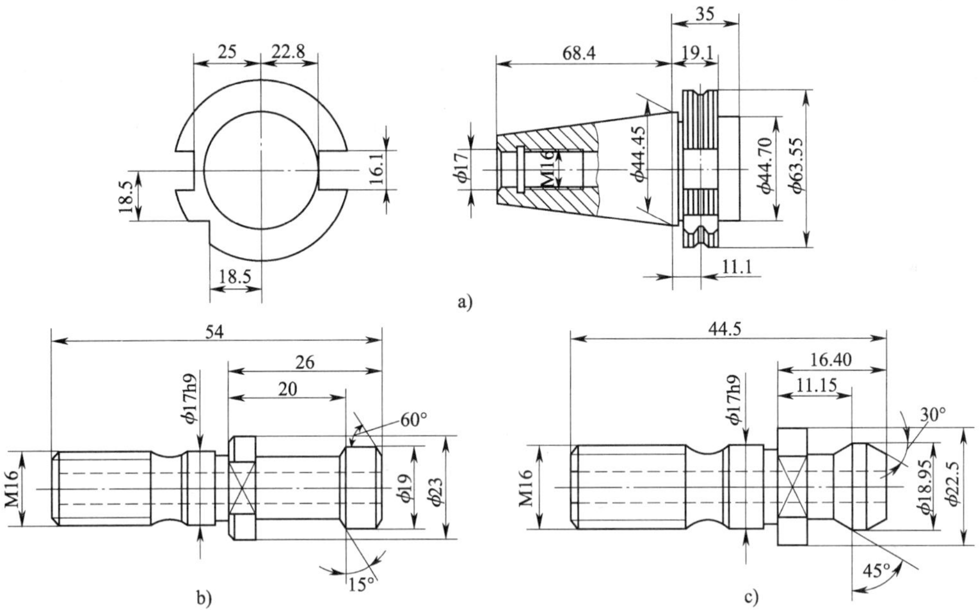

图 2-13　JT40 刀柄与拉钉

a）JT40 刀柄　b）A 型拉钉　c）B 型拉钉

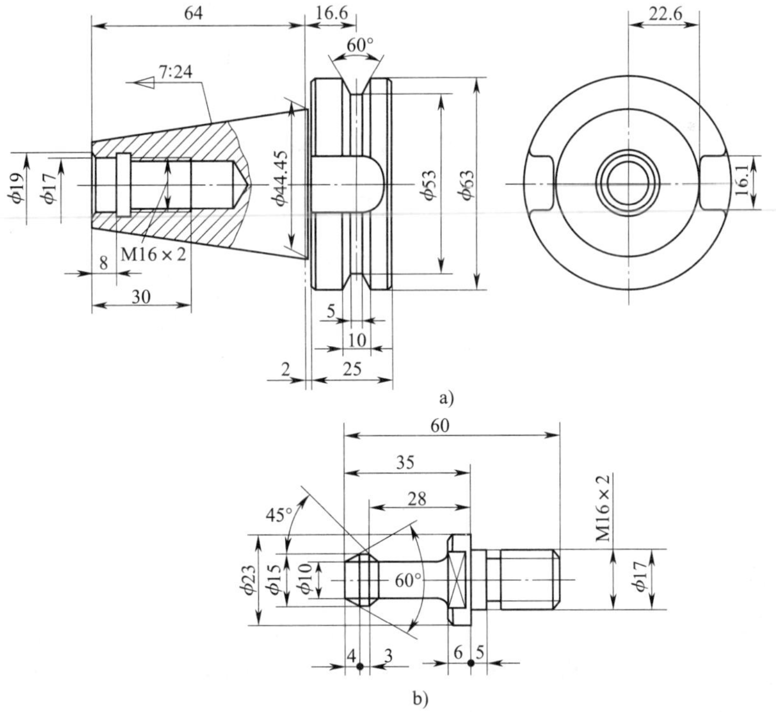

图 2-14　BT40 刀柄与拉钉

a）BT40 刀柄　b）拉钉

（1）整体式结构工具系统。整体式结构工具系统简称 TSG 系统，系统中每把刀具的柄部与夹持刀具的工作部分做成一体，如图 2-15 所示，使用时选用不同品种和规格的刀柄，装上对应的刀具就可以了。整体式结构工具系统的优点是使用方便、可靠，但不同品种和规格的工作部分都必须加工出一个能与机床主轴相连接的柄部，这使工具系统的规格、品种繁多，给生产、使用和管理带来诸多不便。为了克服整体式结构工具系统的弱点，20 世纪 80 年代以来，国内外相继开发出多种多样的模块式结构工具系统。

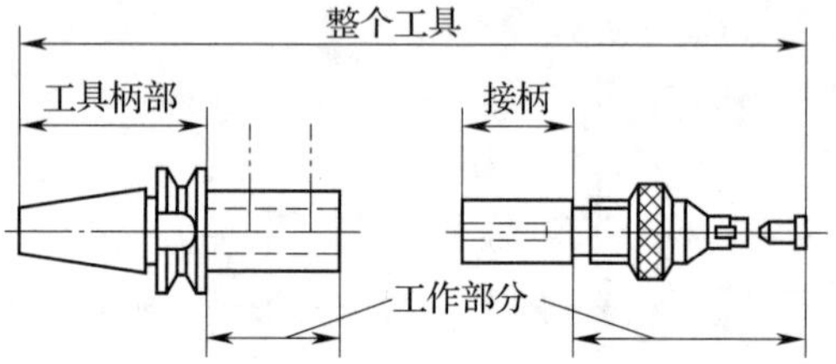

图 2-15　整体式结构工具系统的组成

（2）模块式结构工具系统。模块式结构工具系统简称 TMG 系统，是把刀具的柄部和工作部分分割开来制成各种系列化的模块，然后通过不同规格的中间模块组装成一套不同用途、不同规格的模块工具，如图 2-16 所示。这样既方便了制造，也方便了使用和保管，大大减少了用户的工具储备。目前，世界上出现的模块式结构工具系统不下几十种，它们之间的区别主要在于模块之间定心方式和锁紧方式不同。

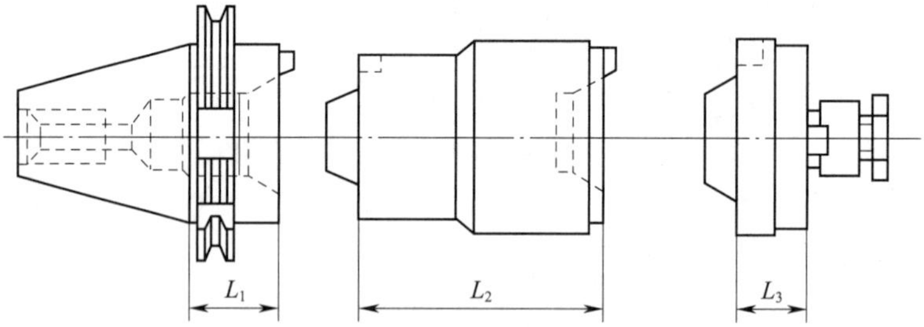

图 2-16　模块式结构工具系统的组成

对于一些长期反复使用、不需要拼装的简单刀柄，如在零件外轮廓上加工用的端面铣刀刀柄、弹簧夹头刀柄、钻夹头刀柄等，以配备整体式为宜。当加工孔径、孔长经常变化的多品种、小批量零件时，以选用模块式为宜。对于选用哪种工具系统，用户要根据实际情况认真对待。选择得当可以减少设备投资，提高工具利用率，避免频繁地补充工具，同时也有利于工具的管理与维护。

学习单元 2　高速铣削

学习目标

- 了解高速切削的工艺特点
- 熟悉各类材料高速切削的关键要素
- 熟悉高速切削刀具系统的要求与应用
- 熟悉高速切削对数控加工机床与数控系统的要求
- 掌握难加工材料的切削加工特性

知识要求

在常规的切削速度范围内，切削温度随着切削速度的增大而提高。当切削速度增大到一定范围内时，切削温度会非常高，任何刀具都无法承受，切削加工不可能再继续下去。但是，当切削速度再增大，超出原有的范围，进入另一个速度区间时，切削温度反而会降低，切削力也会大幅度下降。在高速切削时，切削热绝大部分被切屑迅速带走，工件基本保持冷态，而切屑温度却要高得多。

在高速切削条件下，切削机理与常规加工时相比产生了变化，切削过程变得比在常规切削速度下时容易。在一台主轴转速在 1 800~18 000 r/min 内可调、工作台最大进给速度为 7.6 m/min 的机床上进行试验，与常规速度加工相比，高速切削时材料切除率增加了 2~3 倍，主切削力减小了 70%，而工件的表面质量明显提高。

一、高速切削的工艺特点

1. 生产效率提高

随着切削速度的大幅度提高，进给速度也相应提高 5~10 倍，这样单位时间内的材料去除率大大增加，一般可以达到 3~6 倍甚至更高。

2. 有利于精密加工

高速切削有利于刚度低的薄壁、细长零件的精密加工，原因是切削速度达到一定值后，切削力可以降低 30%以上，尤其是径向力会大幅度减小。

3. 加工热变形小

由于高速切削时绝大部分的切削热还来不及传给工件就会被切屑带走，工件基本保持冷态，因此适宜加工容易热变形的零件。

4. 加工振动小

高速切削时，机床的激振频率特别高，远远离开了“机床、刀具、工件”构成的工艺系统的固有频率范围，工作平稳，振动小，因而能加工出非常精密和光洁的零件。

5. 适宜加工难加工材料

高速切削可以加工各种难加工材料，如镍合金、钛合金等；也可以加工高硬度材料，如淬火至60HRC的钢材。

二、高速切削的划分

1. 按加工工艺划分

按加工工艺划分，车削的高速切削速度为700~7 000 m/min；铣削的高速切削速度为300~6 000 m/min；钻削的高速切削速度为200~1 100 m/min。

2. 按加工材料划分

按加工材料划分，钛合金的高速切削速度为200~1 000 m/min；钢的高速切削速度为800~5 000 m/min；铸铁的高速切削速度为900~6 000 m/min；铜的高速切削速度为1 000~7 500 m/min；铝合金的高速切削速度为1 100~8 000 m/min。

三、各类材料的高速切削

1. 轻金属的高速切削

轻金属的适用刀具是K类硬质合金刀具，当切削速度达到2 000 m/min时应选用金属陶瓷刀具，更高速度时要使用金刚石镀层的硬质合金刀具。由于高速铣削过程中存在较大的冲击，而聚晶金刚石和立方氮化硼刀具的寿命特性不好，因此不适宜高速铣削轻金属。另外，高速钢也不适宜高速铣削轻金属。加工轻金属合金的切削参数见表2-5。

表2-5　加工轻金属合金的切削参数

切削参数＼工件材料	铝合金			镁合金
	铸铝		可塑合金	铸件
	w_{Si}小于12%	w_{Si}大于12%		
周铣				
v_c（m/min）	1 300	1 200	4 700	1 500~5 500
f_z（mm/齿）	0.43	0.47	0.04~0.2	0.16~0.23

续表

切削参数 \ 工件材料	铝合金			锰合金
	铸铝		可塑合金	铸件
	w_{Si}小于 12%	w_{Si}大于 12%		
v_f（mm/min）	9 000	9 000	2 000~10 000	13 600~20 000
刀具材料	HM-K10	PDK	HM-K20	HM-K10
其他参数	a_e=1.5 mm D=40 mm z=2，顺铣		a_e=1.5 mm D=50 mm z=2	a_e=1.5 mm D=40 mm z=2，逆铣
端 铣				
v_c（m/min）	1 500~4 500	—	—	1 500~4 500
f_z（mm/齿）	0.02~0.15	—	—	0.02~0.15
v_f（mm/min）	3 000~12 000	—	—	3 000~12 000
刀具材料	HM-K10	—	—	HM-K10
其他参数	a_e=1.5 mm D=40 mm z=2	—	—	a_e=1.5 mm D=40 mm z=2

注：a_e代表切削厚度；D代表刀具直径；z代表齿数。

2. 钢的高速切削

在高速切削时，轴向进给量对刀具磨损的影响较小，而径向进给量对刀具磨损的影响较大，刀具寿命随切削面积的增大而降低。因此，高速切削要选择比较小的背吃刀量。金属陶瓷刀具在耐高温和硬度方面比硬质合金刀具好，适用于难加工材料，但是必须采用小背吃刀量和小进给量。这两种材料都适用于精加工。钢的粗加工使用高速切削效果并不明显。加工淬硬钢时，立方氮化硼刀具的效果比较好。加工钢的切削速度和每齿进给量见表 2-6。

表 2-6　　加工钢的切削速度和每齿进给量

刀具材料	切削速度（m/min）	每齿进给量（mm/齿）
P20/P25	390	—
涂层硬质合金	510	0.31
金属陶瓷	600	0.2~0.25
Si_3N_4	810	0.16
CBN	—	0.16

3. 难加工材料的高速切削

难加工材料一般指特殊合金钢及钛、镍合金钢等。试验中发现，在这类难加工的合金钢高速切削中，顺铣较逆铣效果差，因此在加工时应尽可能选择逆铣。与钢的高速切削相同，背吃刀量对刀具的磨损影响很大，磨损呈指数曲线上升，因此在加工中也要选择小的背吃刀量。特殊合金钢的切削参数见表 2-7。

表 2-7　　特殊合金钢的切削参数

<table>
<tr><th>工件材料</th><th colspan="5">高合金钢</th><th>备注</th></tr>
<tr><td rowspan="2">切削刀具几何参数</td><td rowspan="2">硬质合金</td><td>后角 α</td><td>前角 γ</td><td>倾角 λ</td><td>圆角 r</td><td rowspan="6">$a_e=1$ mm
$D=40$ mm
$z=2$</td></tr>
<tr><td>20°</td><td>0°~4°</td><td>0°</td><td>尖锐</td></tr>
<tr><td rowspan="2">金属切除量和进给速度</td><td colspan="5">7 cm^3/min（当 $v_f=1\ 000$ mm/min 时）</td></tr>
<tr><td>v_c（m/min）</td><td>700</td><td>1 000</td><td colspan="2" rowspan="2">刀具磨损宽度</td></tr>
<tr><td rowspan="2">切削表面质量</td><td>Ra（μm）</td><td>3.3</td><td>3.1</td></tr>
<tr><td>Rz（μm）</td><td>16</td><td>14</td><td colspan="2">$VB=0.3$ mm</td></tr>
</table>

4. 高硬度材料的加工

以往，加工经过淬火的高硬度钢材无法使用传统的车削、铣削，一般都要用磨削；对于模具上的零件，只能采用电加工的方法。而高速切削技术可以在很大程度上替代这些传统的加工工艺。

加工高硬度材料时，陶瓷刀具的切削速度一般不超过 100 m/min，超细晶粒硬质合金涂层刀具的切削速度可以达到 400 m/min，一般取 90~200 m/min 为宜。背吃刀量取 0.1~0.4 mm，进给量取 0.1~0.2 mm/r 为宜。日本 JBN 刀具加工淬硬钢的切削用量见表 2-8。

表 2-8　　日本 JBN 刀具加工淬硬钢的切削用量

被加工材料及硬度	切削速度（m/min）	进给量（mm/r）	背吃刀量（mm）
结构钢（渗碳淬火，55~65HRC）	100~200	0.05~0.30	0.1~0.5
结构钢（渗碳淬火，45~55HRC）	150~200	0.05~0.30	0.1~0.5
工具钢（淬火，55~65HRC）	100~120	0.05~0.20	0.1~0.5

四、高速切削的刀具系统

1. 高速切削对刀柄的要求

（1）较高的连接刚度和精度。

（2）动平衡良好。

（3）能快速更换刀具。

2. 传统刀柄存在的问题

传统刀柄与主轴锥孔的配合方式和配合精度已经不能满足高速切削的要求。传统的 7∶24 锥度连接有以下缺点，这些缺点在高速切削的条件下将被“放大”以致影响加工。

（1）单锥面定位。锥体表面同时起两个作用，即实现刀具相对于主轴的精确定位和实现刀具夹紧并提供足够的连接刚度。由于它不能实现与主轴端面和内锥面同时定位，因此在标准的 7∶24 锥度连接中，主轴端面和刀柄法兰端面之间有较大的间隙。制造公差的分布原则只能保证锥度前端有良好的配合，而它的径向定位精度不够高，在锥度配合的后段可能存在间隙。这个间隙将导致刀具受到切削力时产生径向摆动，这种摆动还会加速锥孔前端磨损，引起定位误差。

（2）导致重复定位精度不稳定。在高速旋转时，主轴端部锥孔的扩张量大于锥柄的扩张量。这导致每次自动换刀以后，刀具的径向位置有可能存在误差，出现重复定位精度不稳定的问题。

（3）不利于快速换刀。传统刀柄锥度部分太长，不利于快速换刀。

3. HSK 刀柄

HSK 刀柄是一种供高速切削使用的刀柄，其特点是采用 1∶10 的短锥面，锥面和端面同时实现与主轴的连接，如图 2-17 所示。

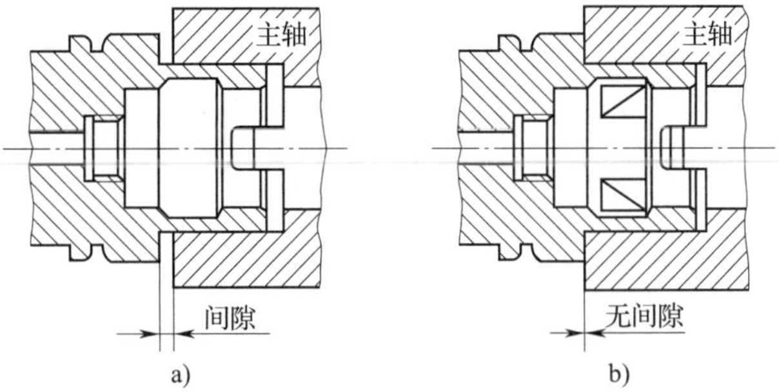

图 2-17　HSK 刀柄与主轴的连接结构

a）插入时　b）拉紧时

这种结构的优点主要有：

（1）采用锥面、端面过定位的结合形式，有效地提高了连接刚度。

（2）锥度部分长度短，质量小，适宜快速换刀。

（3）1∶10 的锥度与 7∶24 的锥度相比，具有更高的抗扭能力。

（4）重复装夹精度高。

（5）刀柄与主轴之间由扩张爪锁紧，转速越高，离心力越大，锁紧力也越大，刀柄能够被牢固地锁紧。

4. HSK 刀柄与刀具的连接

传统的连接形式依然保留，如盘式、侧固式等。新的连接方式有热胀式。连接时，把刀柄放在专用的加热设备上加热，由于热胀冷缩的原理，刀柄内孔放大，此时将刀具放入，刀柄快速冷却，刀具被牢固地夹紧。松开时，同样把刀柄放在加热设备上，由于刀柄和刀具的热膨胀系数不同，刀柄膨胀后，刀具被取出。这种连接方式具有同轴度高、固定牢靠、传递力矩大（为液压或弹簧夹头的 2~4 倍）的优点，适用于装夹直径 25 mm 以下的刀具。

五、高速加工机床与数控系统

1. 高速加工对数控设备的要求

高速加工技术是传统数控加工技术的发展，从基本原理上看，它与传统数控加工技术没有本质的区别。高速加工对数控机床的要求是高速度地加工出高精度的零件，具体主要包括以下三点：

（1）对于数控机床的机械部分，要求其具有高刚度、高精度，特别是主轴和进给部分，要求移动部件具有快速的响应能力与足够的灵敏度。

（2）对于主轴单元和进给驱动单元，要求其具有高的进给速度的同时，还要求其具有高的加（减）速度。例如，高速机床的行程通常为 500~1 000 mm，在如此短的距离内使机床进给速度从零增大到 40 m/min 以上，则机床的进给加速度应超过 1g（10 m/s^2）。在进行曲面加工时，进给加（减）速度就更为重要了。一台伺服电动机若不能产生足够高的加（减）速度，就无法保证高速、高精度的加工。

（3）对于数控系统，要求其能高速处理程序段，迅速、准确地处理和控制信息，并控制加工误差为最小。

数控系统把输入的零件程序转换成要加工的形状轨迹、进给速度和其他指令信息，连续地把位置指令送给每个伺服轴。为了同时得到高速度和高精度，CNC 系统必须根据被加工零件的形状轨迹选择最佳的进给速度，在允许的误差范围内以尽量高的进给速度产生位置指令。特别是在拐角处和小半径处，CNC 系统应能判别加工速度影响精度的临界点，从而在到达这样的点前使刀具的切线速度自动减小。同时，伺服系统必须具有快速响应和抑制扰动的能力，并不产生振动，避免与机床产生共振。

2. 高速加工对数控程序的处理

在高速加工特别是模具加工时，一般程序段很小而程序很长，因此必须对程序采用特殊控制的方法。

（1）高速在线加工。与一般 DNC 不同，高速加工利用远程缓冲分配器对 DNC 运行进行高速分配，快速从输入端向 CNC 系统传递被加工零件的大量程序。CNC 系统读取一段程序后，首先计算出该程序的数据，对每个坐标轴产生分配脉冲，并把它传送给伺服系统，使伺服电动机运行。

（2）程序预读处理。为了保证高速切削时程序运行的连续性，数控系统能对高速加工程序进行预读处理。虽然各数控系统编程的指令不同，但是其基本作用相同。这里以 FANUC 系统的 G 代码格式来加以说明。

1）G08 超前控制

格式：G08 P_;

P1 表示超前控制方式通，P0 表示超前控制方式断。这是为了进行高速、高精度加工而设置的功能。使用本功能可以抑制随着进刀速度加快而增大的由加减速造成的延迟和随动系统的延迟，由此可以使刀具忠实地跟踪命令值，减小加工形状误差。在进入超前控制方式后，下列功能有效：①插入前线性加减速功能；②自动圆角减速功能；③利用圆弧半径而使进刀速度固定的功能。超前控制方式可以通过复位解除。

2）G05.1 预读多个程序段

格式：G05.1 Q_;

Q1 表示预读多个程序段开，Q0 表示预读多个程序段关。G05.1 Q1 能预读多个程序段（40 段）进行处理并进行插补前的直线加（减）速。由于在多个程序段预先加（减）速，快速后处理能力比一般的强 10 倍左右，因此加速平滑，可实现高速加工。指定 G05.1 的程序段不能有其他代码。

相关链接

难加工材料的切削特点

难加工材料主要是指切削加工性能差的材料。金属材料切削加工性能的好坏主要从切削过程中的刀具寿命、已加工表面的质量、切屑形成和排除的难易程度三个方面来衡量。只要加工材料在上述三个方面中有一项明显差，就可认为其是难加工材料。常见的难加工金属材料有不锈钢、高强度钢、高温合金、钛合金、纯金属（如纯铜）等。

1. 难加工材料的切削加工特点

（1）切削力大。难加工材料一般强度较高，尤其是高温强度比一般钢材高得多，再加上塑性变形和加工硬化程度严重，因此在切削时需要的切削力一般比普通碳钢大得多。例如，在相同条件下，铣削不锈钢时的铣削力要比铣削 45 钢时大 50%左右。

（2）切削温度高。在切削难加工材料时，切削温度一般都比较高，主要原因有以下几个方面：

1）切削力大。切削力大，则消耗功率大，转变成的热量多，使温度升高。

2）热导率低。难加工材料的热导率一般都比较低（纯金属中纯铜等除外），在切削时，切削热不易传散，而且易集中在切削刃处。

3）热强度的特殊现象。镍基合金等高温合金在 500～800℃时的抗拉强度达到最高值，因此，在加工这类合金时，高速钢刀具的切削速度一般不宜超过 10 m/min，否则刀具切入工件的切削阻力将更大。

（3）切屑变形系数大，加工硬化程度高。难加工材料中的高温合金、不锈钢等的切屑变形系数都较大。切削速度从 0.5 m/min 开始，切屑变形系数随着切削速度的增大而增大。在切削速度为6 m/min 左右时，切屑的变形系数达到最大值。

由于形成切屑时的塑性变形，以及已加工表面和过渡表面的塑性变形，金属产生硬化和强化，这就使切削阻力增大，刀具磨损加快，甚至产生崩刃。高温合金、高锰钢、奥氏体不锈钢等奥氏体组织的材料，其硬化的程度和深度都很大，要比 45 钢大几倍。

难加工材料硬化程度严重，切屑强韧（即切屑的强度和硬度高，韧性好），切削温度高。如果强韧的切屑流经刀具前面，就容易产生黏结、熔焊等粘刀现象。粘刀不利于切屑的排除，容易使容屑槽堵塞，造成打刀现象。粘刀还容易使刀具产生黏结磨损和崩刃。另外，若强韧的切屑呈锯齿形，则刀具刃口容易损坏。

（4）刀具磨损快，刀具寿命短。由于难加工材料的强度高，热强度高，切削温度高，加工硬化严重，有些材料还有较强的化学亲和力与黏合现象，因此刀具的磨损速度也较快。铣削硬化现象严重的材料时，铣刀后面的磨损限度值不宜过大。

切削难加工材料的刀具寿命：对于不锈钢，刀具寿命为 90～150 min；对于高温合金、钛合金等材料，刀具寿命还要短。刀具寿命与切削速度、铣刀类型等因素有关。

2. 切削难加工材料的措施

（1）选择合适的刀具材料。切削难加工材料时，应根据材料的特性来选择切削性能良好的刀具材料，如硬度和高温硬度均较高的含钴高速钢，以及 W12Cr4V4Mo、

W6Mo5Cr4V2Al 等新型高速钢与涂层高速钢等。硬质合金主要用 M 类及 YM30（M30）和 YS25 等牌号的硬质合金。

（2）选择合理的刀具几何参数。铣削硬度低、塑性好的材料时，应采用较大的前角和后角；铣削高温合金等时，应采用较大的螺旋角，并增大刃倾角的绝对值等。

（3）采用合适的切削液。用高速钢刀具切削高温合金，一般采用水溶性切削液；用硬质合金刀具切削，可采用油类极压切削液。另外，极压乳化液、硫化乳化液、氯化煤油等可作为难加工材料的切削液。

（4）选择合理的切削用量。切削速度的选择主要受刀具寿命的限制，而刀具寿命又取决于刀具的磨损情况。用高速钢铣刀铣削高温合金，在425～625℃时磨损较慢；而用硬质合金铣刀铣削高温合金，则在 750～1 000℃时磨损较慢。相应地，应有较合适的切削速度。总的来讲，由于难加工材料具有切削抗力大、切削时温度易升高、热强度高等特点，切削速度、进给量、背吃刀量等切削用量的值都要比切削普通钢材时适当减小。

（5）选择合适的铣削方式。在铣削难加工材料时，对于一些塑性变形大、热强度高和冷硬程度严重的材料，应尽可能采用顺铣，端铣也尽量采用不对称顺铣。采用顺铣可减小切屑黏结接触面积；使切屑在脱离工件时对刀具的压力减小，容易甩掉；使切削刃不在冷硬层中挤刮。因此，采用顺铣可显著提高铣刀的使用寿命，并可获得较小的表面粗糙度值。

第 3 节　数控铣床零件加工

学习单元 1　平面铣削

学习目标

➢ 掌握数控平面铣削的基本方式

➢ 掌握数控铣削刀具的选择方法

知识要求

一、平面铣削的基本方式

铣削方式是指铣削时铣刀相对于工件的运动关系，其对铣刀的耐用度、工件表面粗糙度、铣削平稳性和生产效率都有很大的影响。铣削时，应根据具体情况合理选择铣削方式。平面铣削的基本方式有周铣和端铣两种，周铣分为顺铣和逆铣，端铣分为对称铣和不对称铣。

1. 周铣与端铣

用圆柱形铣刀的圆周刀齿进行铣削称为周铣，如图 2-18a 所示；用端铣刀的端面刀齿进行铣削称为端铣，如图 2-18b 所示。端铣的加工质量总体好于周铣，但周铣的应用范围较端铣大。端铣能一次铣出较宽的平面，但一次的铣削深度一般不如周铣。两者的比较见表 2-9。

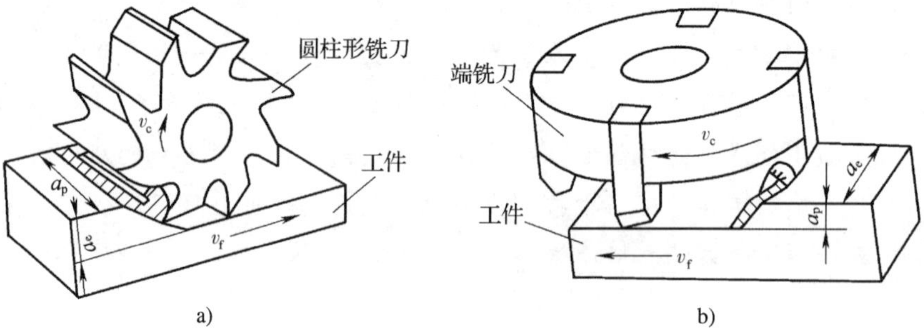

图 2-18　周铣与端铣

a）周铣　b）端铣

表 2-9　周铣与端铣的比较

比较内容	周铣	端铣
有无修光刃/工件表面质量	无/差	有/好
刀杆刚度/切削振动	低/大	高/小
同时参加切削的刀齿/切削平稳性	少/差	多/好
镶嵌硬质合金刀片的难易程度/刀具耐用度	难/低	易/高
生产效率/加工范围	低/广	高/较小

2. 顺铣与逆铣

用圆柱形铣刀铣削时，铣削方式可分为顺铣与逆铣，如图 2-19 所示。若铣刀旋转切入工件的切削速度方向与工件的进给方向相同称为顺铣，反之则称为逆铣。两者的比较见表 2-10。

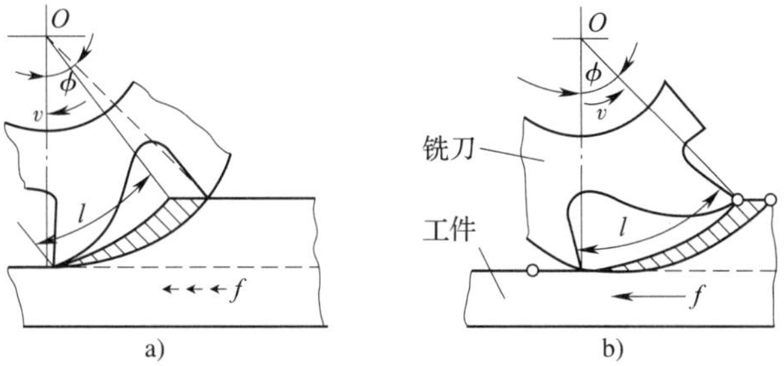

图 2-19　顺铣与逆铣

a）顺铣　b）逆铣

表 2-10　　　　顺铣与逆铣的比较

比较内容	顺铣	逆铣
工件夹紧程度及切削过程的稳定性	好	差
刀具磨损	小	大
滚珠丝杠无间隙时的加工对象	精加工和无硬皮零件的粗加工	有硬皮零件的粗加工

顺铣时，工件的进给会受传动丝杠螺母副间隙的影响，但这对于预紧后无间隙滚珠丝杠副来说影响较小，所以数控铣床较适合采用顺铣。顺铣有利于提高刀具的耐用度和工件装夹的稳定性，且加工表面质量较高。对于铸件、锻件表面的粗加工，顺铣因刀齿首先接触其表层硬皮，将加剧刀具的磨损，此时应以逆铣为妥。

逆铣时，切屑的厚度从零开始渐增。铣刀的切削刃开始接触工件时，将在刚加工好的表面（冷硬层）滑行后才切入工件，这使切削刃容易磨损，使加工表面质量差。逆铣时，铣刀对工件有上抬的切削分力，影响工件装夹在工作台上的稳固性。

3. 对称铣与不对称铣

用端铣刀加工平面时，根据工件对铣刀的位置是否对称，铣削方式可分为对称铣与不对称铣，如图 2-20 所示。不对称铣按切入和切出时的切削厚度变化可分为不对称顺铣和不对称逆铣。

对称铣如图 2-20a 所示，铣刀轴线始终位于工件的对称面内，切入、切出时切削厚度相同，有较大的平均值。工件宽度接近铣刀直径且铣刀刀齿较多时，可采用对称铣。对称铣削时，切削力变化小，可用较大的切削用量，且铣削过程平稳，还可避免铣刀切入时对工件表面的挤压、滑行，刀具耐用度高，尤其适用于铣削淬硬钢。

不对称顺铣如图 2-20b 所示，铣刀偏置于工件对称面的一侧，切入时切削厚度最大，切出时切削厚度最小，切屑粘刀少，适用于加工不锈钢等中等强度和高塑性的材料。

不对称逆铣如图 2-20c 所示，铣刀偏置于工件对称面的一侧，切入时切削厚度最小，切出时切削厚度最大。由于切入冲击较小，切削力变化小，切削过程平稳，因此不对称逆铣适用于铣削普通碳钢和高强度低合金钢，加工表面粗糙度值小，刀具耐用度较高。不对称顺铣与不对称逆铣的比较见表 2-11。

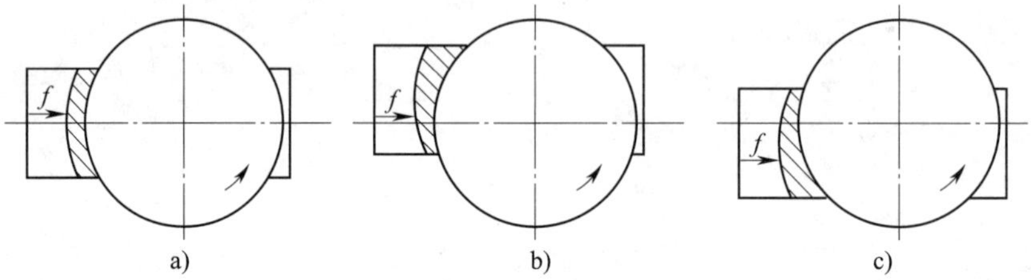

图 2-20　对称铣与不对称铣

a）对称铣　b）不对称顺铣　c）不对称逆铣

表 2-11　不对称顺铣与不对称逆铣的比较

比较内容	不对称顺铣	不对称逆铣
特征	以较大的切削厚度切入，较小的切削厚度切出	以较小的切削厚度切入，较大的切削厚度切出
切削优点	切出时切削厚度减小，黏着在刀片上的切屑较少，减轻了再切入时刀具表面的剥落	切削平稳，减小冲击，使加工表面质量改善，刀具耐用度提高
适用材料	适用于加工不锈钢和耐热钢，如 2Cr13、1Cr18Ni9Ti、4Cr14Ni14W2Mo 等	适用于加工普通碳钢和高强度低合金钢，如 9Cr2 等

二、铣刀的选择

数控加工的多样性、复杂性及日益丰富的数控刀具决定了刀具选择不能再主要依靠经验。刀具制造厂在开发每一种刀具时已经做了大量的试验，在向用户提供刀具的同时也提供了详细的使用说明。

对于常用牌号的刀具，操作者应该能够熟练地使用该产品厂商提供的技术手册，在手册中选择合适的数控刀具，并根据手册提供的参数合理使用数控刀具。

下面以德国瓦尔特（WALTER）公司的技术手册为例，介绍如何根据手册选择刀具和参数。

1. 选择刀具牌号

首先，确定被加工材料的材料组符号标记；其次，根据加工方式和工具、夹具系统的稳定性确定加工条件，加工条件分为好、一般和较差；然后，选择刀具槽型；最后，根据加工材料、加工方法和加工条件选择刀具牌号。

2. 选择刀具产品编号

根据刀具牌号和加工形式选择相应产品编号的刀具。

3. 选择切削用量

根据刀具牌号、被加工材料和刀具产品编号选择切削速度和进给量。

表 2-12 是牌号为 WAP25/WAT61 的刀具的推荐切削速度。表中的推荐切削速度根据以下两个参数选择：被加工材料、刀具侧面切削厚度 a_e 与刀具直径 D 之比（a_e/D）。

根据该刀具允许的切削速度 v_c（m/min），可通过下列公式计算主轴转速n（r/min）：

$$n=\frac{1\ 000v_c}{\pi D}$$

表 2-13 是产品编号为 F2238 和 F3038 的铣刀的推荐进给量。表中提供的是针对各种被加工材料，不同直径刀具的每齿进给量f_{z0}的数值。这个数值还要根据切削厚度、背吃刀量进行修正。实际每齿进给量$f_z=f_{z0}k_{a_e}k_{a_p}$(mm/齿)，进给速度 $F=nzf_z$(mm/min)。

表 2-12　　WAP25/WAT61 刀具的推荐切削速度

刀具材料组	工件材料		布氏硬度 HBW	推荐切削速度 v_c（m/min） a_e/D 1/1~1/2	1/5	1/10	1/20
P	非合金钢	$w_C\approx0.15\%$，退火	125	220	290	320	370
		$w_C\approx0.45\%$，退火	190	220	255	280	305
		$w_C\approx0.45\%$，调质	250	180	230	245	245
		$w_C\approx0.75\%$，退火	270	175	225	225	225
		$w_C\approx0.75\%$，调质	300	165	200	200	200
	低合金钢	退火	180	205	260	290	315
		调质	275	170	220	220	220
		调质	300	165	200	200	200
		调质	350	130	145	150	150
	高合金钢和高合金工具钢	退火	200	110	140	155	180
		渗氮和回火	325	80	100	100	100
	不锈钢	铁素体/马氏体，退火	200	—	—	—	—
		马氏体，调质	240	—	—	—	—

续表

刀具材料组	工件材料		布氏硬度 HBW	推荐切削速度 v_c(m/min)			
				a_e/D			
				1/1~1/2	1/5	1/10	1/20
M	不锈钢	奥氏体，淬火	180	—	—	—	—
K	灰铸铁	珠光体/铁素体	180	200	200	245	260
		珠光体（马氏体）	260	150	150	165	180
	球墨铸铁	铁素体	160	180	180	200	220
		珠光体	250	150	150	160	160
	可锻铸铁	铁素体	130	200	200	200	240
		珠光体	230	160	160	175	180

表 2-13　　铣刀的推荐进给量

刀具类型

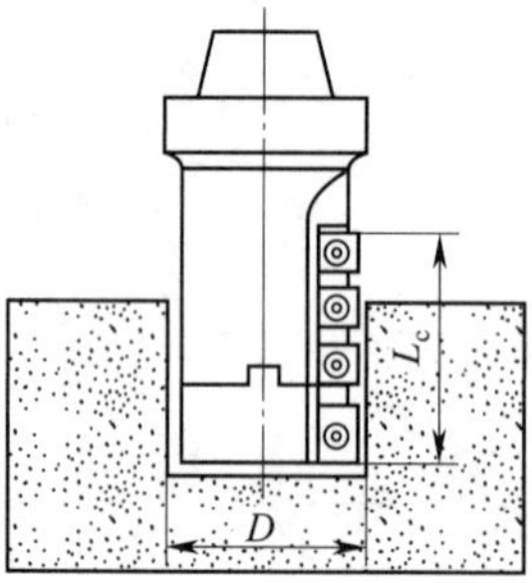

F2238

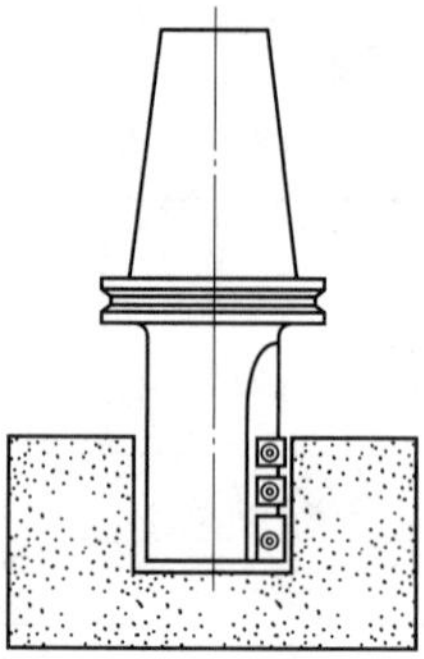

F3038

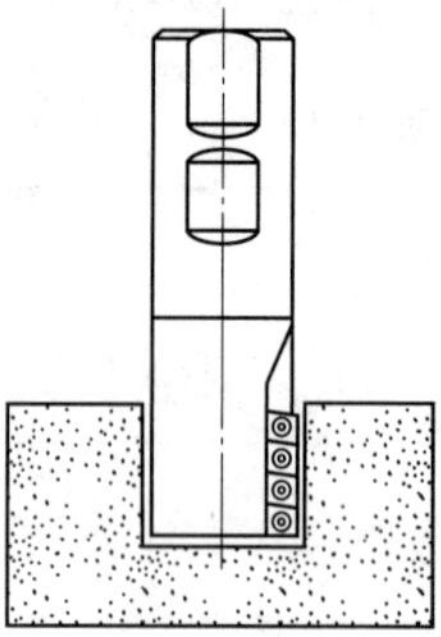

每齿进给量 f_{z_0}（mm/齿）：用于 $a_e=D$；$a_p=a_{pmax}=L_c$

（L_c 为刀齿的总长度）

刀具直径（mm）		20~32	40~65	80~125	20~40	40~80
最大背吃刀量（mm）		42	50	87	24~64	28~98
P	非合金钢	0.1	0.15	0.2	0.15	0.2
	低合金钢	0.08	0.12	0.15	0.1	0.15
	高合金钢和高合金工具钢	0.08	0.12	0.15	0.1	0.15
	马氏体不锈钢	0.06	0.08	0.12	0.08	0.12
M	不锈钢，奥氏体不锈钢	0.06	0.08	0.1	0.08	0.1
K	灰铸铁	0.12	0.2	0.25	0.15	0.25
	球墨铸铁	0.1	0.15	0.2	0.12	0.2
	可锻铸铁	0.1	0.15	0.2	0.12	0.2

续表

修正系数 k_{a_e}（根据 a_e/D 的数值修正）	$a_e/D=1/1\sim1/2$	1.0	1.0	1.0	1.0
	$a_e/D=1/5$	1.1	1.1	1.1	1.1
	$a_e/D=1/10$	1.2	1.2	1.2	1.2
	$a_e/D=1/20$	1.3	1.3	1.3	1.3
修正系数 k_{a_p}（根据 a_p 的数值修正每齿进给量）	$a_p=6$	1.6	1.6	1.6	1.0
	$a_p=9$	1.0	1.6	1.6	1.0
	$a_p=12$	1.0	1.0	1.6	1.0
	$a_p=0.5D$	1.0	1.0	1.0	1.0
	$a_p=0.75D$	0.8	0.8	0.8	0.8
	$a_p=D$	0.7	0.7	0.7	0.7

学习单元 2　模具型腔加工

学习目标

- 掌握数控铣削在模具加工中的应用
- 掌握数控铣削中模具型腔的加工规范

知识要求

一、模具数控加工

1. 模具数控加工的特点

模具具有结构复杂、型面复杂、精度要求高、使用材料硬度高、制造周期短等特点。应用数控加工进行模具制造可以大幅提高加工精度，减少人工操作，提高加工效率，缩短模具制造周期。

（1）模具为单件生产，数控加工的编程工作量大，因此对数控加工的编程人员和操作人员有更高的要求。

（2）模具的结构部件多，数控加工工作量大，通常有模架、型腔、型芯、镶块或滑块、电极等部件需要数控加工成形。

（3）模具的型腔面复杂，对成形产品的外观质量影响大，因此在加工型腔面时必须达到足够的精度。

（4）模具加工需要多个工序才能完成，应尽量安排一次装夹全部完成，以减小定位误差并减少装夹时间。

（5）模具材料通常采用很硬的钢材，如压铸模具所用的 H13 钢材硬度在热处理后达到 52~58HRC，而锻压模具的硬度则更高。因此，模具数控加工必须采用高硬度的硬质合金刀具，选择合理的切削用量进行加工，且最好采用高速铣削来加工。

（6）标准化是提高效率、缩短加工时间的有效途径。对于模具而言，标准化尤其重要，如将孔的直径标准化、系列化，可以减少换刀次数，提高加工效率。

（7）模具数控加工应建立一套完善的程序，按既定的方法和步骤进行，以防止或减少错误。

2. 数控铣削在模具加工中的应用

（1）轮廓加工。对于平面内的曲线轮廓，如冲压模的冲头和凹模、注塑模的镶块等，使用数控铣削加工不但能提高生产效率，还能保证加工精度。

（2）曲面加工。对于大部分的注塑模和压铸模而言，其成形零件的表面往往是由曲面组成的。曲面加工是数控铣削加工最擅长的领域。通过结合使用 CAD/CAM 软件进行数控程序编制，数控铣床可以加工各种复杂的曲面，并且在零件表面留下极少的残余量。在注塑模及压铸模中，经常要对模具型腔和型芯，以及电极、镶块等进行加工。

（3）孔加工。孔加工通常需要经过钻孔、扩孔、倒角、攻螺纹等操作，需要用到较多的刀具，特别是有多个孔且各孔之间有位置精度要求时。使用数控加工中心进行孔加工可以在一台机床上自动完成所有的工序，可以保证有足够的精度，且加工效率非常高。例如，在模具型芯加工中，常要加工顶尖孔、配合的定位孔等精度要求较高的孔，采用数控铣床或加工中心进行加工不但能保证精度，而且可以大大减少重复装夹找正的时间，缩短模具制造周期。

二、模具型腔加工规范

型腔是指以封闭曲线为边界的平底或曲底凹坑。加工平底型腔时一律用平底立铣刀，且刀具边缘部分的圆角半径应符合型腔的图样要求。

型腔的切削分两步：第一步切内腔，第二步切轮廓。

切内腔时，环切和行切都有应用，两种切法的进给路线要保证切净内腔的全部区域，不留死角，不伤轮廓，同时尽量减小重复进给的搭接量。行切法的进给路线比环切法的短。但行切法会在每两次进给的起点与终点间留下残留量，从而达不到所要求的表面质量，用环切法获得的表面质量要高于行切法。

切轮廓通常分为粗加工和精加工两步。粗加工如图 2-21 所示，需从型腔轮廓线向里偏置铣刀半径 R 并且留出精加工余量 y。

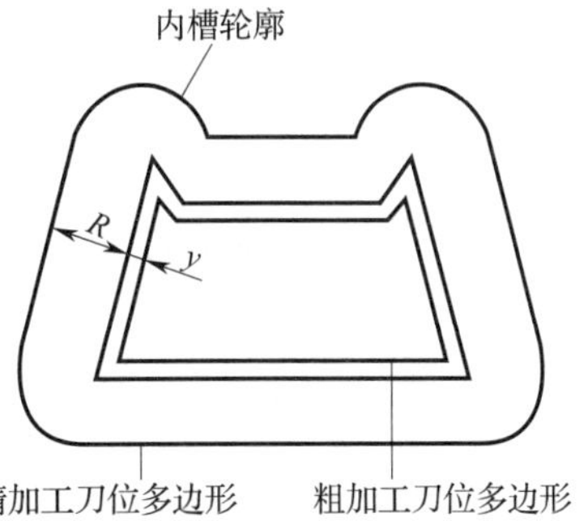

图 2-21　型腔轮廓粗加工

图 2-22 所示为加工内腔的三种进给路线。图 2-22a、图 2-22b 所示分别为用行切法和环切法加工内腔的进给路线；图 2-22c 所示为先用行切法切去中间部分余量，最后环切一刀光整轮廓表面，这既能使总的进给路线较短，又能获得较高的表面质量。

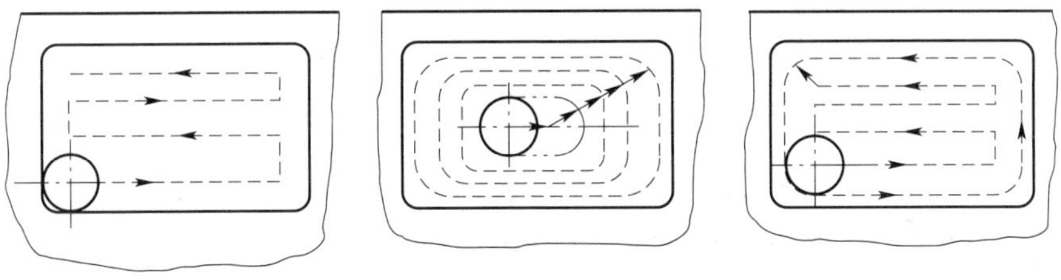

图 2-22　内腔加工进给路线

a）行切法　b）环切法　c）先行切后环切

学习单元 3　曲面加工

学习目标

- 掌握数控铣削曲面加工的机床选择
- 掌握数控铣削曲面加工的刀具选择
- 掌握数控铣削叶轮叶片的方法

知识要求

一、数控铣床的选择

立体曲面轮廓的加工应根据曲面形状及精度要求采用不同的铣削方法。对于曲率变化不大和精度要求不高的曲面，常用 2.5 轴加工，即 X、Y、Z 三轴中的任意两轴做联动插补，第三轴做单独的周期进给；对于曲率变化较大和精度要求较高的曲面，如叶轮、螺旋桨等，常用五坐标联动数控铣床加工，其编程计算复杂，常用自动编程。

二、刀具的选择

用于空间曲面、模具型腔等曲面加工的铣刀一般为圆锥形立铣刀、圆柱形球头立铣刀和圆锥形球头立铣刀，如图 2-23 所示。其柄部有直柄、削平型直柄和莫氏锥柄三种。

模具铣刀的结构特点是球头或端面上布满了切削刃，圆周刃与球头刃圆弧连接，可做径向和轴向进给。一般小规格的硬质合金模具铣刀多制成整体结构，ϕ16 mm 以上的制成焊接或机夹可转位刀片结构。

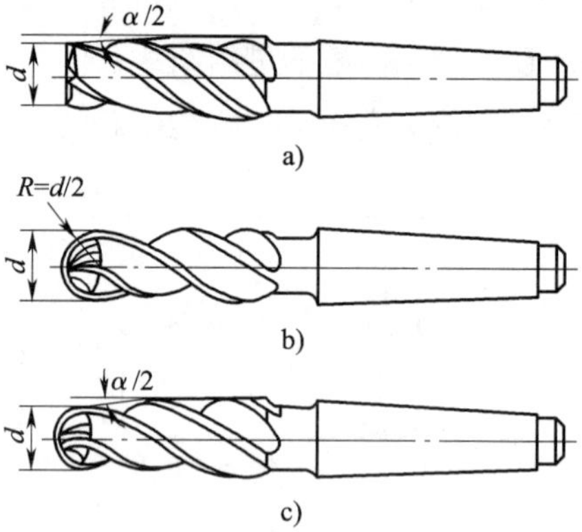

图 2-23　用于曲面加工的铣刀

a）圆锥形立铣刀　b）圆柱形球头立铣刀　c）圆锥形球头立铣刀

空间曲面加工分粗加工和精加工阶段，复杂曲面更细分出半精加工阶段。在曲面粗加工阶段，为提高加工效率，应在保证不发生干涉和工件不被过切的前提下，优先选择平头立铣刀或带圆角的立铣刀，而精加工曲面时一般采用球头铣刀。当曲面形状复杂时，为了避免干涉，使用球头铣刀，调整好加工参数后也可以获得较高的加工效率。

三、叶轮叶片的加工

曲面轮廓的加工工艺比平面轮廓要复杂得多，加工时要根据曲面形状、刀具形状及零件的精度要求选择合理的进给路线。图 2-24 所示为加工曲面轮廓可能采取的三种进给路线，其中图 2-24a 所示为沿参数曲面的 u 向参数线行切，图 2-24b 所示为沿 w 向参数线行切，图 2-24c 所示为环切。

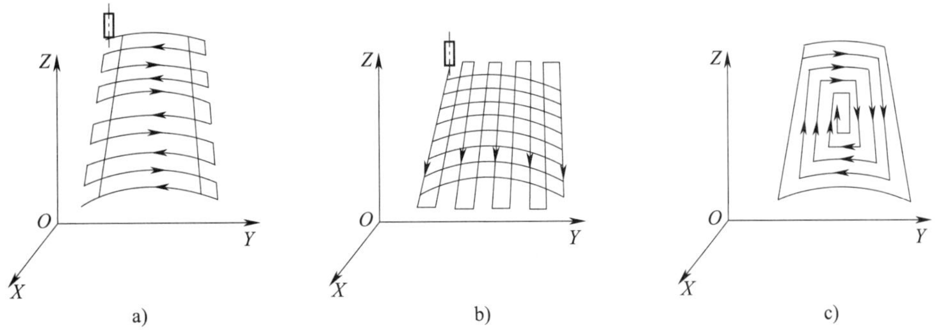

图 2-24　曲面轮廓加工进给路线

a）沿 u 向参数线行切　b）沿 w 向参数线行切　c）环切

对于像叶轮、螺旋桨这样的零件，因其叶片形状复杂，刀具容易与相邻表面干涉，常用五坐标联动加工，如图 2-25 所示。

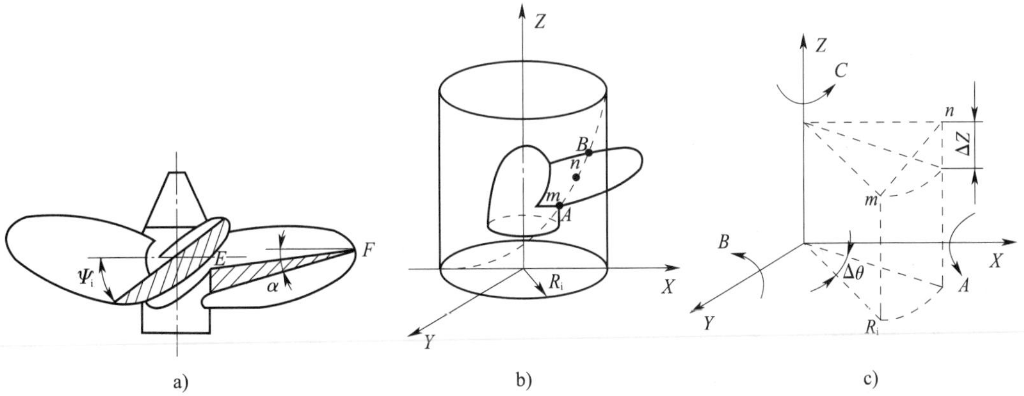

图 2-25　曲面的五坐标联动加工

a）零件　b）坐标分析　c）数据点密化

学习单元 4　孔系加工

学习目标

- 掌握狭小类孔系数控加工方法
- 掌握螺纹数控铣削工艺方法与刚性攻螺纹的方法

知识要求

一、内腔狭小类孔系加工

1. 深孔钻削

深孔是指深径比（H/D）大于 5 的孔。深孔钻削有一系列不利因素：排屑和冷却困难；钻头细而长，刚度低，易折断；孔轴线易偏移。为克服以上不利因素的影响，应在钻深孔时采取以下措施：

（1）尽可能选用新钻头，并在主切削刃上修磨分屑槽。钻头的长度能满足孔的深度即可，以提高钻头刚度。

（2）钻孔前可先用中心钻定心。钻孔深度达到约 3 倍孔径时，应退出钻头及时排屑。钻头退出要快，以利于排屑。编制钻孔固定循环程序时，要注意深度数值的设定。

（3）适当降低切削速度和减小进给量。钻孔过程中，应不断退出钻头进行排屑和冷却。数控运行钻孔循环时，要注意密切观察，可适当改为单段方式，以利于充分排屑和冷却。

（4）随着孔深度的增加，进给量应减小，排屑次数应增加。严格监测每次钻孔深度，防止因进给量过大使切屑挤死在螺旋槽内，造成钻头与接长杆折断。根据孔的深度情况，有时编制钻孔程序可分成两段以上，从而设置不同的数值。

（5）当钻头刃口磨损时，应及时刃磨，以减小切削阻力。

（6）排屑时应及时注入充足的切削液，以降低切削温度，减少钻头与切屑的黏结。

2. 狭小孔的镗削

孔加工的方法可以根据使用刀具的不同分为钻孔（包括扩孔、锪孔、钻中心孔）、镗孔、铰孔等。

（1）孔加工的特点。钻孔是低精度孔（一般孔）的基本加工方法，如螺纹底孔、连接孔（供穿过螺钉、铆钉等）。镗孔是应用较为广泛的一种孔加工方法，既可用于铰孔前的半精加工，也可在单件、小批量生产中用于对尺寸较大的高精度孔进行精加工。因此，镗孔是高精度孔加工的重要手段。铰孔在大批量生产中用于对尺寸不大的高精度孔进行精加工。

镗孔一般用于配合孔的加工，配合孔的加工除了对自身的尺寸精度、形状精度和表面粗糙度有要求外，还对内孔与端面的垂直度、内孔与外圆的同轴度等相互位置精度有要求。

（2）狭小孔的镗削特点

1）孔加工是在工件内部进行的，在加工过程中，观察加工情况、测量加工尺寸、清除切屑、注入切削液等都难以进行，加工质量较难控制。因此，一般孔加工能达到的精度总比外表面加工能达到的精度低。

2）镗孔时，镗刀杆直径受孔径的限制不能做得太粗，但为了达到镗孔深度的要求，也不能做得太短。细长刀杆的刚度低，容易产生振动，因此镗孔的进给量和切削速度较其他孔加工方式低。

3）镗刀装夹后，镗刀的刀尖必须与工件中心等高或比工件中心稍高，以便增大镗刀的后角。从理论上讲，镗刀的刀尖不应低于工件中心，否则在切削力作用下刀尖会下降，使孔径扩大。因此，应按被加工孔径的大小选用合适的镗刀杆，刀杆的伸出量应尽可能小，以使刀杆具有最高的刚度。

4）狭小孔的加工编程应高度重视退刀空间。某些零件直径较小，长度较长，内表面起伏较大，使得切削空间狭小，刀具动作困难。针对这类结构的工件，在设定刀具切削运动轨迹时，不能完全按照工件结构、形状循环编程，必须保证退刀空间。

图 2-26a 所示的内腔曲面采用与轮廓形状相同的循环编程方式去除余量，由于镗刀需要较大的退刀空间而无法实现，因此需要根据零件内轮廓形状重新设计去除余量的刀具轨迹，如图 2-26b 所示。这样虽然增加了编程的难度和工作量，却能保证加工的顺利完成。

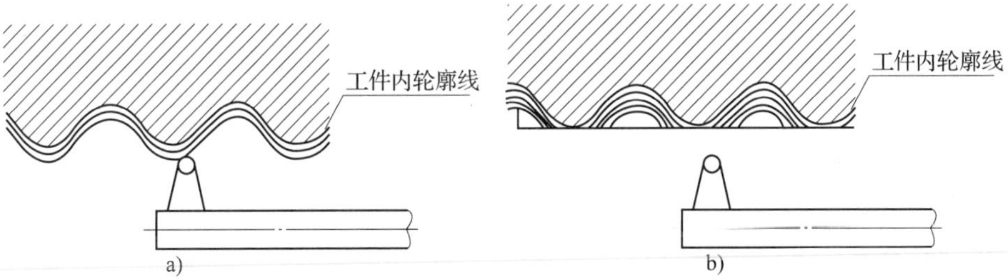

图 2-26　内表面去除余量的编程方式

a）退刀空间大　b）退刀空间小

二、螺纹铣削加工

在工件上加工出内、外螺纹的方法主要有滚压加工和切削加工两类。滚压加工是指用滚压成形模具使工件产生塑性变形以获得螺纹的加工方法。切削加工一般是指用成形刀具或磨具在工件上加工螺纹的方法。

加工外螺纹的方法主要有车削、套螺纹、磨削、研磨、旋风切削等，加工内螺纹的方法主要有螺纹铣削和攻螺纹。用丝锥加工工件内螺纹的方法称为攻螺纹。攻螺纹最适合加工直径小的内螺纹，螺纹铣削则适合加工直径较大的内螺纹。

1. 螺纹铣削

在一般生产加工中，螺纹的加工方式多采用攻螺纹这种传统工艺。随着数控技术的发展、软件的创新、控制精度的提高、三轴联动或多轴联动数控系统的产生及其在生产领域的广泛应用，先进的加工工艺——螺纹铣削逐渐得以实现。螺纹铣削的加工精度、工件表面质量及柔性是攻螺纹无法比拟的，其经济性在某种情况下也更优于传统工艺。螺纹铣削是通过主轴高速旋转并做圆弧插补的方式加工螺纹，只要改变程序就可以实现不同直径的螺纹、左右旋螺纹及内外螺纹的加工，其柔性非常理想。螺纹铣削具有线速度大、受力小、排屑好、加工精度高、表面质量高等优点。

（1）螺纹铣削的原理与优点。螺纹铣削是在三轴联动的机床（加工中心）上完成的。在 X、Y 轴走圆弧一圈时，Z 轴同步移动一个螺距 P 的量。图 2-27 所示为加工左、右旋内螺纹的原理。

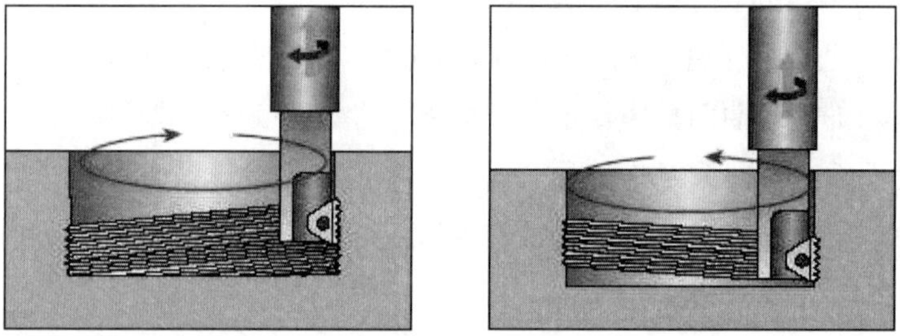

a)　　b)

图 2-27　螺纹铣削左、右旋内螺纹的原理

a）加工左旋内螺纹　b）加工右旋内螺纹

螺纹铣削的显著优点如下：

1）加工精度、加工效率大大提高。

2）不受螺纹结构（外螺纹、内螺纹）和旋向（左旋、右旋）的限制。

3）螺纹铣刀的耐用度是普通丝锥的十多倍甚至数十倍。

4）在数控铣削螺纹的过程中，对螺纹直径尺寸的调整极为方便。

5）能高精度地加工深螺纹、大直径螺纹、大螺距螺纹。

6）同一螺距的螺纹铣刀可加工不同直径的螺纹。

（2）螺纹铣刀的分类与选用。出于对加工效率和耐用度的考虑，螺纹铣刀大多采用硬质合金材料制造，并可涂覆各种类型的涂层，以适应特殊材料的加工需要。螺纹铣刀主要有以下几种。

1）整体式螺纹铣刀。整体式螺纹铣刀如图 2-28a 所示，其适用于钢、铸铁和有色金属材料的中、小直径螺纹铣削，切削平稳，耐用度高。使用整体式硬质合金螺纹铣刀时，一般螺旋插补一周即可完成加工。但当螺距较大时，若一次进刀就达到螺纹深度，对铣刀来说负荷太大，可能会导致整体式硬质合金螺纹铣刀折断，因此需要多次进刀，分几次到达螺纹深度，但根据经验一般最好不要超过 3 次，以降低不必要的刀具磨损。

2）机夹式螺纹铣刀。机夹式螺纹铣刀如图 2-28b 所示，其特点是刀片易于制造，价格较低，有的螺纹刀片可双面切削，但抗冲击性能较整体式螺纹铣刀稍差。因此，该刀具常用于加工铝合金材料。当加工螺距较大的螺纹时，应当使用机夹式螺纹铣刀。由于螺纹长度大于刀片长度，螺旋插补圈数就多，因此加工效率会比整体式螺纹铣刀低一些。从刀片价格上来讲，机夹式螺纹铣刀相对经济。采用机夹式螺纹铣刀时，在螺纹不同的情况下，只要更换刀片型号，就能加工各种各样的螺纹。

3）焊接式螺纹铣刀。焊接式螺纹铣刀是用于加工深孔或者特殊工件，把螺纹铣刀刀头焊于另一工具之上的 DIY（自己动手制作）式螺纹铣刀。该铣刀强度低，挠性差，其安全系数取决于工件材料和螺纹铣刀制作者的技术水平。

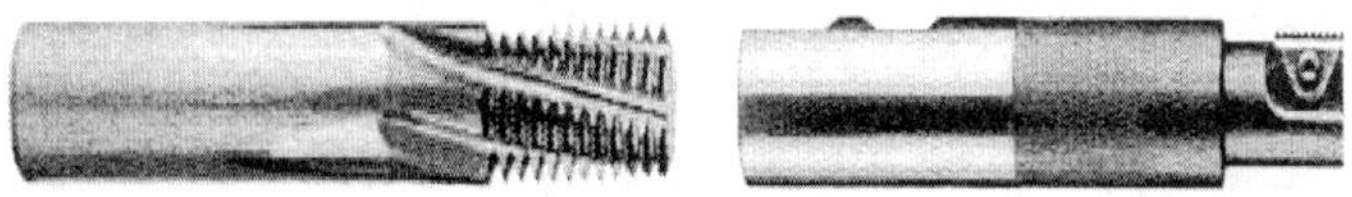

a)　　b)

图 2-28　螺纹铣刀

a）整体式螺纹铣刀　b）机夹式螺纹铣刀

总之，螺纹铣刀可以加工各种直径不同、螺纹相同的工件，因此可减少刀具数量。螺纹铣刀在初期成本投入、使用灵活度、耐用度、螺纹直径尺寸调整便利性等方面都是丝锥、板牙无法比拟的。

2. 刚性攻螺纹

刚性攻螺纹又称“同步进给攻螺纹”。刚性攻螺纹循环将主轴旋转与进给同步化，以匹配特定的螺纹节距需要。由于进给是同步化的，因此理论上不能采用带任何张力、压缩的整体丝锥夹头。

攻螺纹时，当主轴转一转，Z 轴的进给量应该等于丝锥的螺距，两者的关系式为：

$$P = v_f / n$$

式中　P——丝锥的螺距，mm/r；

v_f——Z 轴的进给速度，mm/min；

n——主轴转速，r/min。

如果数控铣床的主轴转速和 Z 轴的进给量为独立控制，应由配备弹簧的攻螺纹夹头对轴向进给量进行补偿，以完成攻螺纹工作，这是传统的浮动攻螺纹。

而刚性攻螺纹时，主轴转速和 Z 轴的进给量可以同步控制，攻螺纹夹头不需要弹簧结构，螺距精度提高。若数控铣床不能实现 Z 轴每转进给，就不能采用刚性攻螺纹的方法。因此，数控铣床刚性攻螺纹时，Z 轴每转进给量应该等于丝锥导程。

在数控铣床上攻螺纹的方法如下。

（1）确定螺纹底孔直径与深度，并选择麻花钻加工出相应直径的底孔。攻盲孔时，由于丝锥切削部分不能攻到孔底，因此孔的深度要大于螺纹长度。孔深可按下式计算：

$$L=l+0.7d$$

式中 L——孔的深度，mm；

l——螺纹长度，mm；

d——螺纹公称直径，mm。

（2）根据丝锥尺寸选择丝锥夹套，将其正确装夹于攻螺纹夹头刀柄上进行攻螺纹。

（3）攻螺纹加工的进给速度与主轴转速及内螺纹的螺距有关。编程时，有的直接给定螺距，机床可自动计算进给速度；有的则需将计算出的进给速度写入程序中。

（4）在攻螺纹中选择合适的切削液是很重要的。在不需要清洗的场合，需要用自净性的攻螺纹切削液；对于难加工的工件，需要用纯油性的攻螺纹切削液。

学习单元 5　沟槽加工

学习目标

- 掌握数控铣削中深槽加工的特点与方法
- 掌握数控铣削中螺旋槽加工的特点与方法

知识要求

一、深槽加工

利用不同的铣刀在铣床上可加工直角槽、V 形槽、T 形槽、燕尾槽、键槽等多种沟槽。

1. 键槽加工

（1）键槽加工刀具的选择。安装平键的沟槽称为平键槽，简称键槽；安装半圆键的沟槽称为半圆键槽，又称半月键槽。加工平键槽的铣刀为键槽铣刀。平键槽又分为敞开式、封闭式和半封闭式三种，如图 2-29 所示。键槽铣刀主要用来加工封闭式平键槽。

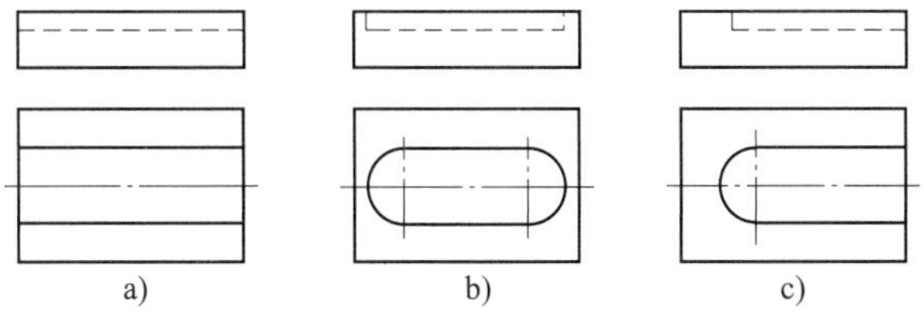

图 2-29 平键槽

a）敞开式 b）封闭式 c）半封闭式

键槽铣刀如图 2-30 所示，它的外形与立铣刀相似，不同的是它在圆周上只有两个螺旋刀齿，其端面刀齿的切削刃伸长至中心。键槽铣刀与普通立铣刀相比，特点是能垂直进刀（轴向进给），排屑能力好。

键槽铣刀端部刃为主切削刃，圆周刃为副切削刃。由于采用螺旋齿结构，切削平稳，键槽铣刀适用于铣削对槽宽有相应要求的槽类。铣削加工封闭式平键槽时，可以做适量的轴向进给，键槽铣刀可先轴向进给达到槽深，然后沿键槽方向铣出键槽全长；对于较深的槽，要做多次垂直进给和纵向进给才能完成加工。另外，键槽铣刀可用于插入式铣削、钻削、锪孔。平键槽除了用键槽铣刀铣削以外，还可用立铣刀、三面刃铣刀来加工。

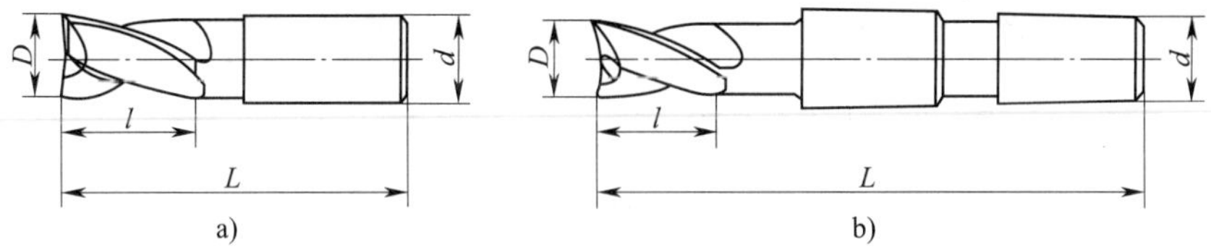

图 2-30 键槽铣刀

a）直柄键槽铣刀 b）锥柄键槽铣刀

直柄键槽铣刀直径为 2~22 mm，锥柄键槽铣刀直径为 14~50 mm。键槽铣刀直径的偏差有 e8 和 d8 两种，e8 用于加工槽宽精度为 H9 的键槽，d8 用于加工槽宽精度为 N9 的键槽。键槽铣刀的圆周刃仅在靠近端部的一小段长度内发生磨损，重磨时只需刃磨端部刃，因此重磨后铣刀直径不变。

半月键槽及其所用铣刀如图 2-31 所示。

（2）键槽加工的方式

1）用机床用平口虎钳装夹工件，用键槽铣刀铣削封闭式平键槽，如图 2-32 所示（适用于单件生产）。

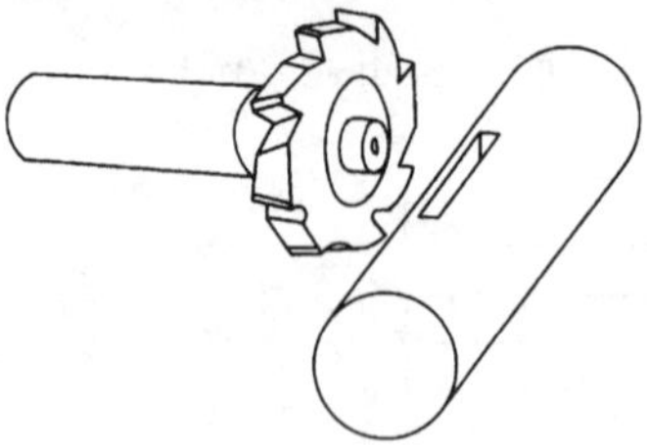

图 2-31　半月键槽及其所用铣刀

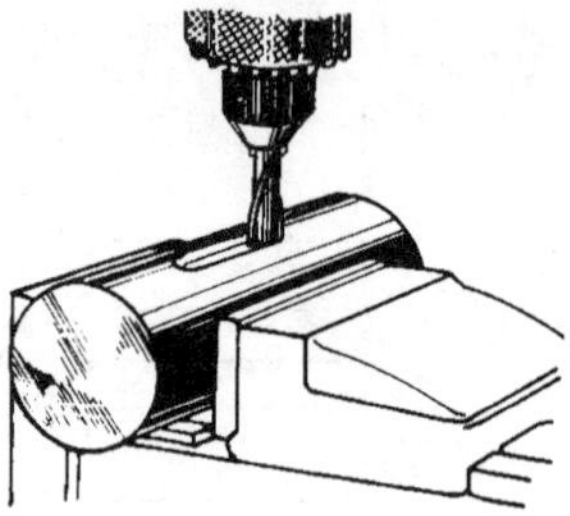

图 2-32　用机床用平口虎钳装夹工件，铣削封闭式平键槽

2）用 V 形块和压板装夹工件，铣削封闭式平键槽，如图 2-33 所示。

3）用分度头装夹工件，在卧式铣床上用三面刃铣刀铣削敞开式平键槽，如图 2-34 所示。

在数控铣床上加工键槽时，铣刀的直径可比键槽宽度小，最后加工得到的键槽宽度可以由刀具半径补偿功能来保证。

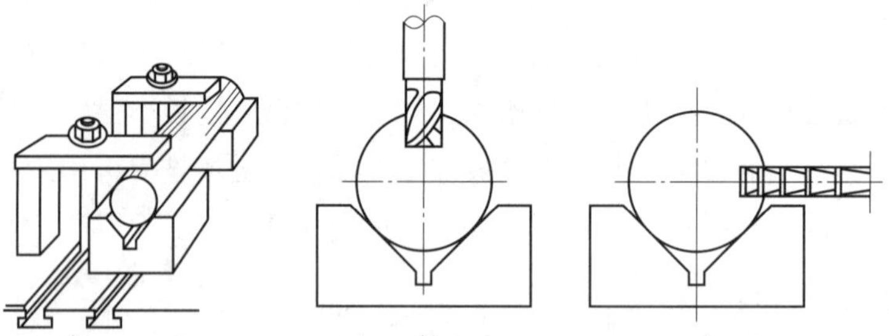

图 2-33　用 V 形块和压板装夹工件，铣削封闭式平键槽

a）用 V 形块和压板装夹工件　b）用立铣刀铣削封闭式平键槽　c）用三面刃铣刀铣削封闭式平键槽

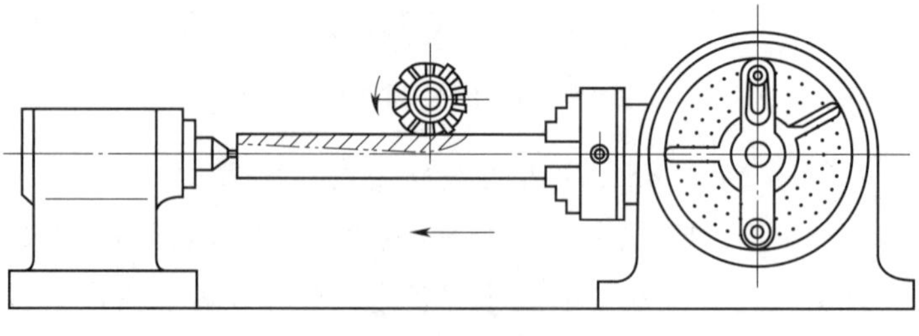

图 2-34　用分度头装夹工件，铣削敞开式平键槽

2. T 形槽加工

（1）在立式铣床上用立铣刀或在卧式铣床上用三面刃盘铣刀铣出直角槽，如图 2-35a 所示。

（2）在立式铣床上用T形槽铣刀铣出底槽，如图2-35b所示。

（3）用倒角铣刀倒角，如图2-35c所示。

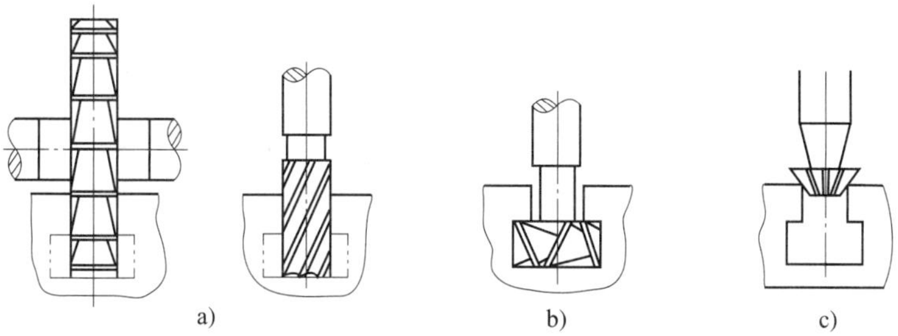

图2-35　T形槽加工

a）铣直角槽　b）铣T形槽　c）倒角

3. 深槽加工的特点

深槽加工的特点与内腔狭小类孔系加工的特点类似，主要应注意刀杆刚度与排屑等因素的影响。

（1）铣削深槽时不易散热，且切屑排出非常困难，经常把容屑槽填满而使铣刀失去切削能力，以致使铣刀折断，所以要经常清除切屑，充分浇注切削液。

（2）当铣削深槽的刀杆直径较小时，要注意防止铣刀因受过大的切削力和突然的冲击力而折断。

（3）要保持刀具锋利，因为太钝的刀具的切削能力大为减弱，切削力和切削热会迅速增加。铣刀钝化是造成铣刀折断的主要原因之一。

（4）铣削深槽时工作条件较差，所以要采用较小的进给量和较低的切削速度，但铣削速度也不能太低，否则会降低铣刀的切削性能和增加每齿的进给量。

二、螺旋槽加工

1. 螺旋槽的概念

一动点沿圆柱面上的一条直母线做等速移动，而该直母线又绕圆柱面的轴线做等角速的旋转运动时，则动点在此圆柱面上的运动轨迹称为圆柱螺旋线。螺旋槽就是螺旋线形成的凹槽。如图2-36a所示，单头螺旋线可用其展开的直角三角形来加以分析。

在图2-36a中，导程（L）为螺旋线绕圆柱体转过一周后在圆柱轴线方向所移动的距离；螺旋角（ω）为螺旋线的切线与圆柱体轴线之间的夹角；螺旋升角（λ）为螺旋线的切线与圆柱体端面之间的夹角；D为工件直径。导程L与螺旋角ω之间的关系是$L=\pi D\cot\omega$。

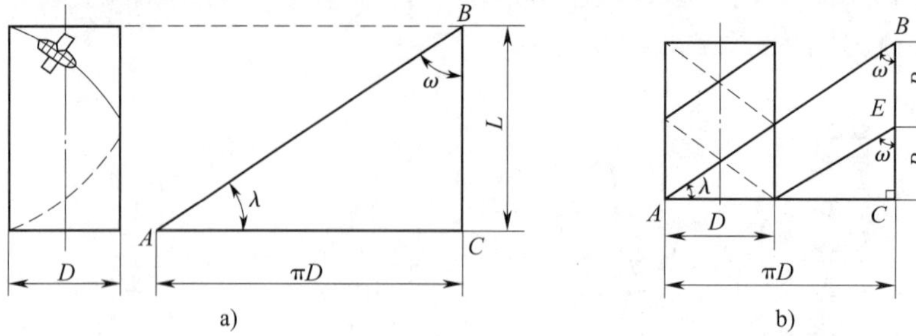

图 2-36　圆柱螺旋线

a）单头螺旋线　b）双头螺旋线

螺旋线有右旋和左旋之分。有时，在圆柱体上不仅有一条螺旋线，而是有两条或更多的线数，图 2-36b 所示即为双头螺旋线（习惯上把螺旋线的线数叫作头数）。多头螺旋线和单头螺旋线相同，只是其两条相邻螺旋线沿轴向的距离即螺距 P 不等于导程 L，如果以 K 表示线数，则 $L=KP$。

2. 铣削螺旋槽

根据螺旋线的形成原理可知，铣削螺旋槽时，除了必须使工件做等速转动外，还必须使工件同时做匀速直线运动。工件匀速转动一周，工作台要带动工件等速直线移动一个导程。为此，加工螺旋槽的数控铣床除了能带动工件沿 X、Y、Z 直线轴移动外，还必须具有能实现回转运动的回转功能，才能完成螺旋槽的铣削。

（1）立铣螺旋槽。在立式数控铣床上加工圆柱螺旋槽，必须增加以 X 轴为回转中心的 A 轴数控回转工作头，如图 2-37a 所示。因此，立铣螺旋槽需要 X、Y、Z、A 四轴联动的数控铣床才能完成。

工件夹紧在回转工作头上，绕 A 轴进行圆周进给，同时铣刀沿 X 轴方向直线进给，并始终保持工件旋转 360°，刀具便移动一个导程的严格关系。工件以不同方向圆周进给，得到不同旋向的螺旋线。立铣多头螺旋槽时，在铣完一条螺旋槽后，工件按螺旋线数由回转工作头绕 A 轴分度一定角度，再继续进行第二条螺旋槽的加工。

（2）卧铣螺旋槽。在卧式铣床上用盘铣刀铣削螺旋槽时，为了使螺旋槽方向与刀具旋转平面相一致，必须将铣床工作台在水平面内转一个角度，即要增加以 Y 轴为回转中心的 B 轴数控回转工作台。另外，要完成螺旋槽的铣削，卧式铣床还必须带有使工件进行圆周进给的 A 轴数控回转工作头，如图 2-37b 所示。因此，卧铣螺旋槽需要 X、Y、Z、A、B 五轴联动的数控铣床才能完成。

工作台转角的大小和方向与工件的螺旋角 ω 有关。当铣削左旋螺旋槽时，工作台应向顺时针方向旋转一个螺旋角；当铣削右旋螺旋槽时，工作台应向逆时针方向旋转一个螺旋角。加工螺旋槽时，铣刀只完成回转的主运动，工件则相对铣刀做螺旋运动。工件螺旋运动一部分由工作台纵向（X 向）直线进给运动来完成，另一部分由工件装夹在回转工作头上做均匀圆周进给运动来完成。

与立铣相同，卧铣多头螺旋槽时，在铣完一条螺旋槽后，工件按螺纹线数由回转工作头绕 A 轴分度一定角度，再继续进行第二条螺旋槽的加工。

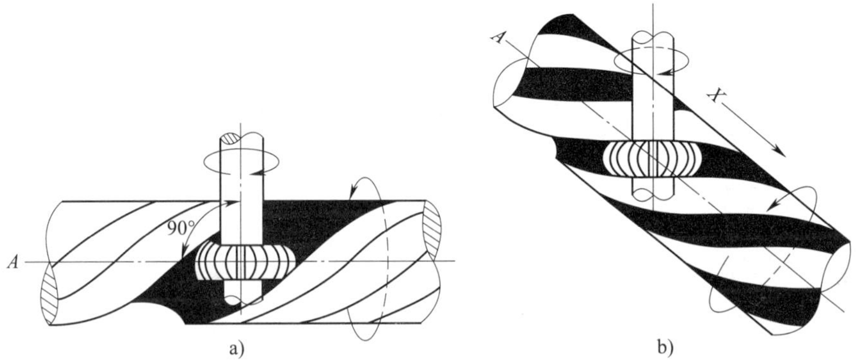

图 2-37　铣削螺旋槽

a）立铣螺旋槽　b）卧铣螺旋槽

学习单元 6　配合件加工

学习目标

- 熟悉机械零件公差与配合的基本知识
- 掌握各类尺寸链的分析与解算
- 掌握各类配合件的精度控制方法
- 掌握数控铣削配合件的关键技术

知识要求

一、公差与配合

1. 配合的基本要求

（1）配合的基本概念

1）配合。配合就是公称尺寸相同、相互结合的孔和轴公差带之间的关系。由于配合是指一批孔、轴的装配关系，而不是指单个孔和单个轴的相配关系，因此用公差带关系来反映配合就比较确切。

2）间隙或过盈。间隙或过盈是指孔的尺寸减去相配合的轴的尺寸所得的代数差。此差值为正时是间隙，为负时是过盈。过盈就是负的间隙，间隙就是负的过盈。间隙的大小决定两相配合件的相对运动程度，过盈的大小则决定两相配合件连接的牢固程度。

（2）配合的类型。根据孔、轴公差带相对位置关系的不同，可以把配合分成以下三类。

1）间隙配合。间隙配合是指具有间隙（包括最小间隙等于零）的配合。间隙配合必须保证同一规格的一批孔的直径大于或等于相互配合的一批轴的直径。其配合特点是孔的公差带在轴的公差带之上，如图 2-38 所示。

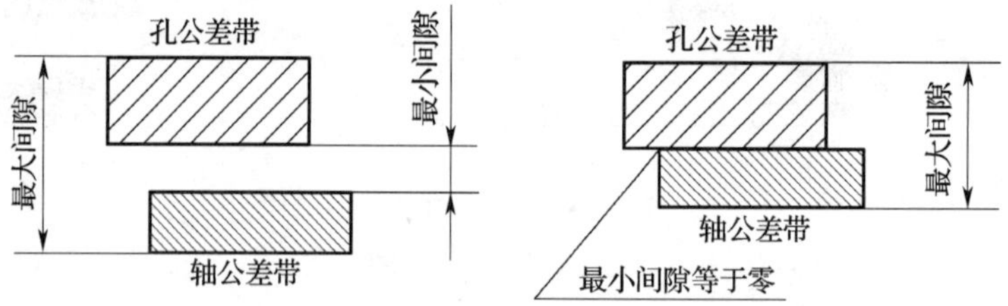

图 2-38　间隙配合

由于孔、轴的实际尺寸允许在上极限尺寸和下极限尺寸之间变动，因此配合后形成的实际间隙也是变动的。当孔为上极限尺寸、轴为下极限尺寸时，配合处于最松状态，此时的间隙称为最大间隙，用 X_{max} 表示。当孔为下极限尺寸、轴为上极限尺寸时，配合处于最紧状态，此时的间隙称为最小间隙，用 X_{min} 表示。最大间隙和最小间隙统称为极限间隙。对于任何间隙配合，若孔、轴加工合格，其实际间隙 X 应满足关系式：$X_{min} \leqslant X \leqslant X_{max}$。

2）过盈配合。过盈配合是指具有过盈（包括最小过盈等于零）的配合。过盈配合必须保证同一规格的一批孔的直径小于或等于相互配合的一批轴的直径。其配合特点是孔的公差带在轴的公差带之下，如图 2-39 所示。

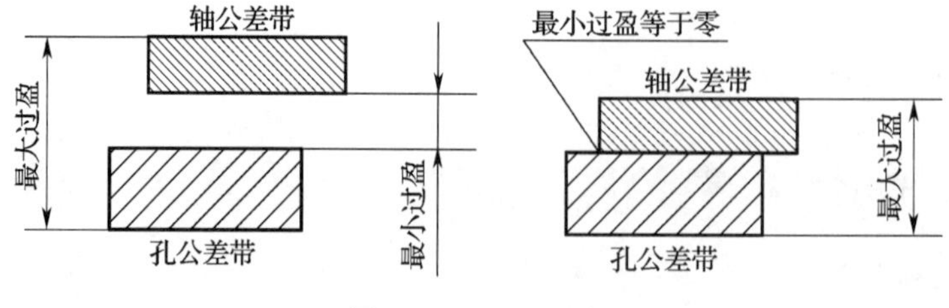

图 2-39　过盈配合

由于孔、轴的实际尺寸允许在上极限尺寸和下极限尺寸之间变动，因此配合后形成的实际过盈也是变动的。当孔为下极限尺寸、轴为上极限尺寸时，配合处于最紧状态，此时的过盈称为最大过盈，用 Y_{max} 表示。当孔为上极限尺寸、轴为下极限尺寸时，配合处于最松状态，此时的过盈称为最小过盈，用 Y_{min} 表示。最大过盈和最小过盈统称为极限过盈。对于任何过盈配合，若孔、轴加工合格，其实际过盈 Y 应满足关系式：$Y_{max} \leqslant Y \leqslant Y_{min}$。

3）过渡配合。过渡配合是指可能具有间隙或过盈的配合。过渡配合中，同一规格的一批孔的直径可能大于、小于或等于相互配合的一批轴的直径。其配合特点是孔的公差带与轴的公差带相互重叠，如图 2-40 所示。

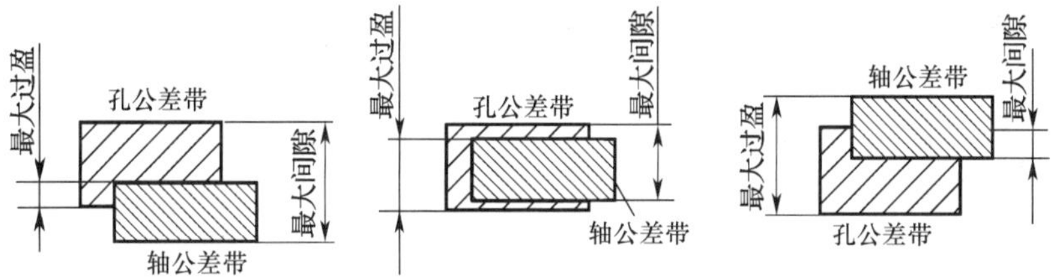

图 2-40　过渡配合

过渡配合中，若孔的尺寸大于轴的尺寸则形成间隙，反之则形成过盈；若孔的尺寸和轴的尺寸相等则形成零间隙或零过盈，但这不能代表过渡配合的性质特征。过渡配合松紧程度的特征值是最大间隙和最大过盈。对于任何过渡配合，若孔、轴加工合格，其实际间隙或实际过盈均应满足关系式：$Y_{max} \leqslant X$ 或 $Y \leqslant X_{max}$。

（3）配合公差。配合公差是指组成配合的孔、轴公差之和，它是允许间隙或过盈的变动量，用 T_f 表示。当公称尺寸一定时，配合公差 T_f 表示配合松紧的变化范围，即配合的精确程度，是功能要求（即设计要求）；而孔公差 T_h 和轴公差 T_s 分别表示孔和轴加工的精确程度，是制造要求（即工艺要求）。通过关系式 $T_f = T_h + T_s$，两个方面的要求联系在了一起。若功能要求提高，即 T_f 减小，则（$T_h + T_s$）也要减小，这将加大加工难度，提高成本。这个关系式正好说明公差的实质，反映出零件的功能要求与制造要求的矛盾。

1）标准公差系列。常用标准公差系列见表 2-14。标准公差的数值与公差等级和公称尺寸分段两个因素有关。

2）基本偏差系列。基本偏差是决定公差带位置的参数。图 2-41 所示为基本偏差的代号和特点。

表 2-14　　常用标准公差系列　　μm

公称尺寸（mm）		标准公差等级					
大于	至	IT5	IT6	IT7	IT8	IT9	IT10
—	3	4	6	10	14	25	40
3	6	5	8	12	18	30	48
6	10	6	9	15	22	36	58
10	18	8	11	18	27	43	70
18	30	9	13	21	33	52	84
30	50	11	16	25	39	62	100
50	80	13	19	30	46	74	120
80	120	15	22	35	54	87	140

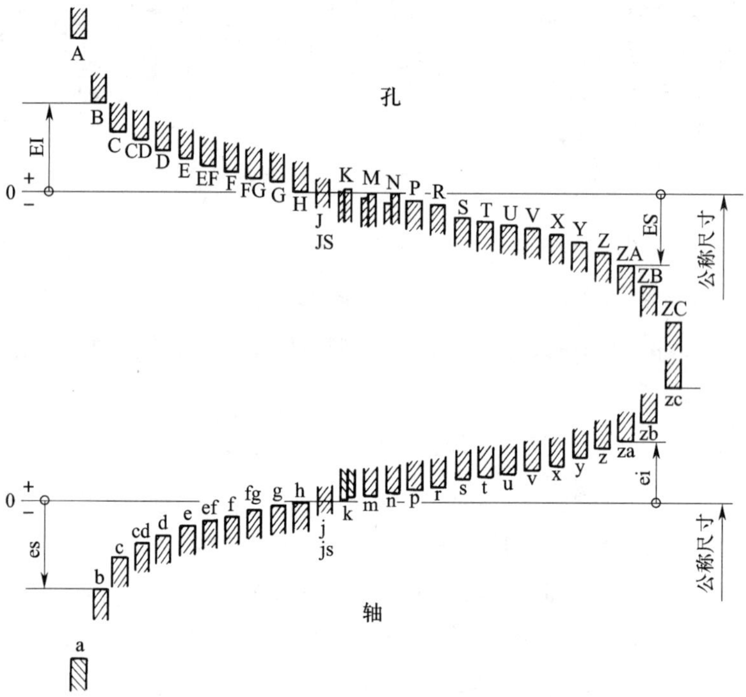

图 2-41　基本偏差系列

3）基准制。在生产中，需要各种不同性质的配合，即使配合公差一定，也可以通过改变孔和轴的公差带位置，使配合获得很多种不同的孔、轴公差带的组合形式。为了设计和制造上的方便，把孔的公差带（或轴的公差带）位置固定，用改变轴的公差带（或孔的公差带）位置的方式来形成所需要的各种配合，这种制度称为基准制。一般有两种基准制，即基孔制和基轴制。表 2-15 所列为基孔制配合与轴形成间隙配合时轴的基本偏差数值。表 2-16 所列为基轴制配合与孔形成间隙配合时孔的基本偏差数值。

表 2-15　　轴的上极限偏差（es）数值　　μm

公称尺寸（mm）		标准公差等级										
大于	至	a	b	c	cd	d	e	ef	f	fg	g	h
—	3	-270	-140	-60	-34	-20	-14	-10	-6	-4	-2	0
3	6	-270	-140	-70	-46	-30	-20	-14	-10	-6	-4	0
6	10	-280	-150	-80	-56	-40	-25	-18	-13	-8	-5	0
10	14	-290	-150	-95		-50	-32		-16		-6	0
14	18											
18	24	-300	-160	-110		-65	-40		-20		-7	0
24	30											
30	40	-310	-170	-120		-80	-50		-25		-9	0
40	50	-320	-180	-130								
50	65	-340	-190	-140		-100	-60		-30		-10	0
65	80	-360	-200	-150								
80	100	-380	-220	-170		-120	-72		-36		-12	0
100	120	-410	-240	-180								

表 2-16　　孔的下极限偏差（EI）数值　　μm

公称尺寸（mm）		标准公差等级										
大于	至	A	B	C	CD	D	E	EF	F	FG	G	H
—	3	+270	+140	+60	+34	+20	+14	+10	+6	+4	+2	0
3	6	+270	+140	+70	+46	+30	+20	+14	+10	+6	+4	0
6	10	+280	+150	+80	+56	+40	+25	+18	+13	+8	+5	0
10	14	+290	+150	+95		+50	+32		+16		+6	0
14	18											
18	24	+300	+160	+110		+65	+40		+20		+7	0
24	30											
30	40	+310	+170	+120		+80	+50		+25		+9	0
40	50	+320	+180	+130								
50	65	+340	+190	+140		+100	+60		+30		+10	0
65	80	+360	+200	+150								
80	100	+380	+220	+170		+120	+72		+36		+12	0
100	120	+410	+240	+180								

2. 公差与配合的选择

在设计产品时，选择公差与配合是必不可少的重要环节，也是确保产品质量、性能、互换性和经济效益的一项极其重要的工作，其主要包含三方面内容，即确定基准制、公差等级和配合。

（1）基准制的选择

1）优先采用基孔制配合。从工艺上看，加工中、小尺寸的孔通常需要采用价格昂贵的钻头、铰刀、拉刀等定值刀具，而且每把刀具只能加工一种尺寸的孔。加工轴则不然，一把车刀或砂轮可加工不同尺寸的轴。此外，孔在加工、测量等方面要比轴复杂。因此，采用基孔制配合可以减少备用定值刀具和量具的品种规格和数量，减少加工和测量的调整工作量，降低生产成本，提高经济效益。

2）基轴制的应用。在某些特定条件下，应采用基轴制：

①直接采用冷拉钢材作轴，其表面不再加工，宜采用基轴制配合。

②有些零件由于结构或工艺上的原因，必须采用基轴制，如活塞连杆机构等。

3）根据标准件确定基准制。例如，滚动轴承内圈与轴的配合采用基孔制，而外圈与孔的配合采用基轴制。

4）特殊需要时选用非基准制配合。例如，要求一个非基准孔（轴）和两个以上轴（孔）组成不同性质的配合时，其中至少应有一个非基准制配合。

（2）公差等级的选择。公差等级的选择是一项重要却比较困难的工作。公差等级的高低直接影响产品的使用性能和加工的经济性。公差等级过低，产品质量得不到保证；公差等级过高，制造成本将增加。因此，必须综合考虑使用性能、制造工艺和成本之间的关系，正确合理地确定公差等级。选择公差等级的原则是：在满足零件使用要求的前提下，尽量选用较低的公差等级。

生产中主要采用类比法来确定公差等级，即参考经过实践证明为合理的类似产品相应尺寸的公差，同时考虑工艺上的可能性及经济性来确定孔、轴的公差等级。表 2-17 所列为在正常情况下标准公差等级和常见加工方法的大致关系，可供参考。

表 2-17　常见加工方法可能达到的标准公差等级

加工方法	标准公差等级									
	IT5	IT6	IT7	IT8	IT9	IT10	IT11	IT12	IT13	IT14
铰孔		√	√	√	√	√				
车			√	√	√	√	√			
镗			√	√	√	√	√			
铣				√	√	√	√			
钻孔						√	√	√	√	

（3）配合的选择。确定了基准制后，就要根据使用要求确定配合类别、配合松紧程度（包括孔、轴公差等级），即选择配合。

1）配合类别的选择。在机械设计中，选择哪类配合主要取决于使用要求。若工作时孔、轴间有相对运动或虽无相对运动却要求装拆方便，应选择间隙配合；若工作时要求传递足够大的转矩且又不要求拆卸，一般应选择过盈配合；若工作时需要孔、轴准确定心，且要求装拆比较方便，则应选择过渡配合。

2）基本偏差代号的确定。确定了配合类别后，要进一步确定配合的松紧程度，即确定与基准件配合的轴或孔的基本偏差代号。常用的确定方法有计算法、试验法和类比法。表 2-18 列出了间隙配合时基孔制与基轴制优先配合的选用说明，可供参考。

表 2-18　　间隙配合的优先选用说明

优先间隙配合	说明
$\frac{H11}{c11}$、$\frac{C11}{h11}$	间隙极大，用于转速很高，轴、孔温差很大的滑动轴承；要求大公差、大间隙的外露部分；要求装配极方便的配合
$\frac{H9}{d9}$、$\frac{D9}{h9}$	间隙很大，用于转速较高、轴颈压力较大、精度要求不高的滑动轴承
$\frac{H8}{f7}$、$\frac{F8}{h7}$	间隙不大，用于中等转速、中等轴颈压力、有一定精度要求的一般滑动轴承；要求装配方便的中等定位精度的配合
$\frac{H7}{g6}$、$\frac{G7}{h7}$	间隙很小，用于低速转动或轴向移动的精密定位的配合；需要精确定位又经常装拆的不动配合
$\frac{H7}{h6}$、$\frac{H8}{h7}$、$\frac{H9}{h9}$、$\frac{H11}{h11}$	最小间隙为零，用于间隙定位配合，工作时一般无相对运动；也用于高精度、低速轴向移动的配合。公差等级由定位精度决定

3. 圆锥配合

圆锥配合与圆柱配合相比较，具有对中性好、配合间隙或过盈大小可以调整、配合紧密等优点，因此应用较广泛。

（1）圆锥配合的类型。圆锥配合可分为以下三种。

1）间隙配合。间隙配合是指配合中有间隙，用于做相对运动的圆锥配合。这种配合的零件在装配和使用过程中可以调整间隙。

2）紧密配合。紧密配合用于有密封性要求的配合，如各类气密或水密装置。为了使圆锥面配合紧密，通常要将内、外圆锥面成对研磨，因此这种配合的零件一般都无互换性。

3）过盈配合。这类配合有过盈，用以传递转矩，必要时可外加键等结构。加工中心刀具锥柄与机床主轴锥孔的配合就是过盈配合。

（2）圆锥配合的主要参数。圆锥配合的主要参数如图 2-42 所示。

锥面的斜度 $=\dfrac{D_K-d_K}{2L_K}=\tan\alpha$，用符号“∠”表示。

锥面的锥度 $=\dfrac{D_K-d_K}{L_K}=2\tan\alpha$，用符号“▷”或“◁”表示。

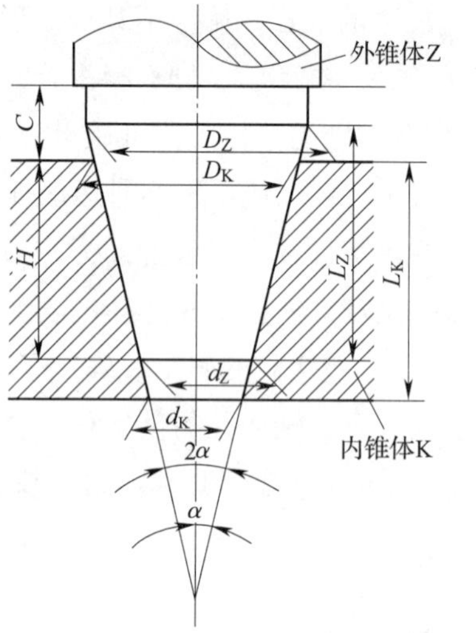

图 2-42　圆锥配合的主要参数

D_K—内锥体最大直径　D_Z—外锥体最大直径

d_K—内锥体最小直径　d_Z—外锥体最小直径

L_K—内锥体长度　L_Z—外锥体长度

α—斜角　2α—锥角　C—基面距

H—内锥与外锥的接触长度

基面距是指外锥面基面和内锥面基面间的距离。这一距离决定了内、外锥体间的相互位置。锥体的基面通常是与锥体轴线相垂直的轴肩或端面。

圆锥体的公称直径是两锥体端缘截面上的公共直径。一般根据所选公称直径来决定基面距的位置。若以内锥体最大直径为公称直径，则基面距的位置在大端；若以外锥体最小直径为公称直径，则基面距的位置在小端。

（3）圆锥配合的基本功能要求

1）配合表面接触均匀。配合表面接触均匀即两配合表面尽可能均匀地沿配合长度接触。这就要求内、外锥体的锥度大小尽可能一致，使各截面间的配合间隙或过盈大小均匀，提高配合的紧密程度。

2）保证基面距在规定的范围内。圆锥配合除了要求锥度一致外，还要求锥体截面上的直径必须具有一定的配合精度，这样才能保证调节锥体配合性质的可能性。

锥体零件在制造时，它的锥角和截面直径都会有误差，这些误差反映在圆锥配合上将引起基面距变化和配合表面接触不良。

（4）圆锥的种类和作用。常用的工具圆锥有以下三种。

1）专用圆锥。不同锥度有不同的使用场合，常用的有 1∶4、1∶5、1∶20、1∶30、7∶24 等。加工中心刀柄锥体与机床主轴锥孔用 7∶24 的锥度。

2）公制圆锥。公制圆锥有 40、60、80、100、120、140、160、200 八种号，每种号数表示圆锥大端直径。例如，160 号表示圆锥大端直径为 160 mm。公制圆锥的锥度都为 1∶20，常作为工具圆锥。

3）莫氏圆锥。莫氏圆锥有 0、1、2、3、4、5、6 七种号，6 号最大，0 号最小。号不同，锥度也不同。莫氏圆锥应用广泛。车床主轴孔、钻床主轴孔、车床尾座套筒孔、各种麻花钻钻柄、铰刀柄、顶尖柄等都为莫氏圆锥。

此外，如果工件的锥角较大，可直接用锥角表示锥度，如 $2\alpha=45°$、$2\alpha=60°$等。

（5）锥（角）度公差。对于有配合要求的锥体零件，其公差值也有标准，常用锥（角）度公差见表 2-19。锥（角）度公差分为 10 级，各级以锥体素线（母线）长度作为公称尺寸，规定了各公称尺寸段的锥（角）度公差值。

表 2-19　　常用锥（角）度公差

精度等级	1	2	3	4	5	6	7	8	9	10
公称尺寸（mm）	±Δ（2α）									
>6~10	30″	50″	1′15″	2′	3′	5′	8′	13′	20′	32′
>10~18	25″	40″	1′	1′30″	2′30″	4′	6′	10′	16′	25′
>18~30	20″	30″	50″	1′15″	2′	3′	5′	8′	13′	20′
>30~50	15″	25″	40″	1′	1′30″	2′30″	4′	6′	10′	16′

锥（角）度公差值按对称分布。各级精度的适用范围如下：

1~3 级：适用于高精度的锥度量规及角度样板。

4~6 级：适用于工具锥体、锥销及传递大转矩的摩擦锥体。

7~8 级：适用于锥齿轮、套锥等中等精度零件。

9~10 级：适用于低精度零件。

（6）圆锥表面的检测。圆锥量规可以检验内、外锥体工件的锥度和基面距偏差。检验外锥体用锥度套规，检验内锥孔用锥度塞规，如图 2-43 所示。

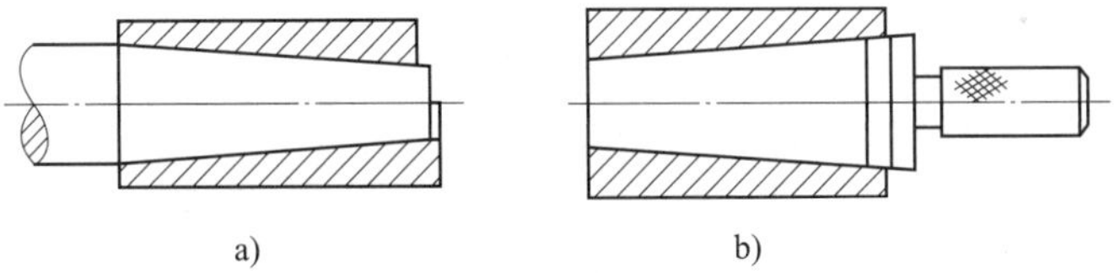

图 2-43　圆锥表面的检测

a）用锥度套规检验外锥体　b）用锥度塞规检验内锥孔

检验外锥体时，先在工件锥体母线上均匀地涂上三条红丹粉线，把套规轻轻套入锥体，转动 1/3~1/2 转，拔出套规。若锥体上的红丹粉被均匀地擦去，说明锥度正确；若大端表面的红丹粉被擦去，小端表面的红丹粉未被擦去，说明锥度太大；若大端表面的红丹粉未被擦去，小端表面的红丹粉被擦去，说明锥度太小。

检验内锥孔时，将红丹粉涂在塞规上，方法同检验外锥体。

用圆锥量规检验工件圆锥基面距偏差时，是用量规与工件间的基面距来控制的。圆锥量规的一端有两条刻线（塞规）或台阶（套规），其间的距离就是基面距公差，若被测锥体端面在量规的两条刻线或台阶的两端面之间，如图 2-43 所示，则被检验锥体的基面距合格。

另外，检验锥度或角度还可用游标万能角度尺、角度量块、角度样板等。

二、尺寸链分析

在数控加工中，除了需要准确地得到编程尺寸外，还需要掌握控制某些重要尺寸的允许变动量，这就需要解算尺寸链。解算尺寸链是数学处理中的重要内容。

在机器装配或零件加工过程中，由相互连接的尺寸形成封闭的尺寸组，称为尺寸链，如图 2-44 所示。在一个尺寸链中，必定有一个也只能有一个自然形成或需解算的尺寸是随着其他尺寸的变化而变化的，如图 2-44c 中的尺寸 C_0。

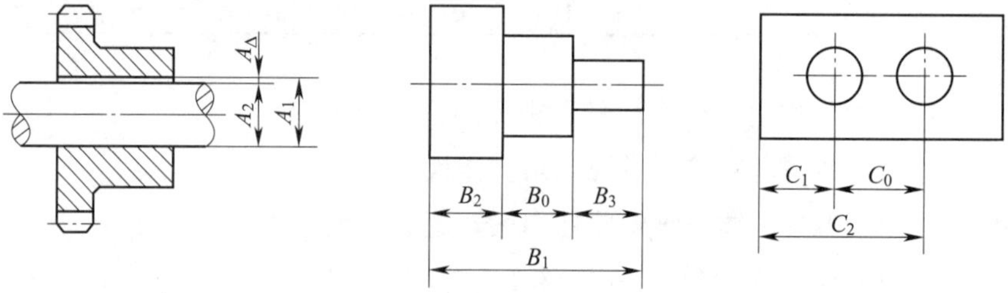

a)　　　　b)　　　　c)

图 2-44　尺寸链

a）装配尺寸链　b）零件尺寸链　c）工艺尺寸链

1. 尺寸链与环

（1）尺寸链。尺寸链的种类较多，按功能可分为设计尺寸链和工艺尺寸链，按尺寸性质可分为线性尺寸链、角度尺寸链等。这里主要介绍由长度尺寸所组成的工艺尺寸链。

1）设计尺寸链。它是组成尺寸全部为设计尺寸的尺寸链。设计尺寸链又分为以下两种。

①装配尺寸链。装配尺寸链的全部组成尺寸为不同零件的设计尺寸，如图 2-44a 所示。

②零件尺寸链。零件尺寸链的全部组成尺寸为同一零件的设计尺寸，如图 2-44b 中 B_1、B_2、B_3所形成的尺寸链。

2）工艺尺寸链。工艺尺寸链的组成尺寸全部为同一零件的工艺尺寸，如工序尺寸、定位尺寸等。图 2-44c 中的 C_1、C_2即为该钻孔零件进行划线时的工艺尺寸。

（2）环。列入尺寸链中的每一个尺寸都称为尺寸链中的环。由长度尺寸表示的环称为长度环，用大写字母 A、B、C 等表示。每个尺寸链中至少应有三个环。

1）封闭环。在零件加工或机器装配过程中，最后自然形成（间接获得）的环称为封闭环。封闭环以加下角标“0”表示，图 2-44 中的 B_0和 C_0都是封闭环。一个尺寸链中只能有一个封闭环。

2）组成环。尺寸链中除封闭环以外的其余各环均称为组成环。同一尺寸链中的组成环用同一字母表示，图 2-44 中的 A_1、A_2、B_1、B_2、B_3、C_1、C_2都是组成环。

3）增环。在其他组成环（尺寸）不变的条件下，当某个组成环增大（或减小）时，封闭环随之增大（或减小），则该组成环称为增环。增环以字母上加符号“→”表示，如图 2-45 所示。

4）减环。在其他组成环（尺寸）不变的条件下，当某个组成环增大（或减小）时，封闭环随之减小（或增大），则该组成环称为减环。减环以字母上加符号“←”表示，如图 2-45 所示。

2. 尺寸链简图

在分析和解算尺寸链的过程中，常常需要先绘制尺寸链简图。

（1）尺寸链简图的画法。绘制工艺尺寸链简图时，应由加工中自然形成的尺寸画起，然后依次画出与该尺寸有关的各尺寸。图 2-45 为分析图 2-44c 所示工艺尺寸链后的尺寸链简图。

（2）各环的判定方法。在解算尺寸链时，只有先准确判定各环的属性，才能保证解算结果的正确性。

1）封闭环的判定。准确判定尺寸链中的封闭环是解算尺寸链的首要工作。在同一尺寸链中，判定不同的封闭环会得到完全不同的解算结果，不同的解算结果产生于不同的工艺要求。

例如，在加工图 2-46 所示的零件时，设加工各面的先后顺序依次为 C、B、A，当检测尺寸的先后顺序规定为 L_3、L_1时，则应判定尺寸 L_2为封闭环；当检测尺寸的先后顺序改为 L_3、L_2时，则应判定尺寸 L_1为封闭环。

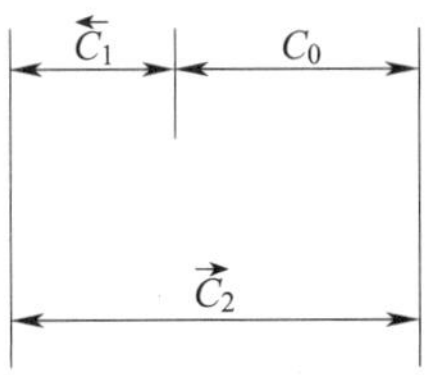

图 2-45　尺寸链简图

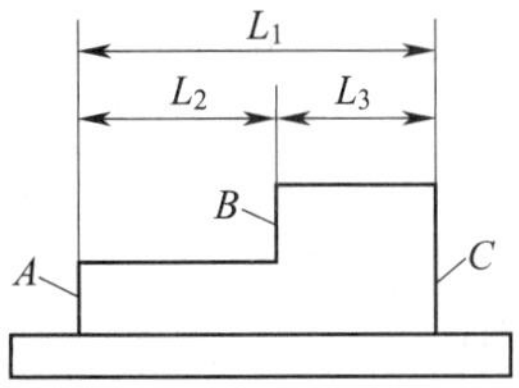

图 2-46　判定封闭环

2）增环和减环的简易判定。在尺寸链简图上，任意假设一个旋转方向，即由尺寸链中任何一环的基准出发，绕该尺寸链轮廓转一周，并回到出发基准，按该旋转方向（顺、逆时针）给每个环标出箭头，如图 2-47 所示，箭头方向与封闭环相反的为增环，箭头方向与封闭环相同的则为减环。

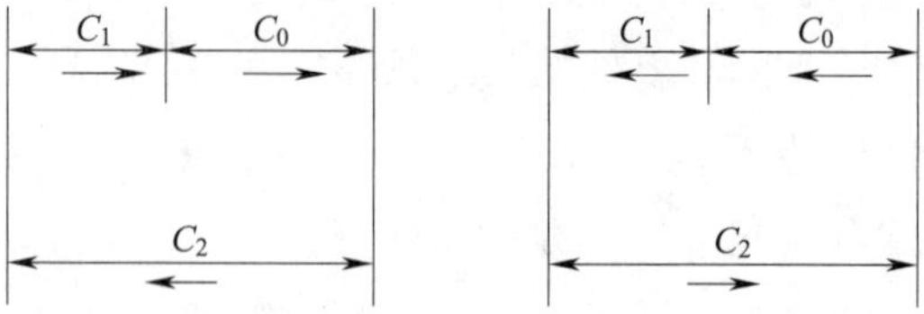

图 2-47　增环和减环的判定

3. 解封闭环

在编程工作中，为了使图样上给定的尺寸符合工艺要求和编程需要，常常要计算封闭环的各有关尺寸，或根据已知的封闭环去计算所需的某个组成环，这些解算工作称为解封闭环。下面介绍采用完全互换法中的极值法求解封闭环的过程。

（1）封闭环的公称尺寸。封闭环的公称尺寸等于所有增环的公称尺寸之和减去所有减环的公称尺寸之和，其计算公式为：

$$L_0=\sum\overrightarrow{L}_m-\sum\overleftarrow{L}_n$$

式中　L_0——封闭环的公称尺寸，mm；

L_m——增环 m（$m=1$、2、3……）的公称尺寸，mm；

L_n——减环 n（$n=1$、2、3……）的公称尺寸，mm。

（2）封闭环的上极限尺寸。封闭环的上极限尺寸等于所有增环的上极限尺寸之和减去所有减环的下极限尺寸之和，其计算公式为：

$$L_{0,\max}=\sum\overrightarrow{L}_{m,\max}-\sum\overleftarrow{L}_{n,\min}$$

式中　$L_{0,\max}$——封闭环的上极限尺寸，mm；

$L_{m,\max}$——增环 m（$m=1$、2、3……）的上极限尺寸，mm；

$L_{n,\min}$——减环 n（$n=1$、2、3……）的下极限尺寸，mm。

（3）封闭环的下极限尺寸。封闭环的下极限尺寸等于所有增环的下极限尺寸之和减去所有减环的上极限尺寸之和，其计算公式为：

$$L_{0,\min}=\sum\overrightarrow{L}_{m,\min}-\sum\overleftarrow{L}_{n,\max}$$

式中　$L_{0,\min}$——封闭环的下极限尺寸，mm；

$L_{m,\min}$——增环 m（$m=1$、2、3……）的下极限尺寸，mm；

$L_{n,\max}$——减环 n（$n=1$、2、3……）的上极限尺寸，mm。

三、配合件精度控制

机器都是由许多零件装配而成的，零件又是由各种几何表面构成的，零件上的尺寸都不是孤立的，总是与一系列其他尺寸相互联系、相互制约，因此配合精度的保证必须以零件的加工质量为基础。

在零件的配合关系中，由相关零件的尺寸或相互位置关系所组成的尺寸链称为配合尺寸链。配合尺寸链的封闭环就是配合后的精度。在配合关系中，对配合精度产生直接影响的那些零件的尺寸和位置关系是配合尺寸链的组成环。

控制配合件精度常用的方法有完全互换法、修配法和调整法。

1. 完全互换法

零件按图样加工，配合时不需要经过任何选择、修配和调节就能达到规定的配合精度和技术要求，这种配合方法称为完全互换法。完全互换法的装配工作量少，生产效率高，便于组织大批生产，也便于装配和维修，但对每个零件的公差要求和制造要求严格。

怎样合理确定各零件的尺寸公差来满足完全互换法的配合要求呢？下面以图 2-48 来加以说明。

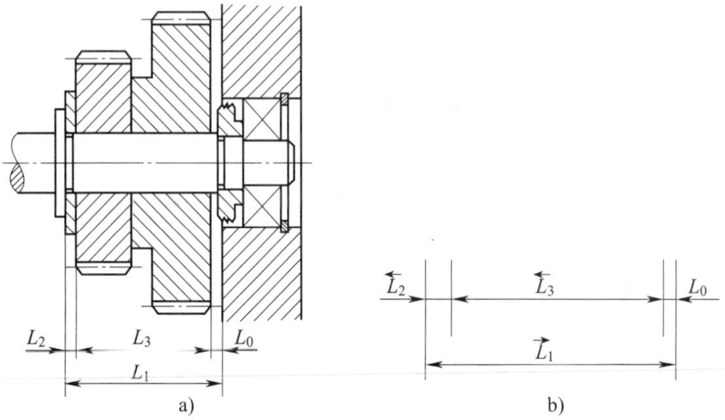

图 2-48　完全互换法尺寸链解算

a）齿轮装配　b）尺寸链

已知齿轮等零件的轴向尺寸为 $L_1=51$ mm，$L_2=6$ mm，$L_3=45$ mm，装配后要求保证间隙 $L_0=0^{+0.70}_{+0.10}$ mm，试制定各轴向尺寸 L_1、L_2、L_3的尺寸公差。这里可运用尺寸链来进行分析。图 2-48a 相应的尺寸链如图 2-48b 所示，其中 L_1是增环，L_2、L_3是减环，L_0为封闭环。根据各尺寸的大小及公差等级，现初定各组成环的公差为 $L_1=51^{+0.30}_{0}$，$L_2=6^{-0.10}_{-0.20}$，$L_3=45^{0}_{-0.20}$，此时验算封闭环 L_0的尺寸公差是否在允许的范围内。

$$L_0=\sum\overrightarrow{L}_m-\sum\overleftarrow{L}_n=51-(6+45)=0(\text{mm})$$

$$L_{0,\max}=\sum\overrightarrow{L}_{m,\max}-\sum\overleftarrow{L}_{n,\min}=51+0.30-(6-0.20+45-0.20)=0.70(\text{mm})$$

$$L_{0,\min}=\sum\overrightarrow{L}_{m,\min}-\sum\overleftarrow{L}_{n,\max}=51-(6-0.10+45)=0.10(\text{mm})$$

由此可知，如果齿轮等零件的轴向尺寸按给定公差制造，其装配间隙 L_0 的尺寸范围为 0.10~0.70 mm 时能满足装配要求。

2. 修配法

如果尺寸链中组成环的数目很多或者封闭环的精度要求较高，就要对各组成环提出很高的精度要求，使生产成本增加，有些零件甚至无法加工出来，于是在封闭环过小的公差与组成环公差不宜太小之间产生了矛盾。

遇到上述情况，再按完全互换法来确定各零件的公差就显得不经济、不合理。对此，生产上常常是扩大各组成环的公差，使之便于制造，然后通过修配（如刮、锉、刨、磨等）某一组成环的尺寸来满足封闭环的公差要求，这样的方法称为修配法。

图 2-49 所示为某数控铣床矩形导轨的结构，要求配合间隙 $N=0.01\sim0.07$ mm。若按完全互换法装配，组成环 A_1 和 A_2 的平均公差为 $\frac{封闭环公差}{组成环数目}=\frac{0.07-0.01}{3-1}=0.03$（mm）。按这样的公差加工比较困难，因此，实际生产中 A_1 和 A_2 按经济加工精度加工。例如，$A_1=30^{+0.16}_{-0.05}$ mm，其公差值为 0.21 mm；$A_2=30^{+0.18}_{+0.01}$ mm，其公差值为0.17 mm。最后，通过对压板 2 进行修配来保证技术要求。

又如，立式数控铣床的 G8 项检验精度要求主轴回转轴线对工作台面的垂直度公差为 0.016 mm/300 mm。如图 2-50 所示，影响此项精度 α_N 的因素很多，有床身、工作台、床鞍及主轴箱接合面。为保证 G8 项检验精度要求，若选择工作台或床鞍的接合面为修配面，可能会影响其他与工作台、床鞍有关的精度要求，而修配床身这样的大件又比较麻烦，因此一般选择主轴箱回转面为修配面。

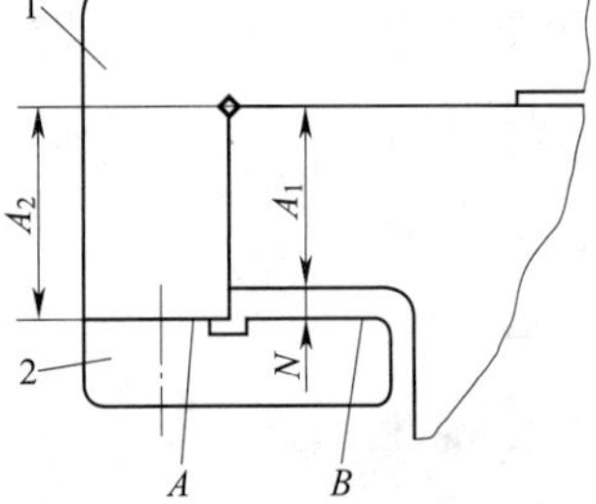

图 2-49　矩形导轨的修配法

1—矩形导轨　2—压板

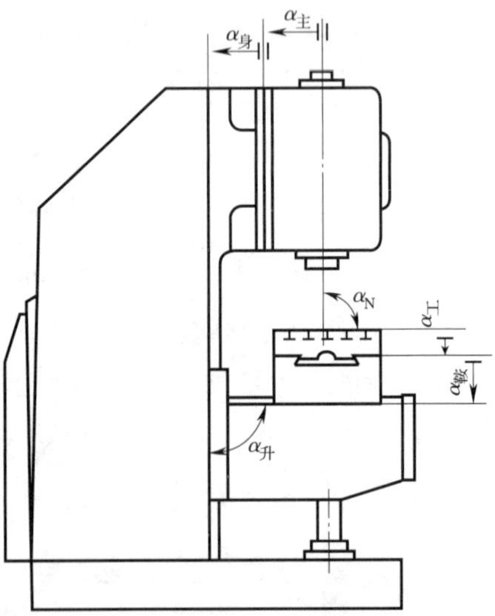

图 2-50　立式数控铣床 G8 项检验精度的影响因素

虽然采用修配法需增加修配工作量，但却大大节省了各组成环零件的制造成本，从技术上和经济上都是可取的。因此，在产量不大、尺寸链组成环多或装配精度要求高的场合经常使用修配法。

3. 调整法

对于精度要求较高的尺寸链，除了用修配法来对某一零件进行修配以保证技术要求外，还可以用调整法来保证技术要求。

调整法也是按经济加工精度确定零件公差的，由于每个组成环的公差取得较大，为了保证配合精度，可以通过改变一个零件的位置或选定一个或几个适当尺寸的调节件加入尺寸链来补偿这种影响。

常见的数控铣床燕尾槽的装配尺寸链如图 2-51a 所示。如果燕尾导轨和燕尾槽之间的间隙 $N=0.01$ mm，则不仅燕尾槽的角度公差要求正确，而且组成环 A_1、A_2的平均公差为$\frac{\text{封闭环公差}}{\text{组成环数目}}=\frac{0.01}{3-1}=0.005$（mm）。对于导轨这样大的零件，按照如此小的公差制造，显然是很不经济的。

此时若按调整法在尺寸链中加入斜镶条 1 作为调整环进行装配就非常方便，如图 2-51b 所示。调节螺钉 2 带动斜镶条 1 前后移动，以调整燕尾槽的配合间隙，这样就可将 A_1、A_2的公差加大。

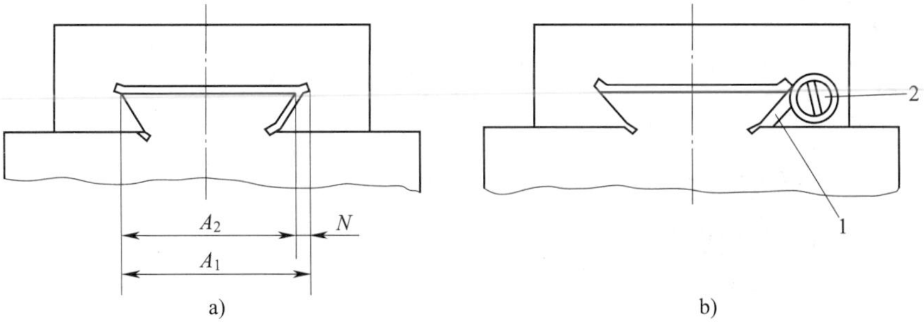

图 2-51　数控铣床燕尾槽的调整法

a）尺寸链　b）加入斜镶条

1—斜镶条　2—调节螺钉

调整法不仅可以扩大各组成环零件的尺寸公差，使之便于制造，提高装配效率，而且在机器使用过程中，当由于零件磨损或温度变化等原因引起配合间隙改变时，可以用调整环随时进行调整。当然，使用调整环时要增加调整零件。调整法一般用于装配精度高、组成环数目多、零件配合间隙易于变化的尺寸链。

特别提示

铣削配合件的关键技术

铣削配合件是切削加工知识的综合运用。铣削配合件的关键技术是加工工艺方案的编制、基准零件的选择及切削过程中的配铣和配研。合理安排配合件的加工顺序和加工工艺，能保证配合件的加工精度，而配合件的装配精度与各零件的加工精度密切相关，其中基准零件的加工精度对配合精度的影响尤为突出。为此，在制定配合件的加工工艺方案和进行组合加工时，应注意以下要点。

1. 应认真分析配合件的装配关系，确定基准零件（即直接影响配合件装配后各零件相互位置精度的主要零件）。

2. 加工配合件时，应先铣削基准零件，然后根据装配顺序依次铣削配合件中的其余零件。

3. 铣削基准零件时，应注意以下几点。

（1）对于影响配合件配合精度的各尺寸，应尽量将其加工至两极限尺寸的中间值，且加工误差应控制在图样允许误差的 1/2 左右；各表面的几何形状误差和表面间的相互位置误差应尽可能小。

（2）有偏心配合时，偏心部分的偏心量应一致，加工误差应控制在图样允许误差的 1/2 左右，且偏心部分的轴线应平行于零件轴线。

（3）有螺纹时，螺纹应铣削成形，一般不允许使用板牙、丝锥加工，以防止因工件位移而影响工件的同轴度。对于螺纹中径尺寸，外螺纹应控制在下极限尺寸范围内，内螺纹则应控制在上极限尺寸范围内，使配合间隙尽量大些。

（4）配合件各表面的锐边应倒钝，毛刺应清除。

4. 铣削配合件中其余零件时，一方面应按基准零件铣削时的要求进行；另一方面应按已加工的基准零件及其他零件的实测结果做相应调整，充分使用配铣、配研、配合加工等手段来保证配合件的装配精度要求。

5. 根据各零件的技术要求和结构特点及配合件装配的技术要求，分别拟订各零件的加工方法，各主要表面的加工次数和加工顺序。通常，应先加工基准表面，后加工零件上的其他表面。

3

第 3 章

数控铣床的精度检验与零件误差分析

第1节　数控铣床的精度检验

学习单元1　数控铣床的安装、调试与精度

学习目标

- 了解数控铣床安装与调试的基本要求
- 熟悉数控铣床精度的基本组成

知识要求

数控铣床的安装与调试是使机床恢复和达到出厂时各项性能指标的重要环节。数控铣床安装与调试的优劣直接影响机床的性能，其工作内容及步骤如图3-1所示。

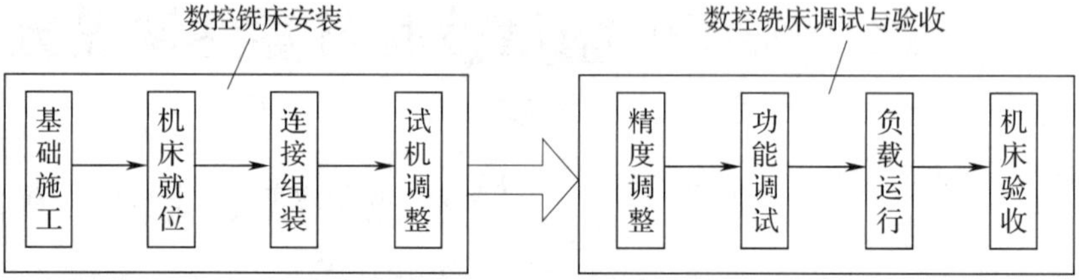

图3-1　数控铣床安装与调试过程

一、数控铣床的安装

数控铣床的安装对于可以整体运输的小型机床来说比较简单，但对于解体成几个部分运输的大、中型机床来说就比较复杂，需重新组装和调整。

1. 机床就位

安装数控铣床之前，应先按机床厂提供的机床基础图打好地基。铣床的位置和地基对机床精度的保持和运行的安全稳定具有重要的意义。铣床位置应远离振源，避免阳光直

射，放置在干燥的地方。铣床拆箱后，应先取出随机技术文件和装箱单，确认零部件、附件及资料是否齐全，然后按要求将铣床吊装在地基上就位。

2. 连接组装

数控铣床连接组装是指将各分散的铣床部件重新组装成整机的过程，如将立柱、数控柜等装在铣床床身上，将刀库、机械手装到立柱上等。组装前，要清洗各部件的外表面。组装定位时，要使用随机的定位销、定位块，使机床恢复到解体前的位置状态，以利于进一步的精度调整。

部件安装后，要按机床说明书中的电气接线图和液压气动布管图及连接标记，把电缆、油管、气管对号连接好，并检查连接部位有无损坏和松动。要特别注意接触密封是否可靠。对于数控柜和电气柜，要检查内部接插件有无因运输造成的损坏，检查各接线端子、连接器和印制电路板是否插入到位、连接到位及接触良好。只有仔细检查完成这些工作后，才能进行试机。

3. 试机调整

数控铣床试机调整包括机床通电试运转和粗调机床的主要几何精度。机床安装就位后可通电试机运转，目的是考核机床安装是否稳固，传动、操纵、控制、润滑、液压、气动等系统是否正常、灵敏、可靠。

通电试机前，应按机床说明书要求给数控铣床加注规定的润滑油液和油脂，清洗液压油箱和过滤器，加注规定标号的液压油，接通气动系统的输入气源。

铣床通电操作可以是各部件一次全面供电，或各部件先分别供电再做总供电试验。分别供电比较安全，但时间较长。通电后，首先观察有无报警故障，然后用手动方式陆续启动各部件，检查其安全装置是否起作用，能否正常工作，能否达到额定的工作指标。例如，启动液压系统时，要检查油泵电动机转动方向是否正确，油泵工作后液压管路是否形成油压，各液压元件是否正常工作，有无异常噪声，各接头有无渗漏，液压系统冷却装置能否正常工作等。总之，应根据机床说明书粗略检查机床主要部件功能是否正常，使机床各环节都能操作运动起来。随后，再用手动进给使各轴低速移动并检查超程限位是否有效，另外还应进行一次返回参考点的检查。

数控铣床通电初步运转后，应粗调床身的水平，粗调机床的主要几何精度，调整一些重新组装的主要运动部件和主机之间的相对位置，如机械手、刀库与主机换刀位置的校正，APC（托盘自动交换）站与机床工作台交换位置的找正等。这些工作完成后，就可以用快干水泥灌注地脚螺栓，把各预留孔灌平，等水泥干固后，就可以进行下一步工作。

二、数控铣床的调试

1. 精度调整

数控铣床精度调整主要包括精调床身的水平和机床的几何精度。铣床地基固化后，利用地脚螺栓和调整垫铁精调机床床身的水平。找正水平后，移动床身上的各运动部件，观察各坐标全行程内的铣床水平变化情况，并相应调整铣床的几何精度，使其在允许误差范围内。一般来说，铣床出厂前都要经过精度检验。只要铣床质量稳定，通过适当调整后，铣床就能达到出厂前的精度。

2. 功能调试

数控铣床功能调试是指铣床试机调整后，检查和调试机床各项功能的过程。调试前，首先应检查铣床的数控系统及可编程控制器的设定参数是否与随机资料的数据一致，然后试验数控铣床各主要功能、辅助功能及附件的工作是否正常。

对于带刀库的数控加工中心，还应调整机械手的位置。调整时，让机床自动运行到刀具交换位置，以手动操作方式调整装刀机械手对主轴的相对位置，调整后紧固各调整螺钉和刀库固定螺栓，装上几把接近允许质量的刀柄，进行多次从刀库到主轴位置的自动交换，以动作正确、不撞击和不掉刀为合格。

3. 负载运行

数控铣床安装调试完毕后，要求整机在带一定负载的条件下进行一段时间的自动运行，以较全面地检查机床功能及工作的可靠性。试运行时间尚无统一的规定，一般采用每天运行 8 h，连续 2~3 天。试运行中采用的程序叫作考机程序，可以直接采用机床厂调试时使用的考机程序，也可以自行编制，程序使用的功能要较全。在试运行时间内，除操作失误引起的故障外，不允许机床有故障出现，否则表明机床安装调试存在问题。对于一些小型数控铣床，应直接整体安装，只要调试好床身水平，检验几何精度合格，经通电试切后就可投入试运行。

三、数控铣床的精度

数控机床的精度是衡量机床性能的一项重要指标。精度通常是按检验项目测出的误差来表示的，误差越小则精度越高。铣床本身的精度是一个重要的因素，在很大程度上决定了铣床所能达到的加工精度。另外，铣床及工艺系统的变形、加工过程中产生的振动、铣床磨损及刀具磨损等都会影响铣床的加工精度。按铣床工作状态的不同，精度可分为静态精度和动态精度。

1. 静态精度

铣床的静态精度是指铣床在不切削情况下，在静止状态或预热状态下测量的精度，通常有几何精度和定位精度。不同类型的数控铣床对这些精度的要求不同。

（1）几何精度。机床的几何精度是指机床某些基础零部件工作面的几何精度，且指的是机床在不运动（如主轴不转或工作台不移动）或运动速度较低时的几何精度。几何精度检验项目规定了决定加工精度的各主要零部件之间及这些零部件的运动轨迹之间的相对位置允许误差，是保证加工精度最基本的条件，反映了机床关键零部件经组装后几何形状的综合误差。几何精度一般包括以下几个方面。

1）基准面精度。基准面精度主要是指工作台表面的平面度、导轨的直线度等。

2）主轴回转精度。主轴回转精度主要是指主轴的径向跳动、轴向窜动等。

3）直线运动精度。直线运动精度主要是指运动部件的平行度、垂直度、同轴度等。

（2）定位精度。定位精度是指数控铣床主要移动部件在数控装置控制下所能达到的运动精度，其实际到达位置与目标位置之间的误差称为定位误差。数控铣床的定位精度有着特殊的意义，是数控铣床的重要精度指标。在数控铣床中，各坐标轴的运动部件是根据数控程序运动的，程序给出目标位置，而实际到达位置可能会有误差。

为避免工件、刀具、夹具系统的影响，通常定位精度在不切削条件下进行测量，也属于静态精度的一种。定位精度所测量的是机床各坐标轴运动部件在数控系统控制下所能达到的精度，包括数控铣床测量系统、控制系统、进给系统、结构系统等产生的误差。不同类型的数控铣床造成定位误差的因素也不同。例如，对于开环数控铣床，进给系统的误差直接影响定位精度；而对于闭环数控铣床，进给系统的误差影响就较小。

数控铣床的定位精度包括以下四项。

1）直线定位精度。直线定位精度是指数控铣床运动部件沿着直线运动时的定位精度。

2）回转定位精度。回转定位精度是指数控铣床运动部件做回转运动时的定位精度，又称分度精度，如加工中心的转台、数控铣床的分度头等的定位精度。分度精度中有连续分度精度和特定分度精度（如 90°、60°、45°等）。

3）重复定位精度。重复定位精度是指数控铣床做直线或回转运动时多次返回同一位置的精度。

4）失动量。失动量又称反向偏差，表现为数控铣床运动部件运动方向反向时，工作台有一段时间不运动，是该轴进给传动链上的驱动元件反向“死区”造成的，是滚珠丝杠及机械传动副的反向间隙、弹性变形等误差的综合反映。对于这种“死区”，在数控铣床上必须严格控制。

2. 动态精度

数控铣床的几何精度、定位精度通常是在不切削情况下检测的，而在实际运动与切削过程中，还有一系列因素会影响机床的加工精度，如机床的动态刚度、抗振性、热稳定性等，因此铣床加工必须考虑动态精度。动态精度是指铣床在实际运动和加工过程中的精度，主要表现为跟随误差及工作精度。

通过切削加工出工件的精度来检验机床的加工精度称为机床的工作精度。机床的工作精度检验实质上是对上述机床精度在切削加工条件下的一项综合考核，是各种因素对加工精度的综合反映。除了机床本身的精度外，机床的工作精度还受以下五个精度的影响。

（1）工件精度。工件精度表现为前一工序留下的误差，以及工件的结构工艺性及刚度不足等条件下产生的误差。

（2）夹具精度。夹具精度主要是指夹具的定位精度及夹具结构的合理性与刚度等因素。

（3）刀具精度。刀具精度是指刀具本身的尺寸精度、几何形状精度及其磨损等。

（4）量具精度。量具精度取决于量具等级和测量技术。

（5）编程精度。编程精度主要是指计算中的误差，如曲线逼近的误差等。

综上所述，数控铣床的加工精度组成如下：

- 加工精度
  - 静态精度（机床精度）
    - 几何精度
      - 基准面精度
      - 主轴回转精度
      - 直线运动精度
    - 定位精度
      - 直线或回转定位精度
      - 重复定位精度
      - 失动量
  - 动态精度
    - 跟随误差
      - 速度误差
      - 加减速误差
      - 位置误差
    - 工作精度
      - 机床本身精度
      - 工件精度
      - 工艺装备精度
        - 夹具精度
        - 刀具精度
        - 量具精度
      - 编程精度

学习单元 2 数控铣床的几何精度检验

学习目标

- 了解数控铣床几何精度的检验内容和检测工具
- 熟悉数控铣床主要几何精度对加工误差的影响

知识要求

一、数控铣床几何精度的检验内容

数控铣床精度检验的国家标准编号为《数控床身铣床检验条件 精度检验第 1 部分：卧式铣床》（GB/T 20958. 1—2007）和《数控床身铣床检验条件 精度检验第 2 部分：立式铣床》（GB/T 20958. 2—2007），适用于具有十字工作台、立柱移动、滑枕移动的卧式或立式数控铣床。表 3-1 所列为立式数控铣床主要几何精度的检验内容。其中，横向平面是指检查平面与 *X* 轴垂直，纵向平面是指检查平面与 *Y* 轴垂直。在进行几何精度检验时，机床应该空载，以排除外界因素的干扰。另外，机床还要先空运行一段时间，然后再检验。数控铣床精度检验国家标准对各检验项目的检验工具和检验方法做了明确的规定。

表 3-1 立式数控铣床的几何精度（普通级）检验

序号	检验项目	允差	检验工具	检验方法
G1	主轴箱垂直移动（*Z* 轴线）的直线度： a）在 *YZ* 平面内 b）在 *ZX* 平面内	a）、b)：在 300 mm 测量长度上为 0. 016 mm（以下表述为“0. 016 mm/300 mm”的形式） 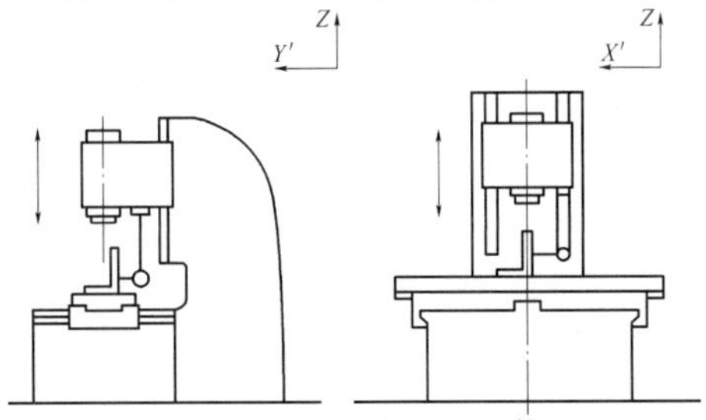 a) b)	指示器和直角尺	工作台位于行程的中间位置 直角尺放在工作台面上：a）为横向垂直平面内；b）为纵向垂直平面内。固定指示器，使其测头触及直角尺的检验面。调整直角尺，使指示器读数在测量长度的两端相等。按测量长度，移动主轴箱进行检验 a）、b）的误差分别计算。指示器读数的最大差值就是直线度误差

续表

<table>
<tr><th>序号</th><th>检验项目</th><th>允差</th><th>检验工具</th><th>检验方法</th></tr>
<tr><td rowspan="2">G2</td><td rowspan="2">横向滑座移动（Y 轴线）与工作台纵向移动（X 轴线）的垂直度</td><td>0.016 mm/300 mm</td><td>指示器、直角尺、平尺</td><td rowspan="2">a）将平尺放在工作台纵向行程的中间位置。固定指示器，使其测头触及平尺的检验面。调整平尺，使指示器读数在纵向移动长度的两端相等。将直角尺放在工作台面上，使其一边紧靠调整好的平尺，然后使工作台位于纵向行程的中间位置
b）固定指示器，使其测头触及直角尺的另一边
按测量长度，横向移动工作台（或立柱）进行检验
指示器读数的最大差值就是垂直度误差</td></tr>
<tr><td colspan="2">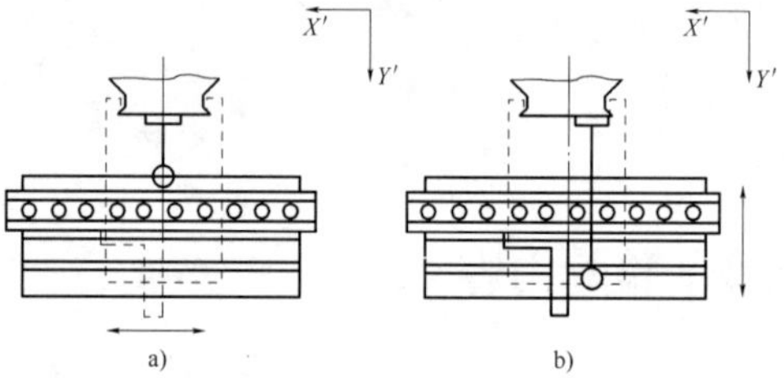
</td></tr>
<tr><td rowspan="2">G3</td><td rowspan="2">工作台（或立柱）纵向移动（X 轴线）的角度偏差：
a）在 ZX 垂直平面内
b）在 YZ 垂直平面内</td><td>a）X≤1 000 mm：0.060 mm/1 000 mm
X>1 000 mm：0.100 mm/1 000 mm
b）0.030 mm/1 000 mm</td><td>水平仪（2 个）</td><td rowspan="2">主轴箱位于 Z 向行程的中间位置，将基准水平仪放置在主轴箱上
将测量水平仪放置在工作台的 a）或 b）分别进行测量
在数个等距离（200 mm 或 250 mm）的位置（左、中、右 3 个位置以上）上，在工作台 X 轴线运动行程上分别读取测量水平仪与基准水平仪的差值
角度偏差为两个运动方向的最大读数与最小读数的差值</td></tr>
<tr><td colspan="2">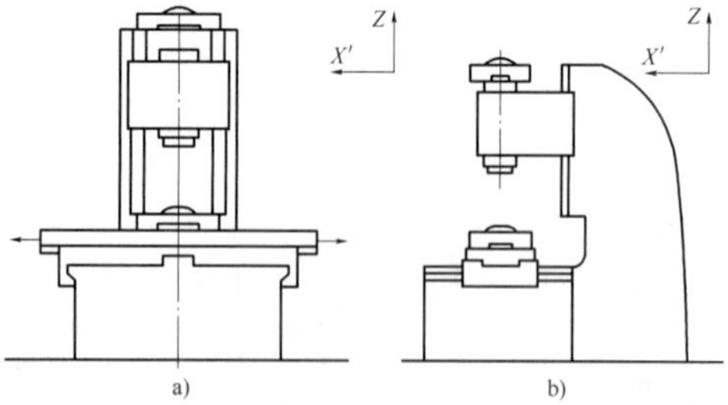
</td></tr>
</table>

续表

序号	检验项目	允差	检验工具	检验方法
G4	工作台面的平面度	1 000 mm 测量长度内为 0. 032 mm（仅允许凹），工作台长度每增加 1 000 mm，允差增加 0. 005 mm 最大允差：0. 050 mm 局部公差：300 mm 测量长度上为 0. 020 mm 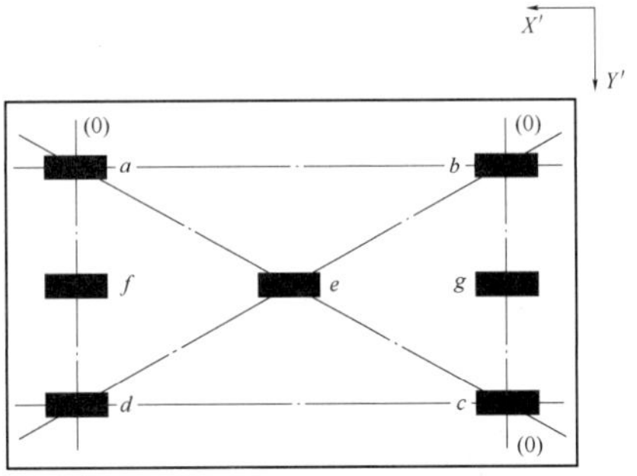 	水平仪或平尺和量块	工作台位于行程的中间位置 用水平仪检验：如图所示，在工作台面上选择由 a、b、d 三点所组成的平面作为基准平面，并使两条直线 ab 和 ad 相互垂直且分别平行于工作台面的轮廓边。将水平仪放在工作台面上，采用两点联锁法，分别沿 X 轴和 Y 轴方向移动，测量工作台面 a、b、d 三点，然后使水平仪位于 c、e、f、g 各点。通过作图或计算，求出各测量点相对于基准平面的偏差，其最大偏差与最小偏差的代数差就是平面度误差
G5	工作台面与： a）横向滑座移动（Y 轴线）在 YZ 垂直平面内的平行度 b）工作台纵向移动（X 轴线）在 ZX 垂直平面内的平行度	a）、b）：0. 016 mm/300 mm 最大允差：0. 050 mm 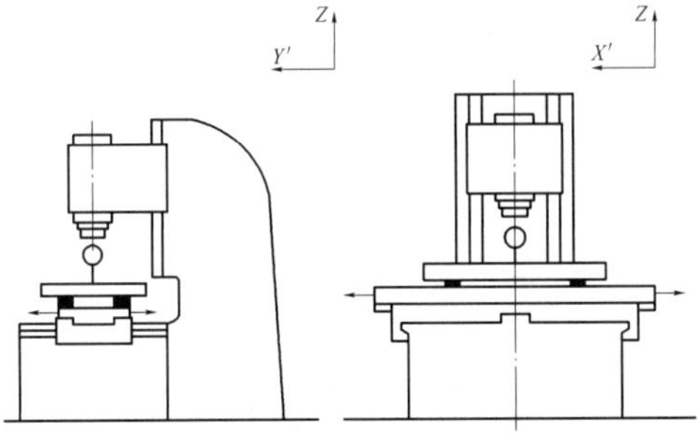 a）　　b）	指示器和平尺	在工作台面上放两个等高块，平尺放在等高块上：a）横向；b）纵向。在主轴中央处固定指示器，使其测头触及平尺的检验面。按测量长度，横向移动工作台（或立柱，或滑枕）和纵向移动工作台进行检验 a）、b）的误差分别计算。指示器读数的最大差值就是平行度误差 当工作台长度大于 1 600 mm 时，则将平尺逐次移动进行检验

续表

序号	检验项目	允差	检验工具	检验方法
G6	工作台面与主轴箱垂直移动（*Z* 轴线）的垂直度： a）在 *YZ* 平面内 b）在 *ZX* 平面内	a)、b)：0.016 mm/300 mm	指示器和直角尺	工作台位于行程的中间位置 直角尺放在工作台面上：a）为横向垂直平面内；b）为纵向垂直平面内。固定指示器，使其测头触及直角尺的检验面。移动主轴箱进行检验 a)、b）的误差分别计算。指示器读数的最大差值就是垂直度误差
		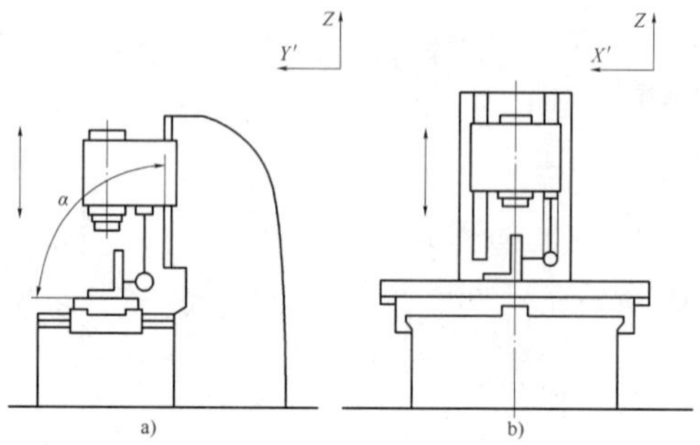		
G7	工作台中央或基准 T 形槽的直线度	0.010 mm/500 mm 最大允差：0.030 mm	指示器、平尺、专用滑板	用平尺检验：在工作台面上放两个等高块，平尺放在其上。将带有指示器的专用滑板放在工作台面上并紧靠 T 形槽一侧，使指示器测头触及平尺检验面。调整平尺，使指示器读数在 T 形槽全长的两端相等。移动专用滑板进行检验 指示器读数的最大差值就是直线度误差
		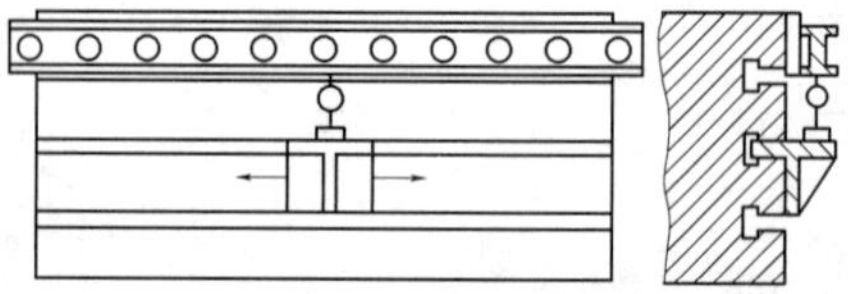		
G8	中央或基准 T 形槽与工作台纵向移动（*X* 轴线）的平行度	0.015 mm/300 mm 最大允差：0.040 mm	指示器	工作台位于横向行程的中间位置 在主轴中央处固定指示器，使其测头触及 T 形槽侧面。按测量长度，纵向移动工作台进行检验 指示器读数的最大差值就是平行度误差
		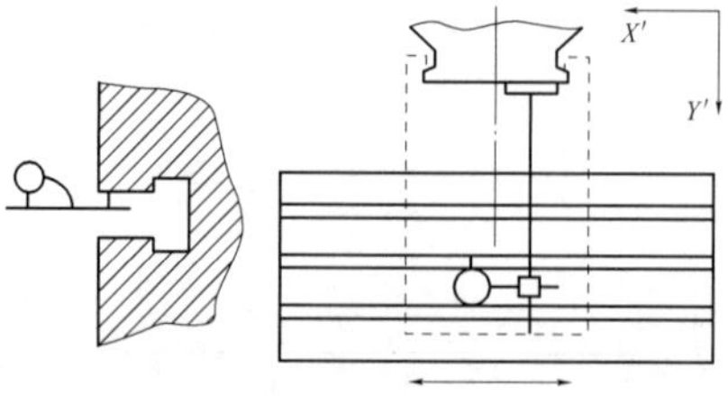		

续表

序号	检验项目	允差	检验工具	检验方法
G9	主轴端部的跳动： a）主轴定心轴颈的径向跳动（用于有定心轴颈的机床） b）周期性轴向窜动 c）主轴轴肩支撑面的跳动（包括周期性轴向窜动）	a）、b）：0.008 mm c）：0.016 mm 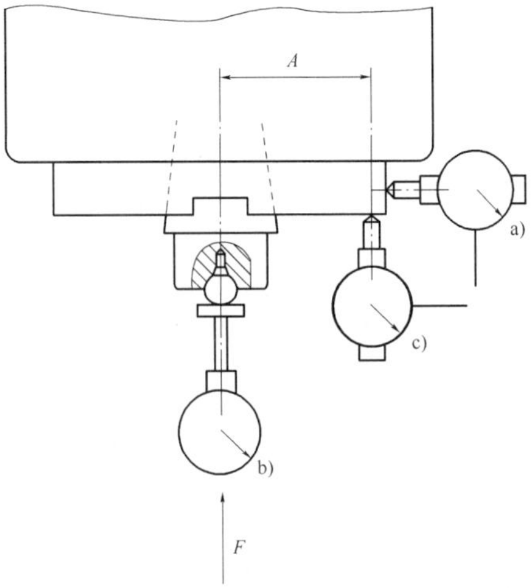 	指示器、专用检验棒	固定指示器，使其测头分别触及：a）主轴定心轴颈表面；b）插入主轴锥孔中的专用检验棒端面中心处；c）主轴轴肩支撑面靠近边缘处。旋转主轴进行检验 a）、b）、c）的误差分别计算。指示器读数的最大差值就是跳动或窜动误差 b）、c）项检验时，应通过主轴中心线施加一个由制造厂规定的轴向力 *F*（对已消除轴向游隙的主轴，可不施加力）
G10	主轴锥孔轴线的径向跳动： a）靠近主轴端部 b）距主轴端部 300 mm 处	a）：0.007 mm b）：0.015 mm 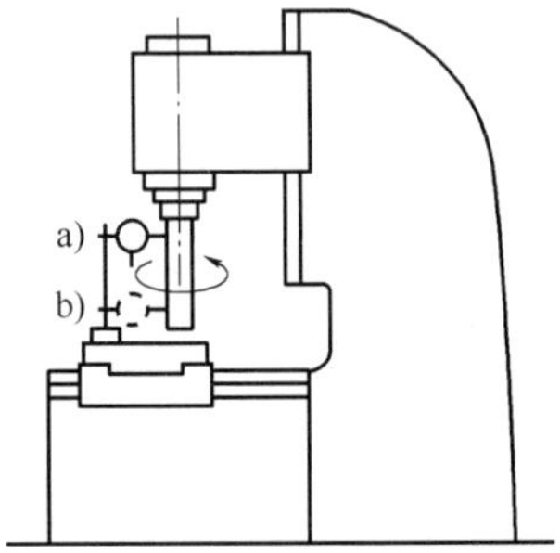 	指示器、检验棒	在主轴锥孔中插入检验棒。固定指示器，使其测头触及检验棒的表面：a）靠近主轴端部；b）距主轴端部 300mm 处。旋转主轴进行检验 拔出检验棒，相对主轴旋转 90°，重新插入主轴锥孔中，再依次重复检验三次 a）、b）的误差分别计算。四次测量结果的算术平均值就是径向跳动误差

续表

序号	检验项目	允差	检验工具	检验方法
G11	主轴轴线与工作台面的垂直度	a)、b)：0.016 mm/300 mm	指示器、专用检验棒	工作台位于纵向行程的中间位置 将指示器装在插入主轴锥孔中的专用检验棒上，使其测头触及工作台面：a）横向垂直平面内；b）纵向垂直平面内。按测量长度，旋转主轴进行检验 拔出检验棒，旋转 180°，插入主轴锥孔，重复检验一次 a)、b）的误差分别计算。两次测量结果代数和的一半就是垂直度误差
		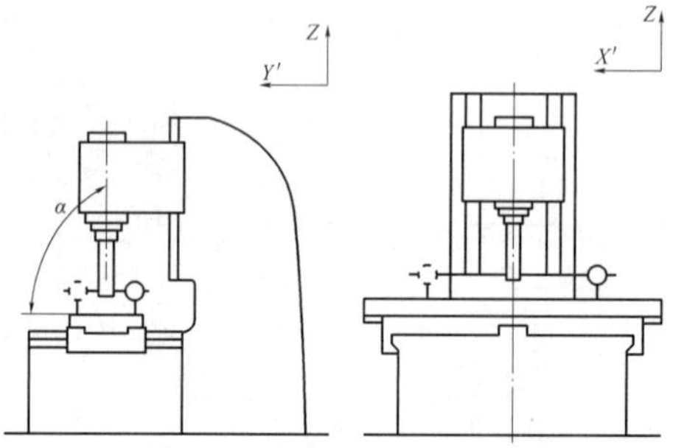a)　b)		

二、数控铣床几何精度的常用检测工具

检测工具按不同的精度分为三类。其中，A 类为计量部门用的基准工具，B 类为检验用的测量工具，C 类为制造用的测量工具。按照国家标准的规定，检测机床精度应该使用 B 类工具。另外，使用中务必注意：测量工具必须经过检定，即在检定的有效期内由法定的检验机构检定。

1. 平尺

平尺是具有一定精度的平直基准线的实体，它的材料经过完善的热处理和稳定性处理。参照平尺可以测定被测表面的直线度或平面度误差。

（1）平尺的两种基本形式。平尺有以下两种基本形式：

1）单一平面的桥形平尺，如图 3-2a 所示；

2）两个平行平面的平尺，其截面是工字形或矩形，如图 3-2b、图 3-2c 所示。

（2）使用注意事项。平尺通常是水平使用的，可以借一个侧面使工作面垂直，或者借支撑块使其工作面水平。水平安置时，应选择最佳支撑位置，使自然挠度最小。对于均匀截面的平尺，支撑点应相隔 5/9 L（L 为平尺长度），即位于距两端 2/9 L 处。平尺放在机床工作台面上使用时，为了尽可能减小工作台面平面度误差的影响，可在支撑位置放置等高块。

2. 带锥度的检验棒

检验棒用于检验主轴轴线的径向跳动，或者检查主轴相对于机床其他零部件的位置。检验棒由插入被检验锥孔的锥柄和一个作为测量基准的圆柱体组成，材料是经过热处理和稳定性处理的钢，表面可以镀铬或者不镀。带锥度的检验棒如图 3-3 所示。

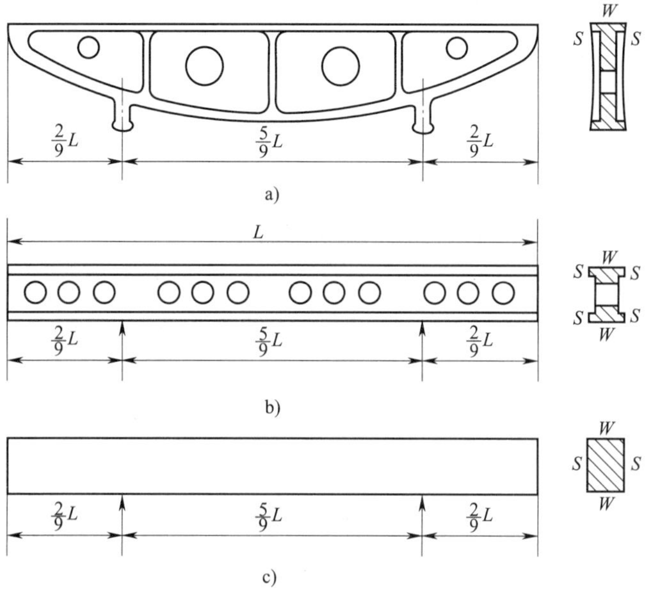

图 3-2　平尺

a）桥形　b）工字形　c）矩形

W—工作面　S—侧面

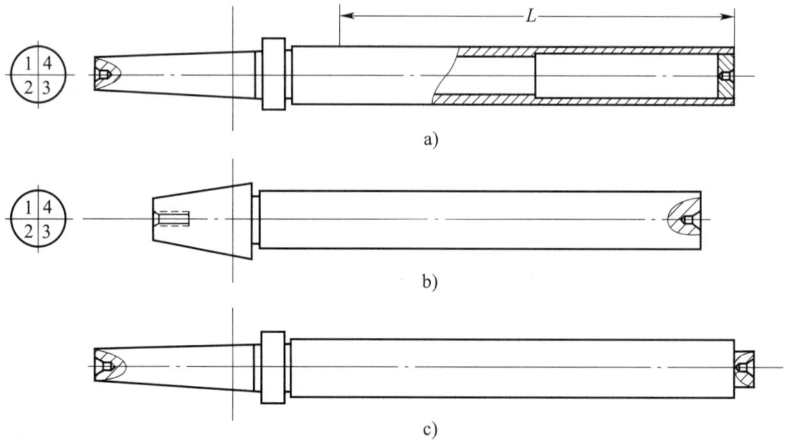

图 3-3　带锥度的检验棒

a）莫氏锥度检验棒　b）7∶24 锥度检验棒　c）工艺加长检验棒

（1）带锥度的检验棒的技术要求

1）两端具有供制造和检验用的、经过研磨的、带保护的中心孔。

2）具有机床检验时需要的相隔 90°的四条基准线。圆柱部分两端标记检验的距离 L 表示测量长度，L 为 75 mm、150 mm、200 mm、300 mm 或 500 mm。

3）自锁的莫氏锥度和较小的公制锥度检验棒应带有一段供拧上螺母后拆卸检验棒的螺纹部分，如图 3-3a 所示。

4）当检验棒的锥度较大时，应提供紧固检验棒的螺纹拉杆的螺孔，如图 3-3b 所示。

5）检验棒自由端可带一长度为 14~32 mm、直径略小于检测圆柱体的工艺加长部分，如图 3-3c 所示。

（2）使用注意事项。检验棒的锥柄和机床主轴的锥孔必须擦净，以保证接触良好。检查径向跳动时，检验棒应在相隔 90°的四个位置依次插入主轴，误差以四次测量结果的平均值计。检验零部件的侧向位置度或平行度时，应将检验棒和主轴旋转 180°，依次在检验棒圆柱表面两条相对的母线上进行检验。

另外，某些检测项目要求所使用的检验棒顶端有一个小钢珠，如图 3-4 所示，一般用润滑脂将小钢珠粘在顶尖孔内。

3. 顶尖间用的检验棒

安装在两个顶尖之间的检验棒代表通过该两点的一条直线。

（1）顶尖间用的检验棒的特点。顶尖间用的检验棒的轴线应该是直的，并具备理想的圆柱体表面。该检验棒一般采用热拔无缝钢管制成，两端牢固可靠地装有防止变形的堵头，堵头上带有中心孔，如图 3-5 所示。

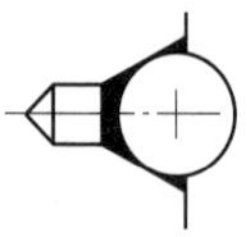

图 3-4　带小钢珠检验棒的端部

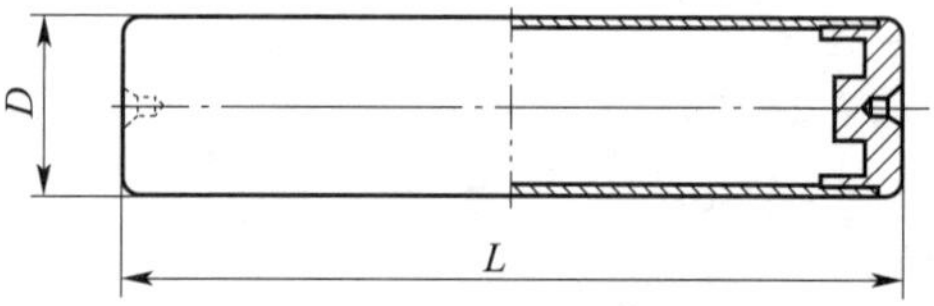

图 3-5　顶尖间用的检验棒

（2）使用注意事项。检验平行度时，先在检验棒圆柱体表面上的一条母线上测取读数，然后将检验棒旋转 180°，在相对的母线上测取读数。将检验棒掉头后，在相同的那对母线上重复检验。平行度误差以四次测量结果的平均值计，这种方法足以消除因检验棒自身误差所引起的大部分误差。

4. 精密水平仪

（1）构造。精密水平仪（以下简称水平仪）有条形、框式等几种，它们的主要部分是一个封闭的弧形玻璃管，它固定在水平仪内，如图 3-6 所示。玻璃管的弧形上壁具有一定的曲率半径，其外表有间距与内壁曲率半径相对应的刻线，管内装有乙醚或酒精，其中留有一气泡。由于玻璃管内的液面始终是水平的，而气泡总是处在最高位置，因此，水平仪倾斜时气泡便相对玻璃管移动。根据气泡的移动方向和移动格数，可以测出被测平面的倾斜方向和角度。

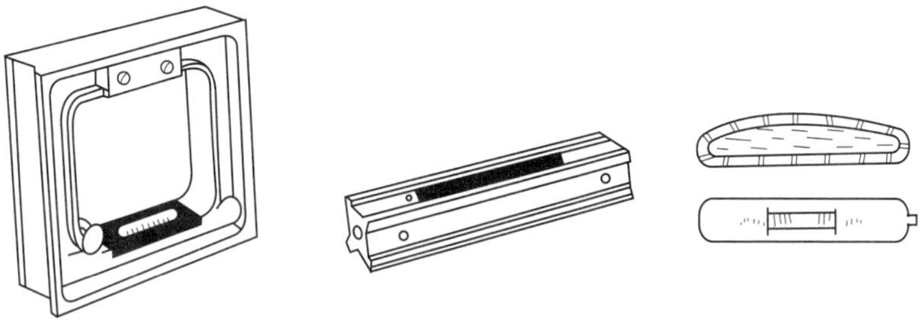

a)　　b)　　c)

图 3-6　水平仪

a）框式水平仪　b）条形水平仪　c）弧形玻璃管

（2）刻度值。水平仪上的刻度值表示被测平面的斜率。例如，刻度值为$\frac{0.02}{1\,000}$的水平仪，其气泡移动一格，相当于被测平面在 1 m 长度上两端的高度差为0.02 mm，如图 3-7a 所示。用水平仪进行测量时，为了得到比较准确的结果，需将被测平面分成若干段，每段被测长度小于 1 m。为此，必须对水平仪的刻度值进行换算。如图 3-7b 所示，若被测平面的一段长度为 L（mm），水平仪刻度值为$\frac{0.02}{1\,000}$，则气泡移动一格时，被测平面在该段长度上两端的高度差为 h（mm）：

$$h = \frac{0.02}{1\,000}L$$

写成一般的通式则为：

$$h = nkL$$

式中　n——水平仪读数，即气泡移动格数；

k——水平仪刻度值。

水平仪读数的符号习惯上规定：气泡移动方向与水平仪移动方向相同时为正值，相反时为负值。水平仪摆放的第二个位置与第一个位置要有 25 mm 的重叠。

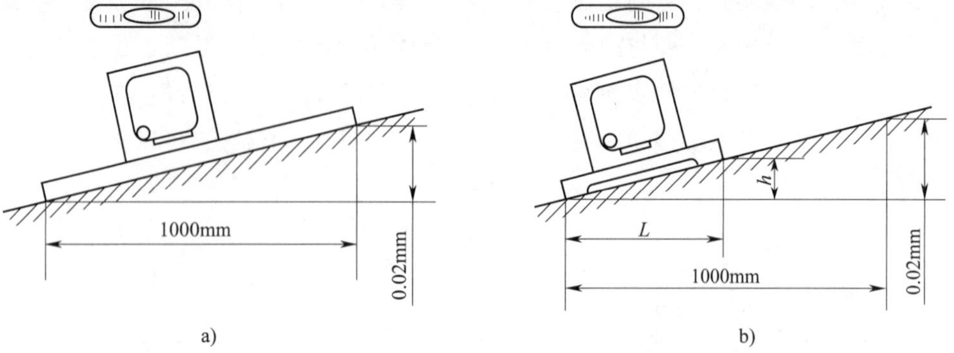

图 3-7　水平仪刻度值的几何意义

a）被测长度为 1 m 时　b）被测长度为 L 时

5. 指示器

指示器（百分表、千分表）的精度应与被检验精度相适应。被检项目的精度为小数点后两位（如 0.01 mm）的，应采用精度不低于 1/100 的指示器（百分表）来测量；被检项目的精度为小数点后三位（如 0.001 mm）的，应采用精度不低于 1/1 000 的指示器（千分表）来测量。

（1）百分表的结构与读数。百分表是一种指示式量具，是一种精度较高的比较测量工具。它只能读出相对数值，不能测出绝对数值。百分表主要用来检验零件的形状误差和位置误差，也常用于装夹工件时的精密找正。

百分表的刻度值为 0.01 mm，刻度值为 0.001 mm 的称为千分表。

钟面式百分表的结构如图 3-8 所示。当测量杆 1 向上或向下移动 1 mm 时，齿轮传动系统带动大指针 5 转一圈，小指针 7 转一格。刻度盘在圆周上有 100 个等分格，每格读数为 0.01 mm；小指针每格读数为 1 mm。测量时，指针读数的变动量即为尺寸变化量。小指针处的刻度范围为百分表的测量范围。

（2）百分表的使用

1）检查各部分。表圈和表体的配合应无明显松动；测量杆移动及指针回转应平稳、灵活，不得有跳动、卡住和阻滞现象；指针应牢固地固紧在轴上，测量杆移动时不得松动。

2）将百分表固定在表架上。百分表应可靠地固定在表架上，如图 3-9 所示。与装夹套筒紧固时，夹紧力不宜过大，以免使装夹套筒变形而卡住测量杆。夹紧后，应检查测量杆的移动是否灵活，且不可再转动百分表的表体。

3）准确测量。百分表的测量如图 3-10 所示。测量时，应使百分表测量杆与被测表面垂直，如图 3-11 所示。这是因为当测量杆与被测表面垂直时，测量杆的移动量与被测表面的变动量相同；而当测量杆与被测表面不垂直时，测量杆的移动量大于被测表面的变动量。在测量圆柱表面时，测量杆轴线应与圆柱的直径方向一致，如图 3-12 所示。

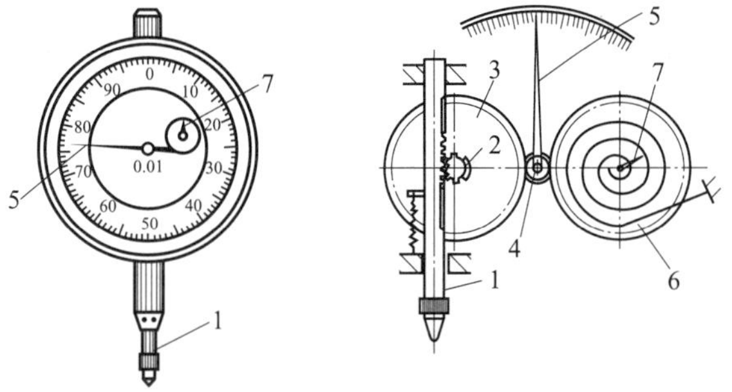

图 3-8 钟面式百分表的结构

1—测量杆 2、4—小齿轮 3、6—大齿轮 5—大指针 7—小指针

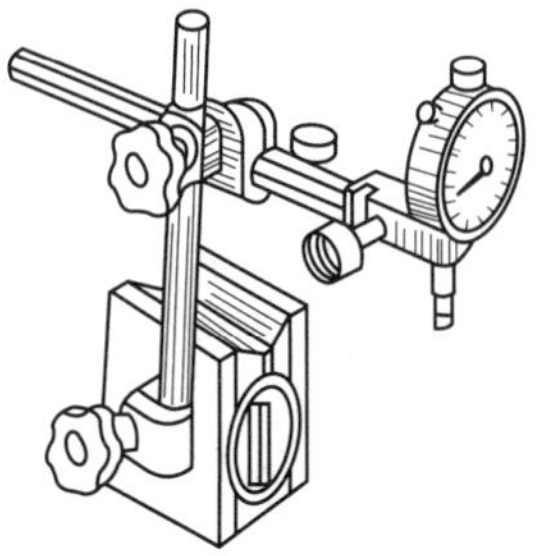

图 3-9 百分表固定在表架（磁性表架）上

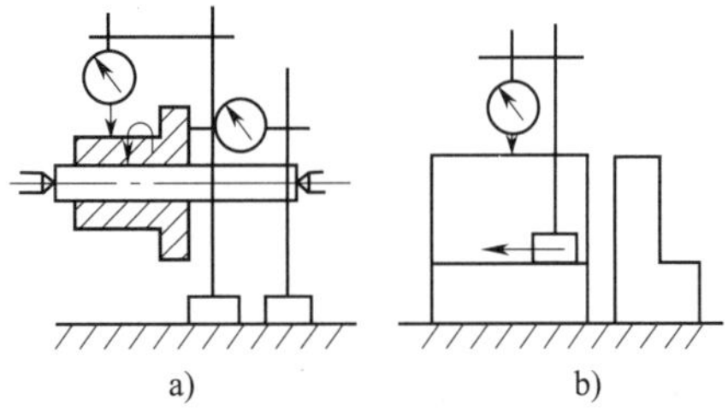

图 3-10 百分表的测量

a）测量工件端面、径向跳动 b）测量平行度

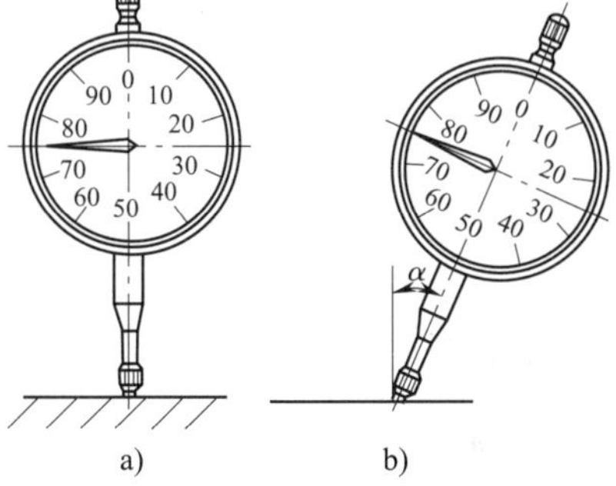

图 3-11 百分表测量杆的正确位置

a）正确 b）错误

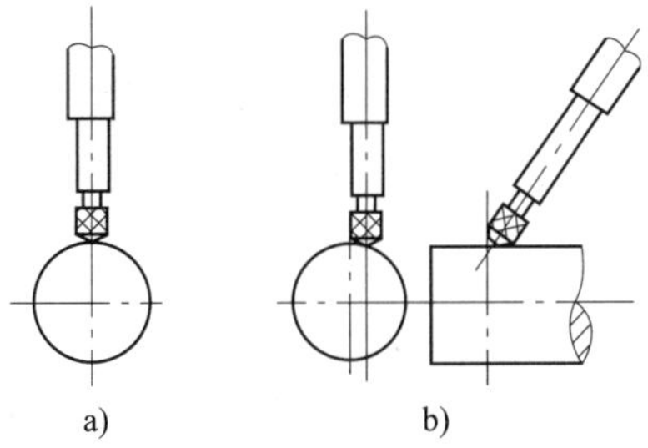

图 3-12 测量圆柱表面

a）正确 b）错误

除钟面式百分表外，还有一种百分表称为杠杆式百分表，如图 3-13 所示，它的测头具有更大的灵活性。

6. 其他检测工具

（1）直角尺。直角尺由一个平面和一个与它垂直的侧面组成，可带或不带加强肋。直角尺的尺寸一般不超过 600 mm，如果要在更大的长度上检验垂直度，需要采用其他方法，如光学方法等。

（2）施加外力装置。在某些检测项目中，为了消除机床部件间的间隙对测量的影响，需要用一个装置施加外力。图 3-14 所示为一种施加外力装置，根据弹簧的规格和被压缩距离，可以计算出其产生的力的大小。

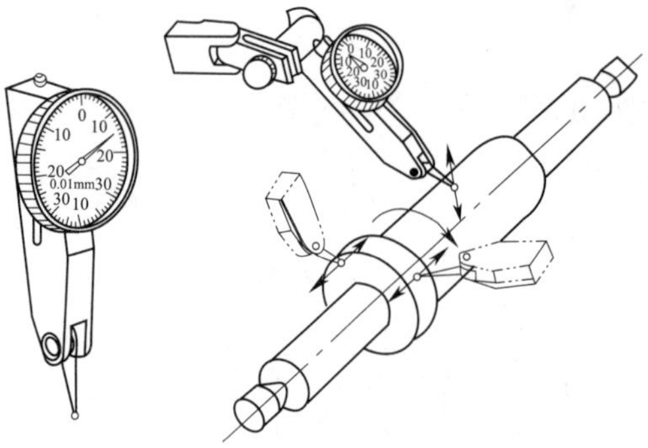

图 3-13　杠杆式百分表及其测量方法

a）杠杆式百分表　b）测量径向和端面跳动的方法

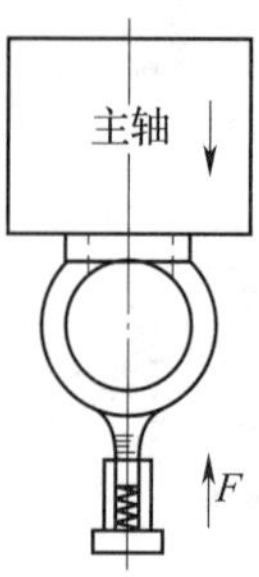

图 3-14　施加外力装置

三、数控铣床几何精度对加工误差的影响

影响数控铣床几何精度的因素可能是机床本身的因素，如工作台平面度等；也可能是机床以外的因素，如切削力、加工中热量增多产生的变形等。

1. G1：主轴箱垂直移动的直线度

如图 3-15 所示，刀具从 a 点下降，在下降过程中，在 X（或 Y）轴产生了多余的移动，但是如果终点在 b 点，则刀具在 X、Y 轴的位置与 a 点相同，在 X、Y 轴方向上没有产生位移；如果终点在 c 点，那么刀具在 X（或 Y）轴方向上产生了多余的位移，将影响加工精度。在镗孔时，由于主轴移动轨迹不是一条直线，这项精度将影响孔的圆柱度。在其他形状加工中，如台阶加工等，也可能影响加工精度。

2. G2：横向滑座移动与工作台纵向移动的垂直度

这个项目检查机床十字滑台的精度，它影响零件平行于 X 轴和平行于 Y 轴的两个面之间的垂直度。对于非十字滑台型机床，如立柱移动型机床，同样需要检查该项目。

3. G3：工作台纵向移动的角度偏差

这项精度影响零件孔加工时的轴线与底面间的角度倾斜误差，以及工作侧面加工与底面的倾斜误差。

4. G4：工作台面的平面度

工作台面的平面度影响被加工零件或夹具的基准面，若不佳会导致加工后的零件出现垂直度误差，如图 3-16 所示。国家标准 GB/T 20958.2—2007 规定，工作台面只许凹，不许凸出。工作台面如果凸出，不仅会导致零件加工中产生误差，还会导致零件或夹具无法可靠定位。

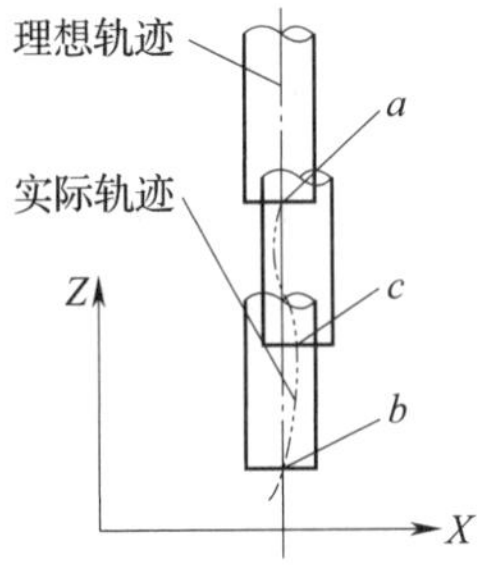

图 3-15　主轴箱垂直移动的直线度误差的影响

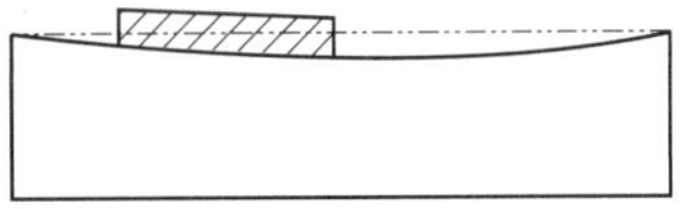

图 3-16　工作台面平面度误差的影响

5. G5：工作台面与横向滑座移动或工作台纵向移动的平行度

这项精度影响零件被加工的顶面与底面间的平行度。

6. G6：工作台面与主轴箱垂直移动的垂直度

如图 3-17a 所示，刀具的实际轨迹是一条斜直线，伴随着刀具在 Z 轴方向上的移动，同时产生了 X（或 Y）轴方向上的位移。在孔加工中，这项精度既影响孔的圆柱度（这个孔的水平截面是圆，轴线的垂直截面是椭圆，如图 3-17b 所示），也影响孔的轴线对基准面的垂直度。在其他形状加工中，只要是 Z 轴移动，就肯定会在其他轴上同时产生多余的位移，零件的尺寸就会受到影响。

7. G7：工作台中央或基准 T 形槽的直线度

如果生产厂商没有指定哪一个 T 形槽是基准 T 形槽，就取中间一个 T 形槽来测量。这项精度影响夹具的安装精度。

使用夹具时，为保证加工精度，必须使夹具在机床上有正确的位置。在设计夹具时，夹具的底面有两个定位块，两个定位块的中心线是夹具的一条基准线，定位块落在 T 形槽中，以保证基准线与机床的一个运动轴（在立式数控铣床上一般是 X 轴）平行。如果 T 形槽的直线度超差，那么夹具的基准线与机床的一个运动轴不平行，将影响零件的多项指标。

8. G8：中央或基准 T 形槽与工作台纵向移动的平行度

这项指标与 G7 相类似，也会影响以 T 形槽为加工基准的零件精度。

9. G9：主轴端部的跳动

主轴端部跳动检验项目的三个内容会影响零件的表面质量（主要是表面粗糙度），其对底面和侧面都有影响。

10. G10：主轴锥孔轴线的径向跳动

如图 3-18 所示，这项精度影响被加工孔在截面上的圆度。

11. G11：主轴轴线与工作台面的垂直度

这项精度对零件精度的影响比较大，典型表现是加工平面时表面呈现波浪状或台阶。在镗孔时，这项精度会影响孔的圆柱度。与 G6 项相比，两者都影响圆柱度，但是其成因不相同，其形状有差别。在这里，水平截面是椭圆，主轴旋转轴线的垂直截面是圆。这项精度不影响轴线的垂直度，但是在用立铣刀加工零件的侧面时，将影响侧面的垂直度。

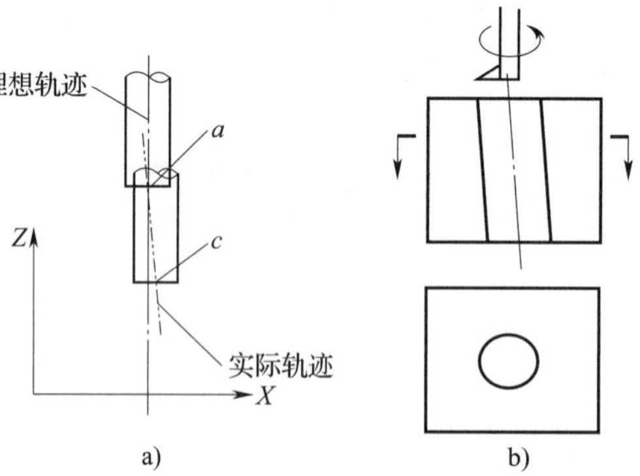

图 3-17　工作台面与主轴箱垂直移动的垂直度误差的影响

a）误差轨迹　b）镗孔的误差

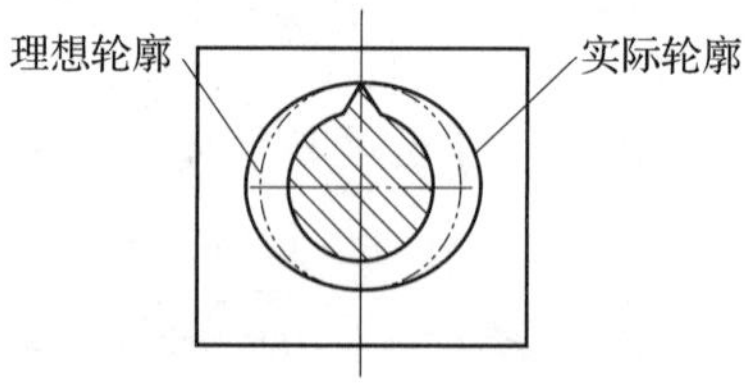

图 3-18　主轴锥孔轴线径向跳动误差的影响

学习单元 3　数控铣床的定位精度检验

学习目标

- 熟悉数控铣床直线定位精度的检验项目
- 了解数控铣床直线定位精度的检验工具及数据处理
- 了解数控铣床回转定位精度检验

知识要求

数控铣床的定位精度用于测量机床各坐标轴在数控系统控制下所能达到的位置精度。根据实测的定位精度数值，可以判断一台数控铣床加工零件所能达到的精度。

一、直线定位精度检验项目

直线定位精度的检验项目有直线运动定位精度、直线运动重复定位精度、直线运动参考点返回精度和直线运动的反向偏差（又称失动量）四个项目，这些项目的检验一般在机床空载条件下进行。

1. 直线运动定位精度

对所测的每个坐标轴，在全行程内选取均匀分布的目标位置（每米最少 5 个或全长不少于 5 个），如图 3-19 所示的 P_1、P_2、……、P_j 各目标点。机床运动部件从一个固定基准点正向和反向快速进给，向目标位置定位，在每个位置上测出的实际移动距离和理论移动距离之差的平均值就是该坐标轴运动的定位精度，用 A 表示。为了减小测量误差，在每个目标位置上进行正、反向各 5 次以上的循环定位测量（图 3-19 所示的循环次数 $i=7$），然后按各目标位置及测量次数进行计算。

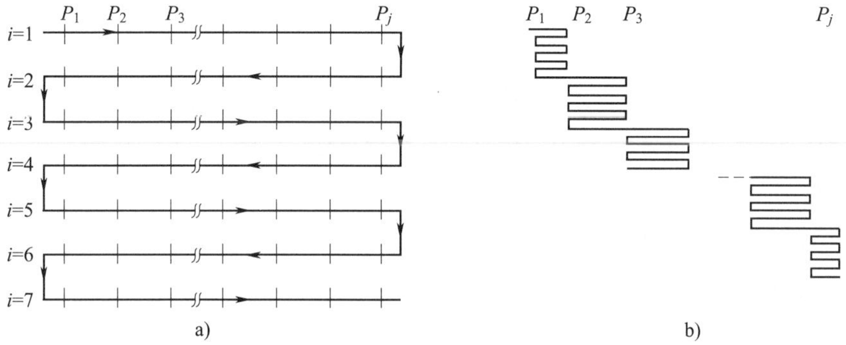

图 3-19　直线运动定位精度的测量位置与循环次数

a）线性循环　b）阶梯循环

2. 直线运动重复定位精度

重复定位精度是反映机床运动稳定性的一个基本指标。机床运动精度的稳定性决定着加工零件质量的稳定性和误差的一致性。重复定位精度就是测出重复到达的实际位置与目标位置之差，用 R 表示。其测量的目标位置、方向与测量次数同定位精度。重复定位精度反映了进给驱动机构的综合误差，它无法通过数控系统参数补偿方法进行修正。如果重复定位精度超差，只能调整传动系统。

3. 直线运动参考点返回精度

对于使用相对位置检测装置的数控机床来说，每个坐标轴都要有精确的定位起点，此点即为坐标轴的参考点。为此，要求每次重新开机或加工过程中到达的参考点位置保持一致，达到一定的重复定位精度。为提高参考点的返回精度，数控机床采取了一系列措施，如降速、参考点偏移补偿等。对参考点返回精度的检验可以视为该坐标轴上一个特殊点的重复定位精度检验，测量方法与数据计算同重复定位精度检验，只是参考点的位置精度要比其他点的高，检测次数提高到 7 次以上。

4. 直线运动的反向偏差

坐标轴直线运动的反向偏差又称失动量，用 B 表示。在工作台进给运动过程中，当运动到某个位置后向相反的方向移动，尽管已经发出反向运动的信号，但是运动部件却没有立刻移动，产生滞后现象，这一现象称为失动，这一误差称为反向偏差或失动量。直线运动的反向偏差是该轴进给传动链上的驱动元件反向“死区”造成的，是滚珠丝杠及各机械传动副的反向间隙、弹性变形等误差的综合反映。在加工圆的过程中，反向偏差会产生圆度误差，如图 3-20 所示。

反向偏差越大，定位精度与重复定位精度就越低。一般情况下，反向偏差是由于进给传动链刚度不足、滚珠丝杠预紧力不够、导轨副过紧或松动等原因造成的。要从根本上解决这个问题，只有修理和调整有关零部件。数控系统都有失动量补偿功能（一般称反向间隙补偿），最大能补偿 0. 20~0. 30 mm的失动量，但这种补偿要在全行程区域内失动量均匀的情况下才能取得较好的效果。就一台数控机床的各坐标轴而言，软件补偿量越大，表明该坐标轴上影响定位精度的随机因素越多，则该机床的综合定位精度不会太高。

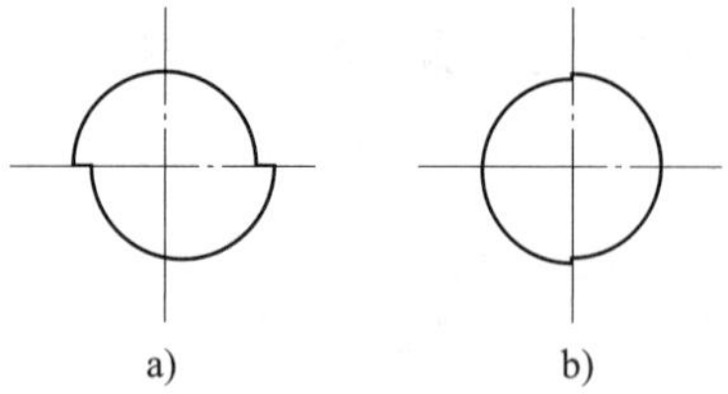

图 3-20　反向偏差产生圆度误差

a）X 轴向　b）Y 轴向

二、直线定位精度检验工具

直线定位精度的检验工具有标准长度线纹尺、光学读数显微镜、双频激光干涉仪、激光多普勒干涉仪等。标准长度测量以双频激光干涉仪为准。

1. 金属线纹尺和测量显微镜

金属线纹尺是制造非常精密的长尺，刻有标准长度刻线。如图 3-21a 所示，使用时，金属线纹尺固定在工作台面上，先移动工作台，使测量显微镜的准线对准长尺的基准线，然后让工作台根据程序运动一段距离，再用显微镜观察长尺上的刻度，得到实际移动距离，根据实际移动距离与程序指定的移动距离之差来计算定位精度。这种方法使用的工具比较简单，容易操作，但是误差较大，其检验精度与检验技巧有关。而用双频激光干涉仪测量时，测量精度可成倍提高。

2. 双频激光干涉仪

按照国家标准和国际标准化组织（ISO）的规定，对数控机床定位精度的检测应以激光测量为准。激光位移测量是采用干涉原理，当干涉仪的某一个反射镜产生位移后，两光程差发生变化，出现干涉条纹移动。光电元件接收干涉条纹移动信号，并经电路处理，用数字显示装置显示出位移量。

使用双频激光干涉仪测量机床各项定位精度，其基本原理如图 3-21b 所示，就是把一个反射器固定在工作台面上，激光发生器安装在机床外，工作台根据程序移动，双频激光干涉仪测量移动的实际距离。

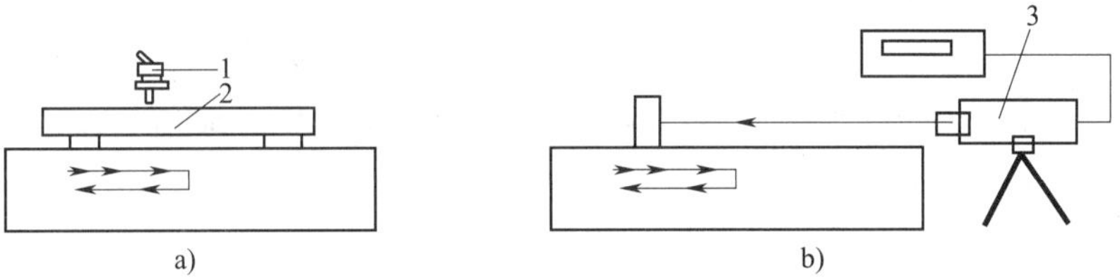

图 3-21　定位精度的检验

a）标准尺比较测量　b）激光测量

1—测量显微镜　2—金属线纹尺　3—双频激光干涉仪

3. 激光多普勒干涉仪

以上两种检验方法只能检验单轴移动的定位精度，不能反映机床在整个三维加工范围内的位置精度。现在最新的位置精度检测方法是检测机床在三维空间内的定位精度。例如，美国光动公司的激光多普勒干涉仪（LDDM）测量系统应用多普勒原理，与专用软件配合使用，不但可以测量直线度、垂直度、平面度、角度等几何精度，还可以测量圆度和三维空间内的定位误差。激光多普勒干涉仪通过 RS-232 接口与计算机通信，由特定软件按检测标准的要求迅速处理检测数据，自动计算误差结果，绘出误差曲线，大大提高了检测精度与效率。有的甚至还能与数控系统通信，对所测的误差进行自动补偿，使机床达到最佳加工精度。

三、直线定位精度数据处理

在检验定位精度时，应根据各定位精度检验标准的要求，依次对每个目标位置进行定位，按检测原则（如正、反向不少于 5 次等）编制检测用程序，通过检验测取基本数据（即每个目标位置每次正、反向定位时实际到达位置的坐标值 P_{ij}），全部数据应在一次检测中全部测出。数据检测完毕后，应进行数据处理，将数据与标准要求值进行比较，最后得出该机床各坐标轴的各项定位精度。

1. 数据处理

图 3-19a 为某坐标轴各测试点（图中十字交叉点）的示意图。其中，i 为正向或反向定位次数的序号，$i=1、2、3、\cdots\cdots、n$；j 为目标位置的序号，$j=1、2、3、\cdots\cdots、m$。用↑表示正向定位，用↓表示反向定位。

（1）位置偏差 X_{ij}。位置偏差 X_{ij}的计算公式为：

$$X_{ij}\uparrow = P_{ij}\uparrow - P_j$$

$$X_{ij}\downarrow = P_{ij}\downarrow - P_j$$

式中　$X_{ij}\uparrow$——在 j 目标位置上，第 i 次定位的正向位置偏差；

$X_{ij}\downarrow$——在 j 目标位置上，第 i 次定位的反向位置偏差；

$P_{ij}\uparrow$——在 j 目标位置上，第 i 次正向定位时运动部件实际到达位置的坐标值；

$P_{ij}\downarrow$——在 j 目标位置上，第 i 次反向定位时运动部件实际到达位置的坐标值；

P_j——j 目标位置的坐标值。

（2）平均位置偏差$\overline{X_j}$。平均位置偏差$\overline{X_j}$的计算公式为：

$$\overline{X_j}\uparrow = \frac{1}{n}\sum_{i=1}^{n} X_{ij}\uparrow$$

$$\overline{X_j}\downarrow = \frac{1}{n}\sum_{i=1}^{n} X_{ij}\downarrow$$

（3）标准偏差 S_j。标准偏差 S_j的计算公式为：

$$S_j\uparrow = \sqrt{\frac{1}{n-1}\sum_{i=1}^{n}\left(X_{ij}\uparrow - \overline{X_j}\uparrow\right)^2}$$

$$S_j\downarrow = \sqrt{\frac{1}{n-1}\sum_{i=1}^{n}\left(X_{ij}\downarrow - \overline{X_j}\downarrow\right)^2}$$

（4）极值

1）$(\overline{X_j}+3S_j)_{\max}$。$(\overline{X_j}+3S_j)_{\max}$表示在坐标全行程上，对各目标位置从正、反向进行定位时，所有（$\overline{X_j}\uparrow+3S_j\uparrow$）、（$\overline{X_j}\downarrow+3S_j\downarrow$）的最大值。

2）$(\overline{X_j}-3S_j)_{\min}$。$(\overline{X_j}-3S_j)_{\min}$表示在坐标全行程上，对各目标位置从正、反向进行定位时，所有（$\overline{X_j}\uparrow-3S_j\uparrow$）、（$\overline{X_j}\downarrow-3S_j\downarrow$）的最小值。

3）$6S_{j\max}$。$6S_{j\max}$表示在坐标全行程上，对各目标位置从正、反向进行定位时，所有$6S_j\uparrow$、$6S_j\downarrow$的最大值。

2. 误差计算

（1）定位精度 A。定位精度 A 的计算公式为：

$$A = (\overline{X_j} + 3S_j)_{\max} - (\overline{X_j} - 3S_j)_{\min}$$

（2）重复定位精度 R。重复定位精度 R 的计算公式为：

$$R = 6S_{j\max}$$

（3）平均反向偏差$\overline{B_j}$。平均反向偏差$\overline{B_j}$的计算公式为：

$$\overline{B_j} = \frac{1}{m}\sum_{j=1}^{m} B_j$$

式中，反向偏差B_j的计算公式为：

$$B_j = \overline{X_j}\uparrow - \overline{X_j}\downarrow$$

四、回转定位精度检验

对于具有回转工作台的数控机床，还必须考虑回转定位精度的检验。与直线定位精度的测量方法类似，回转工作台的定位精度可分为回转运动定位精度、回转运动重复定位精度、回转轴原点返回精度和回转运动的反向偏差。

用于回转运动各项精度检验的工具有标准转台、圆光栅、平行光管等。除上述常用的激光多普勒干涉仪外，先进的测量仪器还有球杆仪，其分辨率为 0.1 μm，测量精度为 0.5 μm。球杆仪已成为一种对高精度数控设备进行综合几何精度测量的高精度测量仪器，并被国际标准 ISO 230—2 作为机床精度评价的标准仪器，取得很好的效果。以立式铣削加工中心为例，测量时支座靠磁力吸附在工作台上，机床主轴通过精密小球与球杆仪相连。在圆周运动测试过程中，机床的运动轨迹通过装在球杆上的精密传感器测得，用来反映机床的几何误差，在此基础上建立误差模型。

回转运动一般以每 30°为一个目标位置，再对每个目标位置的正、反转进行 5 次以上快速定位来进行检测计算。考虑到实际使用要求，一般对 0°、90°、180°、270°几个直角等分点做重点测量，要求这些点的位置精度比其他角度的位置精度提高一个等级。

技能要求

直线定位精度的误差计算

某数控铣床某直线坐标的行程为 900 mm。按标准要求查得定位精度为 0.040 mm，重复定位精度为 0.010 mm，反向偏差为 0.030 mm。

操作步骤

步骤 1 选定目标位置的坐标值 P_j 和定位次数 n

按标准规定的原则，在坐标全行程上每隔 150 mm 左右选定一个目标位置，$j=1$、2、……、7，并决定对每个目标位置从正、反方向进行 5 次定位，即 $i=1$、2、……、5，见表 3-2。

表 3-2 **数控铣床定位误差检测与计算**

目标位置序号 j		1		2		3		4		5		6		7	
目标位置 P_j（mm）		0.05		150.71		300.85		450.33		601.11		750.31		899.55	
趋近方向		↑	↓	↑	↓	↑	↓	↑	↓	↑	↓	↑	↓	↑	↓
位置偏差 X_{ij}（μm）	i=1	-2.6	2.3	0.2	5.4	-5.0	-1.5	0.6	2.4	-8.4	-9.0	-4.9	-5.9	-7.8	-3.0
	2	-1.6	1.1	0.7	4.6	-3.6	-1.0	1.6	2.1	-7.4	-9.4	-3.7	-5.9	-5.8	-1.8
	3	-2.7	3.2	0.4	5.7	-4.8	-0.8	0.3	3.6	-7.8	-8.1	-4.7	-4.0	-5.6	-0.2
	4	-1.8	2.3	1.8	5.4	-2.7	-2.6	2.6	2.2	-6.1	-8.3	-3.4	-4.3	-4.7	0.0
	5	-0.9	1.5	1.5	5.9	-2.8	-0.8	2.3	2.9	-6.9	-7.8	-2.3	-2.9	-2.7	2.7
平均位置偏差 $\overline{X}_j$（μm）		-1.92	2.08	0.92	5.4	-3.78	-1.34	1.48	2.64	-7.32	-8.52	-3.80	-4.60	-5.32	-0.46
标准偏差 S_j（μm）		0.746	0.814	0.698	0.495	1.083	0.760	1.013	0.619	0.876	0.661	1.054	1.296	1.851	2.151
$3S_j$（μm）		2.24	2.44	2.09	1.49	3.25	2.28	3.04	1.86	2.63	1.98	3.16	3.89	5.55	6.45
$\overline{X}_j+3S_j$（μm）		0.32	4.52	3.01	6.89	-0.53	0.94	4.52	4.50	-4.69	-6.54	-0.64	-0.71	0.23	5.99
$\overline{X}_j-3S_j$（μm）		-4.16	-0.36	-1.17	3.92	-7.03	-3.62	-1.56	0.78	-9.95	-10.50	-6.96	-8.49	-10.87	-6.91
反向偏差 $B_j=\overline{X}_j\uparrow-\overline{X}_j\downarrow$（μm）		-4.0		-4.48		-2.44		-1.16		1.20		0.80		-4.86	
$6S_j$（μm）		4.48	4.88	4.18	2.98	6.50	4.56	6.08	3.72	5.26	3.96	6.32	7.78	11.10	12.90
误差（μm）	定位精度 A	$A=(\overline{X}_j+3S_j)_{max}-(\overline{X}_j-3S_j)_{min}=6.89-(-10.87)=17.76$													
	重复定位精度 R	$R=6S_{j\,max}=12.90$													
	平均反向偏差 $\overline{B_j}$	$\overline{B_j}=\frac{1}{7}\sum_{j=1}^{7}B_j=-2.13$													

步骤 2 记录实际位置的位置偏差 X_{ij}

分别记录 7 个目标位置上正、反向各 5 次定位时的 $X_{ij}\uparrow$、$X_{ij}\downarrow$，见表 3-2。

步骤 3 计算误差

按计算公式，先分别计算出 7 个目标位置上正、反向定位时的$\overline{X_j}$和 S_j，然后由此再计算出（$\overline{X_j}+3S_j$）$_{max}$、（$\overline{X_j}-3S_j$）$_{min}$、$6S_{j\,max}$和 B_j，最后计算出 A、R 和$\overline{B_j}$，见表 3-2。

步骤 4 作误差曲线图

以机床坐标行程为横坐标，位置偏差为纵坐标，建立直角坐标系，分别作机床各坐标轴正、反向的$\overline{X_j}$、$\overline{X_j}+3S_j$、$\overline{X_j}-3S_j$曲线，再作 B_j曲线，如图 3-22 所示。曲线上可反映出（$\overline{X_j}+3S_j$）$_{max}$、（$\overline{X_j}-3S_j$）$_{min}$、$6S_{j\,max}$等值。

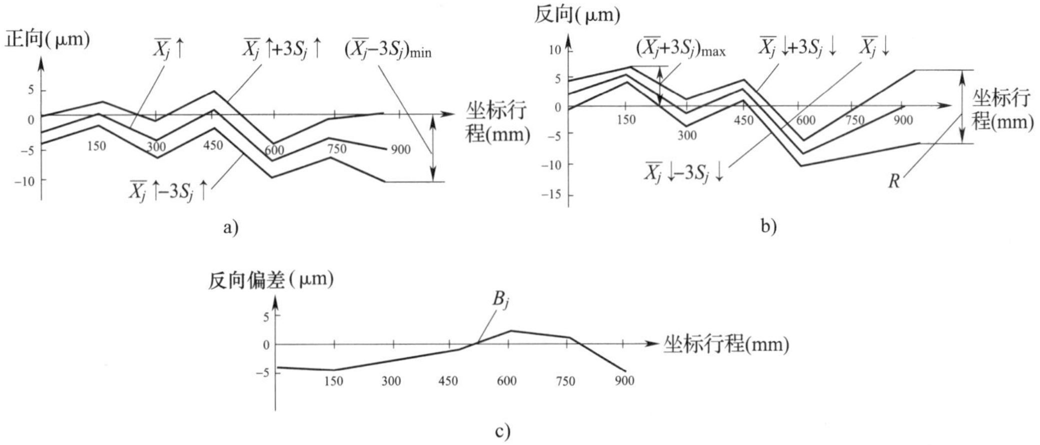

图 3-22 定位精度的误差曲线

a）正向定位误差 b）反向定位误差 c）反向偏差

直线定位精度的简易测量

使用相应规格的量块、百分表（千分表）、磁性表座等检验数控铣床的直线定位精度。

操作步骤

步骤 1 安装量块与表座

取三块量块，按图 3-23 所示方式平放在工作台面上，量块 2、量块 3 与量块 1 相互垂直，L 为量块 1 的长度，W 为量块 2 的宽度。将表座固定在主轴上。

步骤 2 移动工作台

移动工作台，使测量杆接触到量块 2，然后将百分表对零；轻轻抽出量块 2，不能移动其他量块；用程序使工作台向量块 3 方向移动，移动距离为 $L+W$。

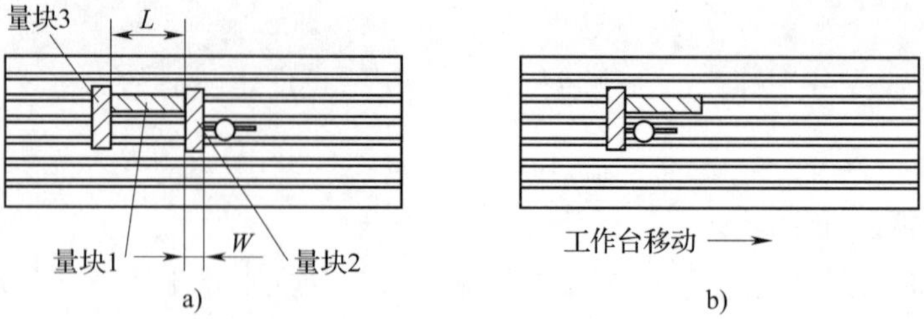

图 3-23　直线定位精度的简易测量

a）简易测量　b）工作台移动

步骤 3　测量定位误差

工作台停止移动，百分表测量杆接触量块 3 指示的数值即为误差值。重复操作 7 次，取 7 次误差值的平均数，这个数值就是该位置的定位误差。

步骤 4　反向测量

改变移动量块的位置，从相反方向进行检验，就可以得到整个反向行程范围内各点的定位误差。

直线运动反向偏差的简易测量

使用相应规格的量块、百分表、磁性表座等检验数控铣床的直线运动反向偏差。

操作步骤

步骤 1　正向测量

在测量位置放一量块，机床被测试轴向正（负）方向移动几毫米，把百分表放在固定位置，使测量杆接触量块表面，并且压入几格，如图 3-24 所示。记录显示器上显示的坐标位置，然后用机床上的步进按钮或手动脉冲发生器使机床向负（正）方向移动，每次移动 0. 01 mm，在移动的同时仔细观察百分表。

步骤 2　反向测量

从开始反方向移动到百分表指针开始变化，即工作台开始移动，这时显示器上坐标位置的变化量就是反向偏差。

步骤 3　多点测量

在工作台的两端和中央取 3 个测量点进行检测，方法同上。

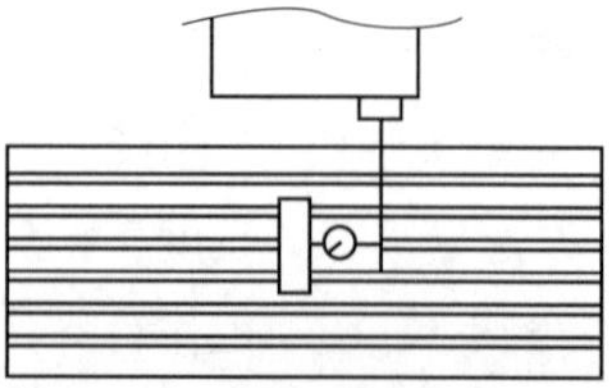

图 3-24　直线运动反向偏差的简易测量

学习单元 4　数控铣床的切削精度检验

学习目标

- 掌握数控铣床单项切削精度的检验项目与要求
- 掌握数控铣床综合切削试件的组成与检验标准

知识要求

机床的切削精度又称工作精度。机床切削精度的检验是一种机床动态精度的检验，是在切削加工条件下对机床几何精度和定位精度的一项综合考核。切削精度检验可分为单项切削精度检验和加工一个标准的综合试件的切削精度检验两类。

一、数控铣床单项切削精度检验

数控铣床的单项切削精度检验内容见表 3-3。

表 3-3　　数控铣床的单项切削精度（普通级）检验内容

<table>
<tr><th>序号</th><th>检验项目</th><th colspan="3">允差</th><th colspan="2">检验工具</th><th>切削条件</th></tr>
<tr><td rowspan="7">P1</td><td rowspan="2">a. 每个试件 A 面的直线度
b. 试件 A 面的等高度
c. C 面和 B 面、D 面和 B 面的相互垂直度，以及 B、C、D 面分别对 A 面的垂直度</td><td colspan="3">a. 0.02 mm
b. 0.03 mm
c. 0.02 mm/100 mm</td><td colspan="2">平尺、量块、千分尺、直角尺、平板</td><td rowspan="7">在试切前应确保 E 面平直
试件应位于工作台纵向的中心线上，使长度 L 相等地分布在工作台中心的两边
铣刀应装在刀杆上刃磨，安装时应符合下列公差：
圆度公差为 0.02 mm，径向跳动公差为 0.02 mm，轴向窜动公差为 0.02 mm
沿 X 坐标方向对 A 面精铣，接刀处重叠 5~10 mm；分别沿 X、Y 坐标方向对 B、C、D 面精铣。加工 A 面时采用盘式面铣刀，加工 B、C、D 面用同一把立铣刀，用刀具侧刃进行滚铣
试件材料：HT200</td></tr>
<tr><td colspan="5">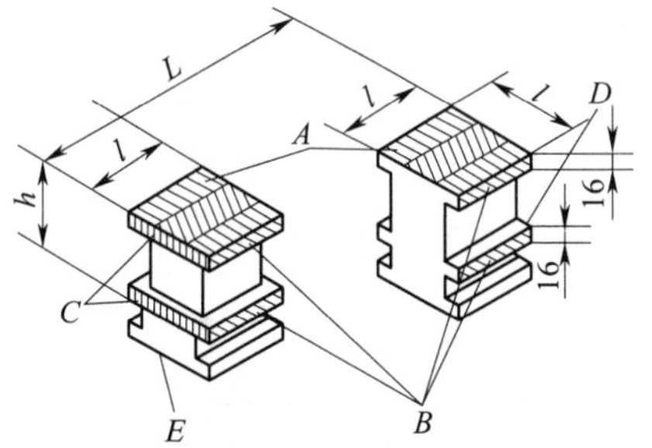</td></tr>
<tr><td rowspan="5">注：① X 向行程大于等于400 mm时，可用一个或两个试件
② X 向行程小于400 mm时，只用一个试件</td><td rowspan="2">L（mm）</td><td colspan="4">1/2 纵向（X 向）行程</td></tr>
<tr><td>≤500</td><td colspan="2">>500~1 000</td><td>>1 000</td></tr>
<tr><td>l=h</td><td colspan="4">1/8 纵向（X 向）行程</td></tr>
<tr><td>l_{max}（mm）</td><td>100</td><td colspan="2">150</td><td>200</td></tr>
<tr><td>l_{min}（mm）</td><td>50</td><td colspan="3">—</td></tr>
</table>

续表

<table>
<tr><th>序号</th><th>检验项目</th><th colspan="2">允差</th><th>检验工具</th><th>切削条件</th></tr>
<tr><td rowspan="5">P2</td><td rowspan="5">a. 四面的直线度
b. 相对面间的平行度
c. 相邻两面间的垂直度</td><td colspan="2">a. 0.01 mm/100 mm
b. 0.02 mm/100 mm
c. 0.02 mm/100 mm</td><td>指示器、直角尺、平板</td><td rowspan="5">在 XY 平面内加工时，用立铣刀精加工，用 X、Y 坐标的直线插补对 A、B、C、D 四周面进行精铣，每次背吃刀量为 0.1 mm
试切前，应确保试件装夹基准面平直
试件安装在工作台的中间位置，使其一个加工面与 X 坐标成 30°
试件材料：HT200</td></tr>
<tr><td colspan="3">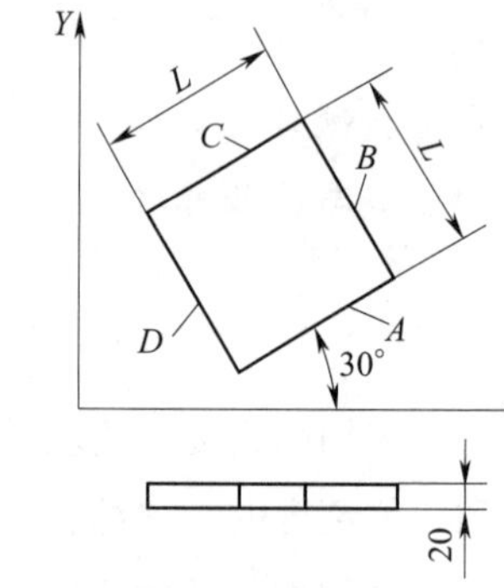
</td></tr>
<tr><td colspan="2">工作台面宽度（mm）</td><td>L（mm）</td></tr>
<tr><td colspan="2">200～320</td><td>110～120</td></tr>
<tr><td colspan="2">>320～500</td><td>160～180</td></tr>
<tr><td rowspan="5">P3</td><td rowspan="5">a. X、Y 坐标方向的孔距
b. 对角线方向的孔距</td><td colspan="2">a. 0.025 mm/150 mm
0.032 mm/200 mm
b. 0.040 mm/212.132 mm
0.045 mm/282.843 mm</td><td>测长仪或坐标测量机</td><td rowspan="5">按 X、Y 坐标方向定位，按顺时针镗孔路线依次对 4 个孔进行精镗
采用硬质合金镗刀，背吃刀量为 0.1 mm，进给量为 0.05 mm/r
试切前，应确保试件装夹基准面平直。试件装夹在工作台的中间位置
试件材料：HT200
镗孔路线：
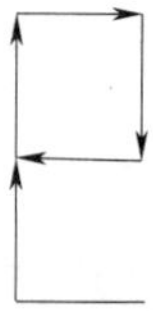</td></tr>
<tr><td colspan="3">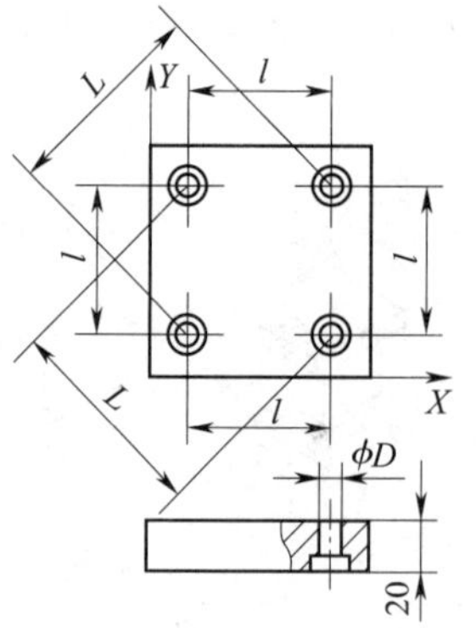
</td></tr>
<tr><td>工作台面宽度（mm）</td><td>l（mm）</td><td>φD（mm）</td></tr>
<tr><td>200～320</td><td>150</td><td>30～35</td></tr>
<tr><td>>320～500</td><td>200</td><td>40～45</td></tr>
</table>

续表

序号	检验项目	允差	检验工具	切削条件
P4	圆度	0.035 mm	指示器、专用检具或圆度仪	用 *X*、*Y* 坐标的圆弧插补，对圆周面进行精铣 用立铣刀精加工，每次背吃刀量为 0.1 mm 试切前，应确保试件装夹基准面平直。试件装夹在工作台的中间位置 试件材料：HT200
		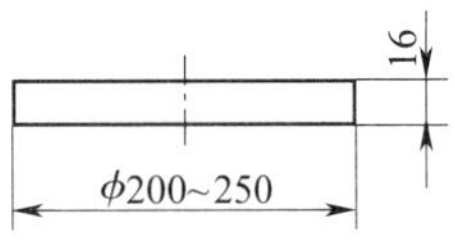 		

二、数控铣床综合试件切削精度检验

图 3-25 所示为常用的检验数控铣床切削精度的综合试件，它由多种几何体组成。

最上层是正菱形几何体，通过这一几何体可以检验两坐标联动时刀具移动形成的轨迹，得出直线位置精度，如平行度、垂直度、直线度等。此外，它还可以检查超程和欠程情况。

第二层是一个圆，用以检查机床的圆度（通过测量圆周到中心孔的距离），也可以反映出反向间隙。

第三层是一个正方形，它由两个坐标交替独立运动形成，通过它可以检查直线度、平行度和垂直度，也可以检查超程和欠程情况。在正方形的 4 个角上有 4 个孔，用以检查孔间距离和孔的圆度。

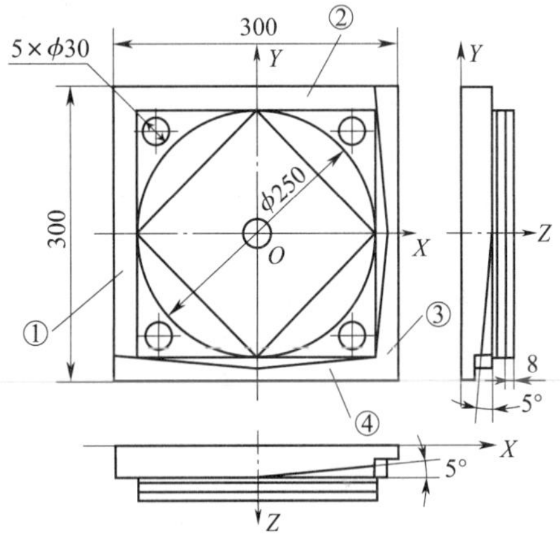

图 3-25　数控铣床综合试件

第四层是小角度和小斜率面，面①是由 *Y*、*Z* 两坐标形成的 5°斜面；面②是由 *X*、*Z* 两坐标形成的 5°斜面；面③是由 *X*、*Y* 两坐标形成的两个 5°斜面，其中 *X* 有反向面；面④是由 *X*、*Y* 两坐标形成的两个 5°斜面，其中 *Y* 有反向面。小角度切削由两个轴同时运动形成，其中一个轴运动很快，而另一个轴运动非常慢。由于一个轴运动极慢，因此可以考验工作台的灵敏度和可靠性。

通过切削该综合试件可以检查平面度和斜度，还可以反映定位精度中的周期误差。数控铣床综合试件的检验见表 3-4，可以根据需要选择检验其中的若干项。

表 3-4　　　　数控铣床综合试件的检验

序号	检验项目	允差	示意图
1	平面度	0. 02 mm/300 mm	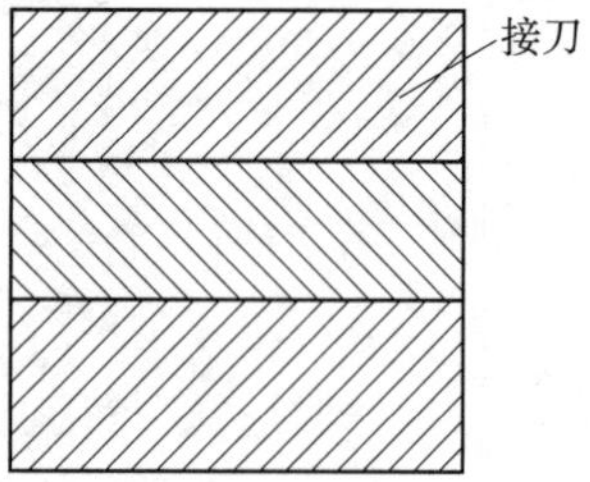
2	接刀台阶	0. 015 mm	
3	平行度	0. 02 mm/200 mm	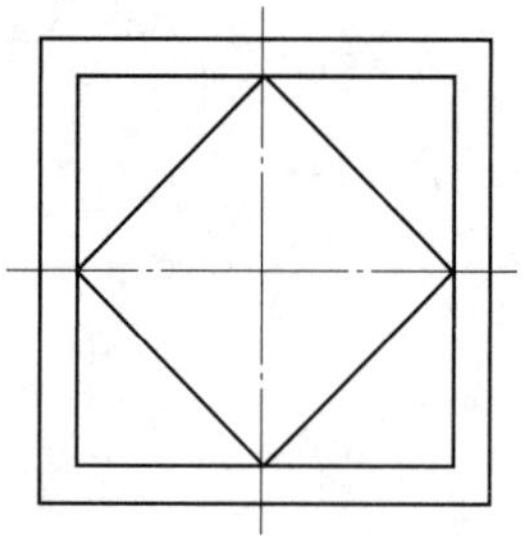
4	垂直度	0. 02 mm/200 mm	
5	直线度	0. 01 mm/200 mm	
6	圆度	0. 06 mm	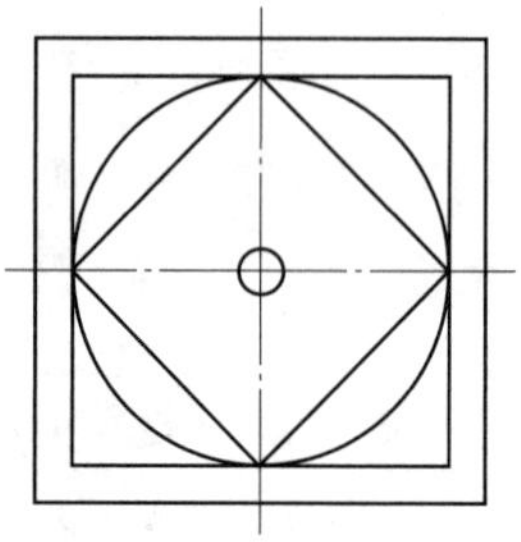
7	小角度切削偏差	0. 06 mm/300 mm	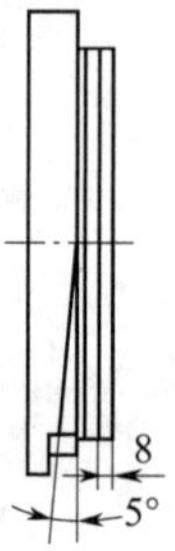

续表

序号	检验项目	允差	示意图
8	孔间距	0.025 mm/200 mm	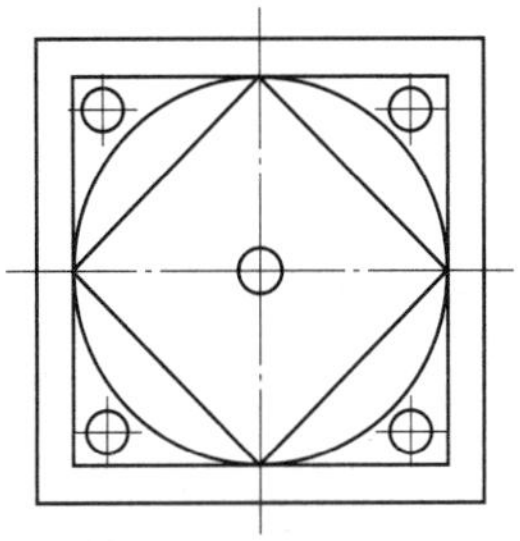
9	孔径偏差	0.03 mm/ϕ30 mm	

学习单元 5　数控铣床性能与数控功能检验

学习目标

- 熟悉数控铣床的各系统性能检验项目
- 熟悉数控铣床的数控功能检验项目

知识要求

数控机床性能和数控功能将影响机床运行的可靠性和正确性，对此方面的检验要全面、细致。

一、机床外观检查

数控机床是高技术设备，其外观质量的要求很高。机床总体的外观检查内容包括：检查机床是否破损，检查外部部件是否坚固，检查各部件连接是否可靠。特别要注重对数控系统的检查，其主要内容包括：检查系统操作面板、机床操作面板、CRT、位置检测装置、电源、伺服驱动装置、电气控制柜有无破损，检查安装有脉冲编码器的伺服电动机，特别是观察其外壳有无磕碰的痕迹。

二、机床性能检验

数控机床的性能检验一般包括十几项内容，主要内容如下。

1. 主轴系统性能检验

（1）手动操作。选择高、中、低三挡主轴转速，连续进行5次正转和反转的启动、停止，检验主轴动作的灵活性和可靠性。

（2）手动数据输入。用手动数据输入的方式，使主轴从最低一级转速开始运转，逐级提高到允许的最高转速，实测各级转速值，允差为设定值的±10%，同时观察机床的振动。主轴在长时间（一般为2 h）高速运行后，允许温升为15℃。

（3）主轴准停。连续操作5次主轴准停装置，检验动作的可靠性和灵活性。

（4）刀柄夹紧与放松。通过手动操作和手动数据输入方式检查刀柄交换时夹紧与放松的可靠性和灵活性，检验最大允许质量刀柄的可靠性等。

2. 进给系统性能检验

（1）手动操作。分别对各坐标轴进行手动操作，试验正、反方向的低、中、高速进给，以及快速移动的启动、停止、点动等动作的平稳性和可靠性。

（2）手动数据输入。用手动数据输入的方式测定G00和G01下各种进给速度，允差为设定值的±5%。

（3）软硬限位。上述两种方法可检验各伺服轴在进给时软硬限位的可靠性。数控机床的硬限位是通过行程开关来确定的，一般在各伺服轴的极限位置。因此，行程开关的可靠性就决定了硬限位的可靠性。软限位是通过设置机床参数来确定的，限位范围是可变的。软限位是否有效可通过观察在到达设定位置时伺服轴是否停止来确定。

（4）回原点。用回原点方式（REF）可检验各伺服轴回原点的可靠性。

3. 其他性能检验

（1）机床噪声。机床空运转时的总噪声不得超过标准规定（80 dB）。数控机床由于大量采用电气调速装置，最大的噪声源往往不是主轴箱的齿轮，而是主轴电动机的冷却风扇、液压系统的油泵等。

（2）电气装置。在电气装置运转试验前、后分别做一次绝缘检查，检查接地线的质量，确认绝缘的可靠性。

（3）安全装置。检查对操作者的安全性和机床保护功能的可靠性，如检查各种安全防护罩，机床各运动坐标行程极限保护自动停止功能，各种电流、电压过载保护，主轴电动机过热、过负荷时的紧急停止功能等。

（4）润滑装置。检查定时定量润滑装置的可靠性，检查润滑油路有无渗漏，以及到各润滑点的油量分配等功能的可靠性。

（5）气、液装置。检查压缩空气和液压油路的密封、调压功能，检查液压油箱的正常工作情况。

(6) 附属装置。检查机床各附属装置的工作可靠性，例如，切削液装置能否正常工作，排屑器的工作质量是否合格，冷却防护罩有无泄漏，APC 工作台工作是否正常，带重负载的工作台面自动交换功能是否正常，配置接触式测头的测量装置能否正常工作及有无相应测量程序等。

三、数控系统检验

1. 数控装置检验

检查数控箱的各种指示灯，检查磁盘驱动器、操作面板、电气柜冷却风扇、密封条等功能是否正常可靠。检查数控柜内部元器件的紧固情况。

(1) 螺钉紧固。检查输入变压器、伺服用电源变压器、输入单元、电源单元等有接线端子处的螺钉是否都已拧紧，需要盖罩的接线端子座（该处电压较高）是否都有盖罩。

(2) 连接器紧固。数控箱内所有连接器、扁平电缆插座都由紧固螺钉紧固，检查它们连接是否牢固，接触是否良好。

(3) 印制电路板紧固。检查固定印制电路板的紧固螺钉是否拧紧，检查印制电路板上各 EPROM、RAM 等是否插入到位。

2. 数控功能检验

(1) 运动指令功能。检查快速移动指令、直线及圆弧等插补指令的正确性。

(2) 准备指令功能。检查坐标系选择、平面选择、暂停、刀具长度和半径补偿、镜像功能、极坐标功能、自动加减速、固定循环、用户宏程序等指令的准确性。

(3) 辅助指令及操作功能。检查回原点、单程序段运行、程序段跳读、主轴和进给倍率调整、进给保持、紧急停止、主轴和切削液泵的启动与停止等功能的准确性。

(4) CRT 显示功能。检查位置显示、程序显示、菜单显示、编辑修改等功能的准确性。

3. 连续空载运行检验

让数控机床长时间连续运行是综合检查整台机床各种自动运行功能可靠性的最好办法。数控机床出厂前，一般都要经过 96 h 的自动连续运行，用户在调整及验收时，一般只要做8~16 h 的自动连续运行检验就可以了。一般来说，机床 8 h 连续运行不出故障，表明其可靠性已达到一定水平。在连续运行前，必须事先编制一个功能比较齐全的程序。

(1) 主轴转速要包括标称的高、中、低转速中的 5 种以上转速，以及正转、反转和停止。

(2) 各坐标轴运动要包括标称的高、中、低进给速度及快速移动，进给移动范围在全行程的 1/2 以上。

(3) 尽量使用自动加工所用的一些功能和代码。

(4) 自动换刀要用到 2/3 以上的刀号，刀柄质量在中等以上。

（5）有特殊功能的必须进行检验，如测量功能、APC 交换、用户宏程序等。

第 2 节　零件误差分析

学习单元 1　零件误差检验

学习目标

- 掌握零件直线度、平面度、轮廓度误差检验的一般方法
- 熟悉零件定向误差、定位误差检验的一般方法
- 掌握机械加工表面质量的基本内容与表面粗糙度的一般测量方法
- 了解测量零件误差的轮廓投影仪、圆度仪，熟悉三坐标测量机

知识要求

一、零件一般误差检验方法

1. 直线度误差检验

对于较短的被测直线，可用刀口形直尺、平尺、平晶、精密短导轨等进行测量；对于较长的被测直线，可用水平仪、拉紧的优质钢丝等进行测量。

（1）光隙法。如图 3-26 所示，将刀口形直尺（或平尺）的刃口放在被测零件表面。当刀口形直尺（或平尺）与被测零件贴紧时，便符合误差最小条件。此时，刀口形直尺（或平尺）与被测实际线之间所产生的最大间隙即为所测直线的直线度误差。误差的大小应根据光隙测定。当光隙较小时，可按标准光隙来估读；当光隙较大时，则可用塞尺进行测量。

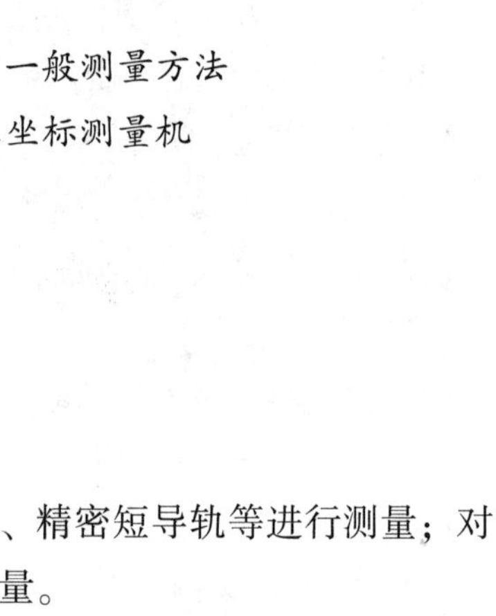

图 3-26　用刀口形直尺测量直线度误差

（2）指示器检验法。如图 3-27 所示，测量某锥面的直线度误差时，首先将零件固定在可调支撑上，再将其放在测量平板上，然后将被测要素的两端点

调整到与平板等高，移动指示器（如百分表）在被测要素的全长范围内进行测量，同时记录读数。根据记录的读数，用计算法（或图解法）按最小条件（即两端点连线）计算直线度误差。

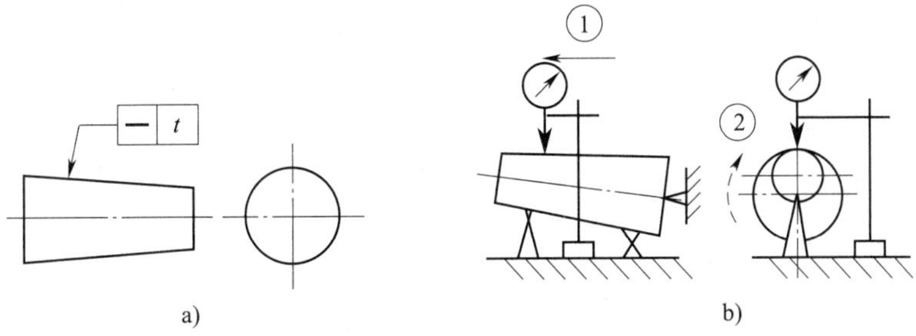

图 3-27　直线度误差检验

a）被测零件　b）用指示器检验直线度误差

按上述方法测量若干条素线，取其中最大的误差值作为该被测零件的直线度误差。

2. 平面度误差检验

（1）斑点法。斑点法又称涂色法，主要用于检验刮研的零件表面。它是在零件的表面均匀地涂上一层红丹粉，然后将标准平板的工作面与零件表面相接触，均匀地拖动标准平板，使被测零件的表面上出现斑点。平面度误差合格与否，由 25 mm×25 mm 正方形内的斑点数来决定。斑点越多、越均匀，说明平面度误差越小。

（2）指示器检验法。检验工具为平板、带百分表的测量架、固定和可调支撑块。检验方法如图 3-28 所示，将被测零件通过固定和可调支撑块支撑在平板上，带百分表的测量架放在平板上，并使百分表测头垂直地指向被测零件的表面。

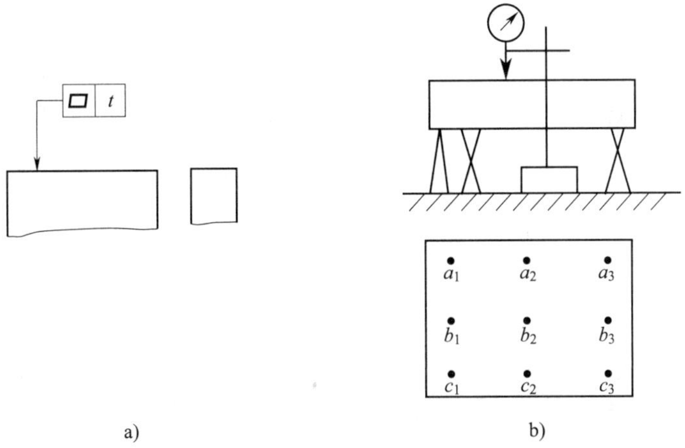

图 3-28　平面度误差检验

a）被测零件　b）用百分表检验平面度误差

调整可调支撑块，使被测表面最远的三个点（一般取被测表面四个角中的三个点）a_1、a_3、c_1与平板等高，即百分表在该三点处的读数相同，然后再按一定的布局测量被测表面上的其他点，同时记录各点的读数值。取得全部被测点的测量值后，按最大与最小读数之差来确定被测表面的平面度误差。必要时，可根据记录的读数用计算法或图解法按最小条件计算平面度误差。

3. 轮廓度误差检验

轮廓度反映被测的实际曲线或曲面符合理想曲线或曲面的程度。轮廓度分为线轮廓度和面轮廓度两种。线轮廓度可以控制二维平面内的曲线，也可以控制空间曲面上某一剖面内的轮廓曲线。面轮廓度是控制三维空间内的曲面的。轮廓度误差的检验方法有样板检验法、坐标测量法、投影仪法等。

（1）样板检验法。样板检验法是根据被测零件的理想形状制作工作样板，将工作样板的形状模拟为理想形状与被测形状相比较，所以样板检验法是“与理想要素比较原则”的具体实例。

如图 3-29 所示，检验时，将轮廓样板按规定的方向放置在被测零件上，使样板工作面与被测曲线相接触，并使两者之间的最大间隙为最小，该间隙即为被测轮廓的轮廓度误差。间隙大小按标准光隙来获得。

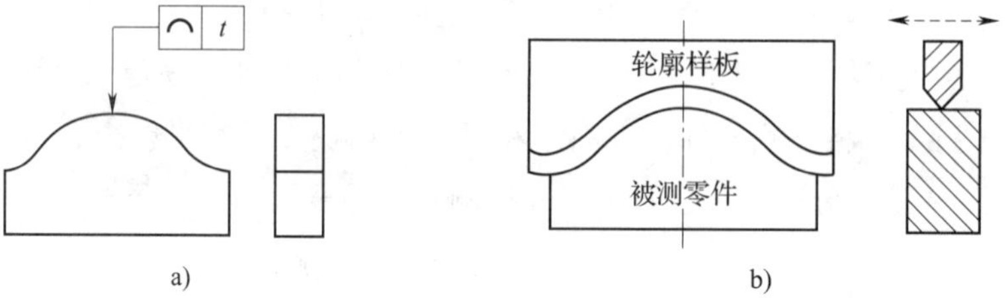

图 3-29　轮廓度误差的样板检验法

a）被测零件　b）用样板检验轮廓度误差

（2）坐标测量法。用坐标法测量轮廓度误差时，可根据被测零件的结构特征采用直角坐标测量法或极坐标测量法。

坐标测量法特别适用于给出基准的轮廓度误差测量。测量时，由于把测量基准与设计基准重合在一起，因此在仪器上测得的一系列实际坐标值可与理论坐标值一一进行比较，从而确定轮廓上各被测点的误差值。最终取其中差值最大的绝对值的两倍作为该轮廓度的误差。

4. 定向误差检验

（1）平行度误差检验。平行度误差是反映平面和直线之间关系的定向位置误差。

图 3-30 所示为面对基准面的平行度误差检验。在保证精度的情况下，可用检验平板的工作面作为模拟基准来完成测量工作。

测量时，将被测零件的基准面放置在平板上，并将带指示器（如百分表）的测量架也放置在平板上，调整测量架的高度，使指示器的测头垂直地与被测表面接触，前后、左右移动测量架，并观察指示器的数值变化。最终取指示器的最大读数与最小读数之差作为该零件的平行度误差。

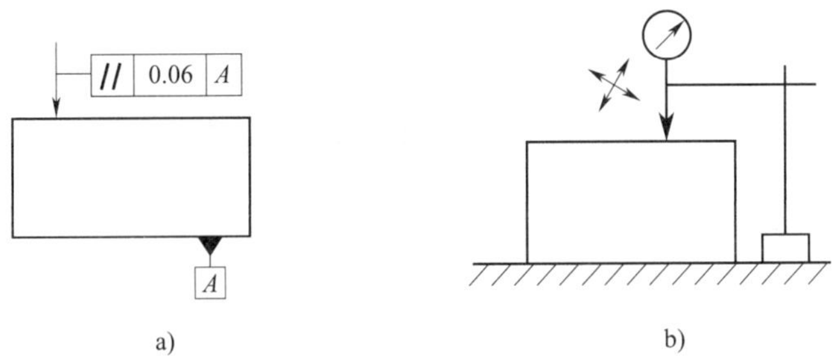

图 3-30　面对基准面的平行度误差检验

a）被测零件　b）用指示器检验面对基准面的平行度误差

对于沟槽类零件，在平行度公差要求不太高的情况下，可用实际基准面作为模拟基准来完成测量工作，如图 3-31 所示。

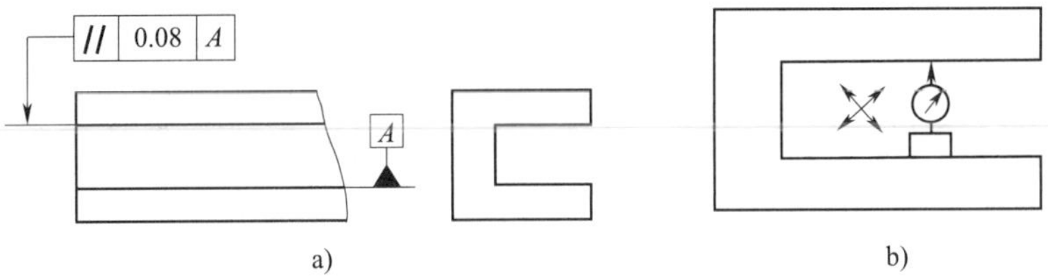

图 3-31　沟槽的平行度误差检验

a）被测零件　b）用指示器检验沟槽的平行度误差

根据平面和直线两类几何要素的相对关系，平行度误差类型中除了有面对基准面以外，还有线对基准面、面对基准线和线对基准线。如果基准直线和被测直线为孔的中心线，可由标准心轴来模拟体现中心线，检验方法相同。

（2）垂直度误差检验。与平行度误差类似，垂直度误差是反映平面和直线之间关系的定向位置误差。图 3-32 所示为生产现场常用的测量面对基准面的垂直度误差的简易方法。该方法的测量基准由平板工作面模拟体现，垂直基准由垂直量具（直角尺）模拟体现。通过垂直量具的转换，测量基准和被测平面成平行关系，这样就将垂直度误差的测量转化成平行度误差的测量。

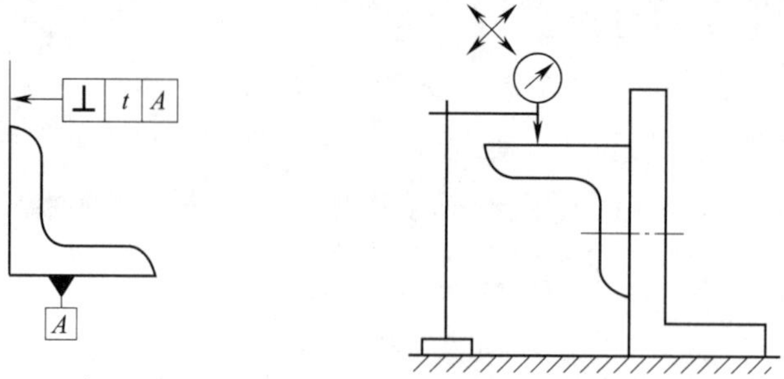

图 3-32　面对基准面的垂直度误差检验

a）被测零件　b）用垂直量具检验面对基准面的垂直度误差

根据平面和直线两类几何要素的相对关系，垂直度误差类型中除了有面对基准面以外，还有线对基准面、面对基准线和线对基准线。如果基准直线和被测直线为外圆轴线，可用两相互垂直的母线来模拟体现被测实际轴线；如果基准直线和被测直线为孔的中心线，可由标准心轴来模拟体现被测实际轴线，检验方法相同。

5. 定位误差检验

（1）同轴度误差检验。同轴度误差是指被测实际轴线相对于基准轴线的变动量。在同轴度的概念中，被测要素的理想轴线与基准轴线同轴，起定位作用的理论正确尺寸为零，这就是定位误差的特点之一。

以公共轴线为基准的同轴度误差检验如图 3-33 所示，其中公共基准轴线由 V 形块模拟体现，平板工作面为测量基准。

测量时，先将基准轮廓要素的中截面放置在两个等高的刀口形 V 形块上，将两指示器分别与被测要素的上、下母线接触。在平板上沿基准轴线的平行方向拉动测量架，分别记录两指示器的读数，取最大值与最小值之差的绝对值为该截面的同轴度误差。转动被测零件，测量若干截面，取其中的最大值为该零件的同轴度误差。

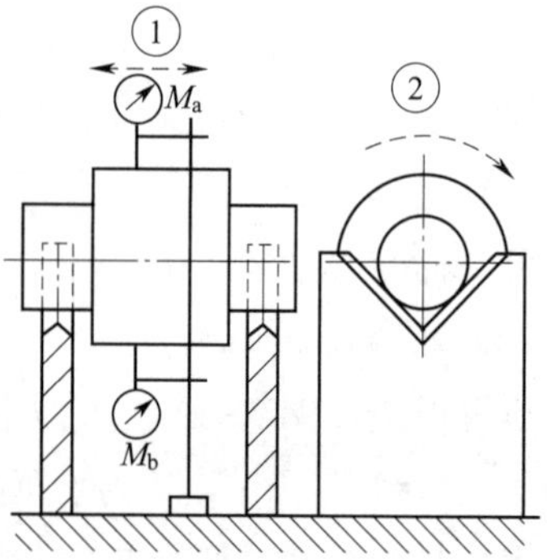

图 3-33　同轴度误差检验

（2）对称度误差检验。对称度误差是指被测实际中心要素（如对称中心平面、轴线等）对基准中心要素的变动量。图 3-34 所示为槽的上、下两平面的对称中心平面对基准上、下两平面的对称中心平面的对称度（重合度）误差检验。

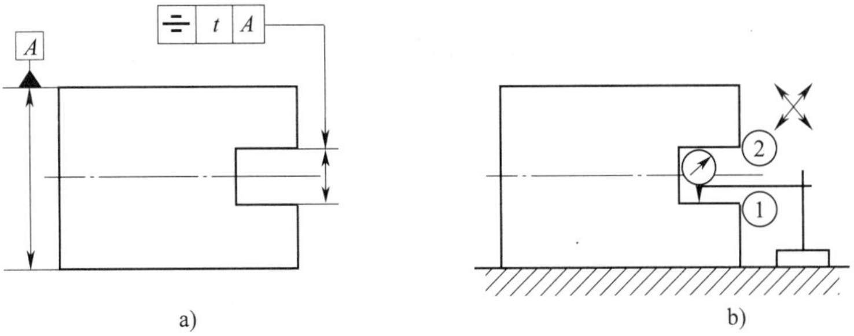

图 3-34　对称度误差检验

a）被测零件　b）用指示器检验对称度误差

这种检验方法通过在平板上两次定位来体现基准中心平面，同时以平板作为测量基准，以被测要素的实际轮廓要素来体现被测要素。

检验时，将被测零件放置在平板上，测量被测表面与平板之间的距离；再将被测零件翻转后，测量另一被测表面与平板之间的距离。最终取测量截面内对应两测量点的最大差值作为对称度误差。

二、机械加工表面质量

表面质量是指零件加工后的表层状态，它包含了零件加工后的微观几何形状误差和物理力学性能，是衡量机械加工质量的一个重要方面，会对零件或产品的使用性能和使用寿命产生很大的影响。

1. 表面的几何特征

（1）表面粗糙度。表面粗糙度是指加工表面上具有的很小间距的波峰、波谷组成的微观几何形状特性，它主要是由所使用的刀具、切削用量、加工方法及其他因素造成的，波高与波长的比值一般大于 1∶50。表面粗糙度对零件的使用性能有很大的影响。

（2）表面波纹度。表面波纹度是介于微观几何误差和宏观几何误差之间的中间几何误差，它主要是由工艺系统的低频振动造成的，波高与波长的比值一般为 1∶1 000～1∶50。波高与波长的比值如果小于 1∶1 000，则该误差属于宏观几何形状误差，可以用加工精度中的形状误差来表示。

（3）表面加工纹理。表面加工纹理是指表面微观结构的主要方向。它是由形成表面的过程中所采用的加工方法、主运动与进给运动的关系决定的。

（4）伤痕。伤痕是指在加工表面的某个位置上出现的缺陷，包括气孔、划痕、裂纹、砂眼等。

2. 表面层力学性能

（1）表面层加工硬化。表面层加工硬化主要是由切削过程中的切削力、切削热等因素造成的，主要参数是硬化层的深度和硬化程度。

（2）表面层金相组织变化。切削时产生的高温往往造成工件表层的金相组织发生变化，从而降低了表面的力学性能。

（3）表面层残余应力。在毛坯铸造和工件热处理的过程中，整体冷却速度不均匀及切削加工时的切削力作用会使表面层产生残余应力。

3. 表面质量对零件使用性能的影响

（1）对零件耐磨性的影响。由于加工后的零件表面凹凸不平，因此配合表面实际上只在一些凸峰顶部接触。当零件受力的作用时，凸峰部分单位面积上的应力就增大。表面越粗糙，实际接触面积就越小，凸峰处单位面积上的应力也就越大。

表面粗糙度的轮廓形状和加工痕迹方向对耐磨性也有显著影响，因为它们直接影响金属表面的实际接触面积和润滑液的存在状态。在轻载并充分润滑的情况下，两表面加工痕迹方向和运动方向相同时磨损较小。

工件表面在加工过程中产生剧烈的塑性变形后，其强度、硬度都得到提高并达到一定深度层，这种现象称为冷作硬化。表面层的冷作硬化提高了表面的硬度和表层的接触刚度，减少了摩擦表面间发生弹性变形和塑性变形的可能性，使金属之间的咬合现象减少，耐磨性提高。

（2）对零件疲劳强度的影响。由于表面微观不平的凹谷处在交变载荷作用下容易形成应力集中，产生和加剧疲劳裂纹，以致疲劳损坏，因此减小表面粗糙度值可提高零件的疲劳强度。

表面层在加工或热处理过程中会产生残余的拉应力或压应力。当工作载荷产生的拉应力叠加后大于材料强度的承受度时，表面会产生疲劳裂纹。

表面层冷作硬化对零件的疲劳强度也有影响，适当的加工硬化能阻碍已有裂纹的继续扩大和新裂纹的产生，有助于提高零件的疲劳强度。

（3）对零件耐腐蚀性的影响。表面残余应力使零件表面紧密，腐蚀性物质不宜渗入，可增强零件的耐腐蚀性。

（4）对零件配合性质的影响。在间隙配合中，如果零件的配合表面粗糙，会使表面顶峰部分产生很大的剪切力，从而在开始运转时即被剪断，工作过程的初期磨损量大，使配合间隙增大。

在过盈配合中，如果零件的配合表面粗糙，装配时表面上的顶峰会被挤平，使有效过盈量减小，降低了过盈配合的强度，同样也降低了配合精度。

4. 表面粗糙度的检测

（1）表面粗糙度的评定。加工时，切削速度对表面粗糙度的影响很大，所以通常采用低速或高速切削塑性材料，这可有效避免积屑瘤的产生，减小表面粗糙度值。对于同种材料，其晶粒组织越大，加工表面粗糙度值就越大，所以常在加工前安排正火和调质处理，以获得均匀、细密的晶粒组织。一般来说，韧性较好的塑性材料加工后的表面粗糙度值也较大。

表面粗糙度最为常用的评定参数是轮廓算术平均偏差 *Ra*。表 3-5 所列为常用加工方法能获得的表面粗糙度值。

表 3-5　　常用加工方法与相应表面粗糙度值

加工类型	加工方法	加工精度	相应表面粗糙度值 *Ra*（μm）	标注代号	表面特征	应用举例
粗加工	粗铣、钻削	IT12	50～25	U *Ra* 50 L *Ra* 25	可见明显刀痕	静止配合面、底板、垫块、垫圈
		IT11	12. 5	*Ra* 12.5	可见刀痕	静止配合面、螺钉不接合面
半精加工	精铣、粗磨	IT10	6. 3	*Ra* 6.3	可见加工痕迹	轴、套不接合面
		IT9	3. 2	*Ra* 3.2	微见加工痕迹	要求较高的轴、套不接合面
精加工	精铣、磨削、铰削	IT8	1. 6	*Ra* 1.6	不见加工痕迹	一般的轴、套不接合面
		IT7	0. 8	*Ra* 0.8	可辨加工痕迹方向	要求较高的接合面
精密加工	精磨、研磨	IT6	0. 4	*Ra* 0.4	微辨加工痕迹方向	凸轮轴轴颈、轴承内孔
		IT5	0. 2	*Ra* 0.2	不辨加工痕迹方向	活塞销孔、高速轴颈

（2）表面粗糙度的检测方法

1）比较法。比较法是借助视觉、触觉，或放大镜、比较显微镜等工具将被测表面与标有一定评定参数值的表面粗糙度比较样块进行比较，从而判断被测表面的表面粗糙度的一种方法。选择表面粗糙度比较样块时，其材料、形状、加工方法、加工纹理方向等应尽可能与被测表面相同，否则将产生较大的误差。

用比较法评定表面粗糙度虽然不能精确地得出被测表面的表面粗糙度值，但由于器具简单，使用方便，能满足一般的生产需要，因此在生产现场常用于评定表面粗糙度值较大的表面。

2）光切法。光切法是应用光切原理测量表面粗糙度值的一种测量方法。按光切原理制成的仪器叫作光切显微镜。

3）干涉法。干涉法是应用光波干涉原理测量表面粗糙度值的一种测量方法。按干涉原理制成的仪器叫作干涉显微镜，该仪器主要用于测量 *Rz* 值，其测量范围为 0.032～0.8 μm。

4）针描法。针描法是一种接触式测量表面粗糙度值的方法，使用较多的仪器是电动轮廓仪，它可直接显示 *Ra* 值，测量范围为 0.02～5 μm。

针描法测量迅速、方便，可直接读出 *Ra* 值，并能在车间现场使用，因此得到了广泛的应用。

三、零件误差检验常用仪器

1. 轮廓投影仪

轮廓投影仪的测量参数包括点、线、圆弧、构造角度、构造距离、自动摆正、坐标原点。轮廓投影仪采用相对测量法，即在投影屏上把工件放大的影像和按一定比例绘制的标准图形相比较，以检验工件是否合格。轮廓投影仪透射照明系统用于测量被测零件轮廓的形状或尺寸。轮廓投影仪按光路形式可分为立式和卧式两大类。立式轮廓投影仪如图 3-35 所示。

图 3-35　立式轮廓投影仪

2. 圆度仪

圆度仪是一种利用回转轴法测量工件圆度误差的测量工具。多功能圆度仪还能用于测量各种轴类工件的圆度、表面波纹度、同心度、同轴度、频谱、波高、平面度、平行度、垂直度、轴弯曲度、偏心、跳动量等。

圆度仪按结构不同可分为工作台旋转式圆度仪和传感器旋转式圆度仪两大类。工作台旋转式圆度仪与传感器旋转式圆度仪的工作原理基本相同，所不同的是，工作台旋转式圆度仪的工作台是转动的，而传感器旋转式圆度仪的工作台则固定放在某位置上，或仅做上下直线运动。

工作台旋转式圆度仪（见图3-36）由于只有工作台自身转动，因此测量范围大，可方便地进行多种测量，如直线度、垂直度、圆柱度等。但由于这种仪器的工作台和被测零件的质量均由轴承所承受，因此被测零件的质量受到一定限制。

传感器旋转式圆度仪的传感器装在主轴的下端，旋转轴的载荷轻，因此有利于提高主轴的回转精度，测量精确度比工作台旋转式圆度仪高。同时，由于工作台和被测零件都处在静止状态，因此仪器的承载能力强。

3. 三坐标测量机

三坐标测量机是一种高效精密测量仪器，可对复杂三维形状的工件实现快速测量，它是由测头测量被测工件的 X、Y、Z 三个坐标值来确定被测点的空间位置的，其测量结果可绘成图形或打印输出。三坐标测量机综合应用了电子技术、计算机技术、精密测量技术、激光干涉技术等先进技术，其组成主要包括测量系统、控制系统、坐标显示系统、数据输出系统等。

三坐标测量机如图3-37所示。其工作原理是：先通过测头（传感器）接触或不接触工件表面，由计算机进行数据采集，再通过运算并与预先存储的理论数据相比较，最后输出测量结果。三坐标测量机适用于测量各种复杂型面，如叶片、曲线轮廓、机械零件、箱体、工具和夹具等在直角坐标系或极坐标系内的孔距、角度、锥度、直线尺寸、几何公差、径向和轴向振摆等。

图3-36 工作台旋转式圆度仪

图3-37 三坐标测量机

学习单元 2 产生加工误差的原因分析

学习目标

- 熟悉机械加工误差的组成与分类
- 掌握工艺系统的几何误差引起的误差内容
- 掌握工艺系统刚度与热变形引起的误差内容
- 掌握数控编程误差的内容及其原因
- 熟悉数控控制跟随误差的内容及其原因
- 掌握零件平面加工误差、孔加工误差的分析方法

知识要求

一、机械加工误差的分类

在机械加工时，机床、夹具、刀具和工件构成了一个完整的系统，称为工艺系统。

在切削加工过程中，决定加工表面几何形状、尺寸和相对位置的工艺系统各部件间相对位置偏移造成了加工误差。机械加工误差主要分为两大类：一类是工艺系统本身的初始几何误差；另一类是在切削过程中工艺系统变形所引起的误差。另外，数控加工还有数控系统方面的误差。

工艺系统的几何误差又可分为两大类：一类是工件与刀具的相对位置在运动状态下的误差，如机床的制造、安装与磨损误差，主要包括机床主轴回转误差、导轨导向误差、传动链传动误差等；另一类是工件与刀具的相对位置在静止状态下的误差，如刀具和夹具的制造误差与磨损、调整误差和工件定位误差等。

工艺系统切削变形误差也可分为两大类：一类是工艺系统力效应引起的变形误差，如工艺系统受力变形误差、工件内应力引起的变形误差等；另一类是工艺系统热效应引起的变形误差，如机床、刀具、工件的热变形误差等。

另外，环境温度、测量方法、操作者的技术水平等都对加工精度有影响。

对于数控机床，加工误差还包括数控系统造成的误差，如编程误差、控制跟随误差等。

二、工艺系统的几何误差

1. 机床的几何误差

机床的几何误差主要包括机床本身的制造误差、安装误差和磨损误差三个方面。其中，影响较大的误差有主轴回转误差、导轨导向误差和传动链传动误差。

（1）主轴回转误差。机床主轴是工件或刀具的位置和运动基准，它的误差直接影响工件的加工精度。主轴回转误差主要表现在轴向窜动、径向跳动、角度摆动等方面。影响主轴回转精度的主要因素有轴承精度、轴承间隙、主轴系统的刚度与热变形等。

（2）导轨导向误差。机床床身导轨的制造误差、工作台与床身导轨之间的配合误差是影响直线运动精度的主要因素。导轨的各项误差将直接反映到被加工表面的形状误差中。例如，用卧式镗床加工箱体零件的孔时，床身水平平面导轨的直线度误差会影响孔的直线度误差。

（3）传动链传动误差。在切削过程中，工件表面的成形运动是通过一系列的内联系传动机构来实现的，传动过程中的磨损构成了传动链传动误差。在数控机床中，滚珠丝杠螺距误差是进给传动链中的主要传动误差，误差较大时，可以通过调整滚珠丝杠本身的消隙机构来加以消除，剩余较小的误差可以通过数控系统的螺距误差补偿参数加以调整。

2. 刀具和夹具的制造误差

机械加工中常用的刀具有一般刀具、定尺寸刀具和成形刀具。

一般刀具（如铣刀、镗刀等）的制造误差对加工精度没有直接影响。定尺寸刀具（如钻头、铰刀、拉刀等）的尺寸误差直接影响工件的尺寸精度。成形刀具的制造误差直接影响被加工表面的形状精度。

夹具的制造误差一般指定位元件、导向元件、夹具体等零件的加工和装配误差。这些误差对工件的精度影响较大，所以在设计和制造夹具时，凡影响零件加工精度的尺寸均要严格控制。

3. 刀具磨损造成的误差

刀具磨损会直接影响刀具相对于被加工表面的位置，造成工件的尺寸误差。例如，镗孔时，镗刀在切削过程中磨损会使孔呈现锥形的圆柱度误差。

一把新磨砺好的刀具经过一段时间的切削后，会出现已加工表面粗糙度值显著增大，工件尺寸超差，切削温度升高，切屑的颜色和形状与初始切削时不同，切削力增大，甚至出现振动或不正常的噪声现象，此时刀具可能已经磨损。

（1）刀具磨损的形式。刀具磨损的形式可分为正常磨损和非正常磨损两大类。

1）正常磨损。在切削过程中，刀具的前面、后面经常与切屑、工件接触，在接触区发生强烈的摩擦，同时产生很高的温度和压力，因此刀具的前面和后面都会发生磨损，如图 3-38 所示。

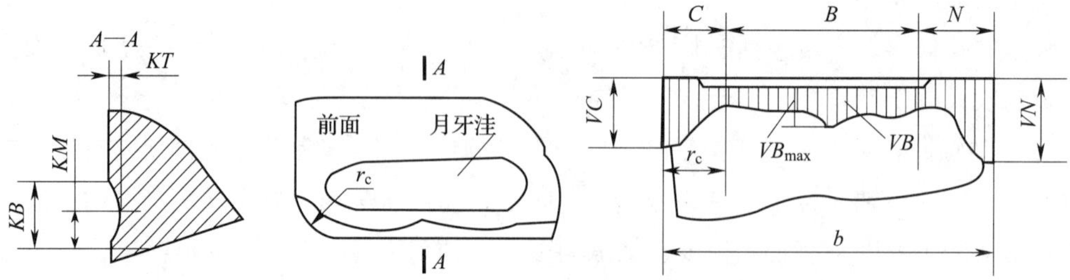

a)　　b)

图 3-38　刀具正常磨损

a）前面磨损　b）后面磨损

刀具正常磨损中，后面磨损最常见，特别是在切削速度较低、切削厚度较小的情况下最容易出现后面磨损。在切削塑性材料时，经常会发生前面和后面同时磨损的现象。加工脆性材料产生崩碎切屑时，切削力波动大，切削力和切削热都集中在刃口附近，使刀具刃口极易磨损和崩落，同时还会引起振动，影响加工表面质量。

2）非正常磨损。在生产过程中，有时刀具不是逐渐磨损的，而是突然崩刃、卷刃或刀片整个碎裂。这种刀具的先期破坏显然是不正常的，称为非正常磨损。

造成刀具非正常磨损的原因很多，主要包括：刀具材料的韧性或硬度太低；刀片底面与刀垫有间隙，切削时发生刀尖打刀现象；刀尖或切削刃工作部分有缺口；切削速度过大，刀具磨损严重；切削用量过大，以致切削力太大或切削温度太高，使切削时刀尖处冒火花，甚至有很明显的吱吱声。当发现刀具非正常磨损时，应立即找出原因并及时解决。

（2）刀具磨损的过程。刀具磨损的过程分成三个阶段，如图 3-39 所示。*OA* 为初期磨损阶段，*AB* 为正常磨损阶段，*BC* 为剧烈磨损阶段。

刀具磨损值的大小直接影响加工质量，一般按后面的磨损尺寸来制定磨钝标准。通常，磨钝标准是指后面磨损带中间平均磨损量允许达到的最大磨损尺寸，以符号 *VB* 表示，如图 3-39 所示。

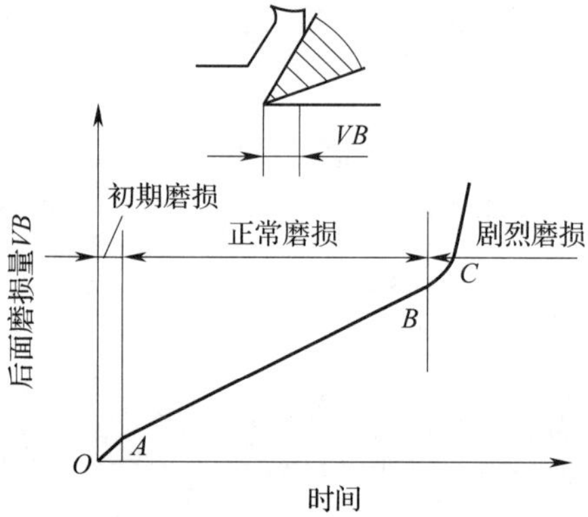

图 3-39　刀具磨损的过程

在正常磨损阶段，数控铣床可以利用刀具长度补偿、刀具半径补偿进行磨损补偿，保持原来的加工精度。

（3）刀具耐用度。刀具由开始切削一直到磨损量达到磨钝标准为止的总切削时间称为刀具耐用度，用符号 T 表示。

刀具耐用度与刀具寿命的含义不同。刀具寿命是表示一把新刀具从投入切削到报废为止的总实际切削时间，其中包括该刀具多次重磨后的切削时间，因此刀具寿命等于这把刀的刃磨次数乘以刀具耐用度。

数控机床具有刀具寿命管理功能，即使用多把刀具时，将刀具按寿命分组，并在 CNC 系统的刀具管理表上预先设定好刀具的使用顺序。加工中使用的刀具达到寿命值时可自动或人工换上同一组的下一把刀具，同一组的刀具用完后就使用下一组刀具。刀具寿命的单位可用参数设定为“使用时间”或“使用次数”。

刀具寿命管理按使用次数指定刀具寿命时，在一个加工过程中，同组刀具若被指定了不止一次，则计数器也增加 1，并且不选择新刀具。数控系统设有专用指令来指定刀具寿命，FANUC-0i 系统中设定刀具寿命数据开始的指令是 G10 L3。在设定刀具寿命管理后，程序中的刀号是指组号。

三、工艺系统的切削变形误差

1. 工艺系统刚度与误差

切削时被加工表面法线方向上作用的总切削力与该方向上刀具或工件相对位移的比值称为工艺系统刚度。由工艺系统刚度所引起的加工误差主要包括以下内容。

（1）受力点位置变化引起的变形。工艺系统刚度除受各组成部分刚度的影响外，还随切削力着力点位置的变化而变化，从而易产生工件形状误差。

（2）“误差复映”。在切削加工中，由于被加工表面的几何形状误差或材料的硬度不均匀引起切削力变化，从而造成工件误差的现象称为“误差复映”。

（3）组成部分位置变化引起的变形。工艺系统在切削力、夹紧力、重力、惯性力等作用下会产生变形，从而破坏工艺系统各组成部分的相互位置关系，产生加工误差并影响加工过程的稳定性。

2. 工艺系统的振动与误差

以上分析的刚度是工艺系统切削力呈稳定状态时的刚度，称为“静刚度”。如果工艺系统的受力呈交变状态，则产生振动。通常把交变切削力的交变幅值与工艺系统受迫振动的幅值之比称为“动刚度”。一般情况下，“动刚度”与“静刚度”成正比，与系统的阻尼成反比，增大机床或整个工艺系统的阻尼可以减小受迫振动。

实践表明，静刚度主要影响工件的几何精度，而动刚度除引起加工尺寸误差外，还影响表面粗糙度、表面波纹度，从而影响零件精度。镗孔时，镗杆的受力变形严重地影响加工精度，为减小镗孔时的振动，减小变形，应尽量提高工艺系统刚度。工艺系统刚度低和机床功率小时，为减小切削力和振动，刀具宜选用较大的前角。

3. 工艺系统的热变形与误差

在加工过程中，受切削热、摩擦热及工作场地周围热源的影响，工艺系统的温度会产生复杂的变化。在各种热源的作用下，工艺系统会发生变形，导致系统中各组成部分原本正确的相对位置发生改变，使工件与刀具的相对运动产生误差。

（1）工件热变形。在切削加工中，工件热变形主要是由切削热引起的，有些大型精密零件同时还受环境温度的影响，在热膨胀下达到的加工尺寸冷却后收缩变小，甚至超差。例如，细长轴在顶尖间加工时，工件受热伸长，如果顶尖间的距离保持不变，工件受顶尖的压力会产生弯曲变形。因此，为避免热变形对加工精度的影响，对于较长的工件，不应使其两端夹紧牢固，而应使其自由伸缩。

（2）刀具热变形。虽然大部分切削热会被切屑带走，传入刀具的热量不多，但因为刀具工作部分体积小，热容量有限，所以刀具切削部分的温度会急剧升高。因此，在切削过程中要注意充分冷却。切削液应该在切削前就开始浇注，直至刀具退出为止。

（3）机床热变形。机床在加工过程中，在内、外热源的影响下，各部分温度将发生变化。由于热源分布的不均匀和机床结构的复杂性，机床会产生不同程度的热变形而丧失原有的精度，如图 3-40 所示。这使刀具和工件的相对位置产生变化，从而降低了加工精度。

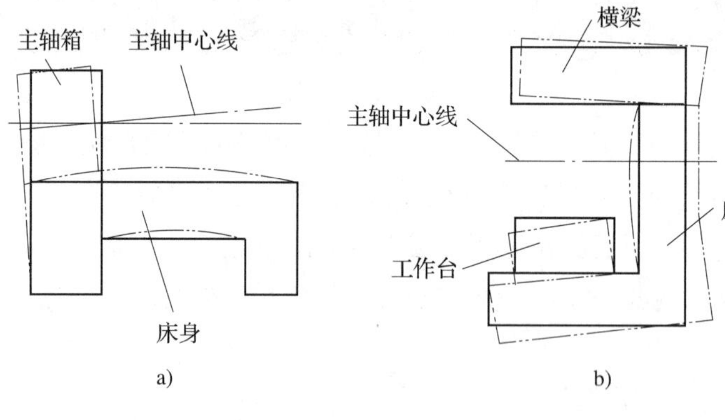

图 3-40　机床热变形

4. 工件的内应力与误差

工件的内应力是由于金属内部组织发生不均匀的体积变化而产生的。通常情况下，内应力处于平衡状态，但对具有内应力的工件进行加工时，工件原有的内应力平衡状态会被破坏，从而使工件产生变形。工件内应力会影响工件的加工精度，所以，可在毛坯制造后、粗加工后精加工前安排时效处理，以消除内应力。

四、数控编程误差

确定程序编制的允许误差不仅为制定加工方案提供了重要的依据，还对工艺准备工作中的某些细节要求（如夹具的定位、刀具的对刀等）提供了较为具体的参考数据。

1. 程序编制误差

数控机床突出的特点之一是：绝大多数零件的加工精度不仅在加工过程中形成，而且在加工前程序编制阶段就已经形成。编程误差（$\Delta_{编}$）是不可避免的，这是由程序控制的原理本身决定的。在编程阶段，图样信息转换成数控系统可以接收的信息，这中间可能产生三种误差形式：

$$\Delta_{编}=f(\Delta_{逼},\ \Delta_{插},\ \Delta_{计})$$

（1）逼近误差 $\Delta_{逼}$。逼近误差是用近似计算的方法处理如双曲线、抛物线、阿基米德螺旋线等曲线或列表曲线时产生的误差。当列表点用方程式逼近后，方程式所表示的形状与实际轮廓之间有误差。在大多数情况下，这个误差很难确定，因为零件轮廓的实际形状一般并不给出。

（2）插补误差 $\Delta_{插}$。插补误差是由于所用数控系统不具备所加工曲线的插补功能，而要用其他的插补功能（如直线插补、圆弧插补等）去逼近所加工的曲线时产生的误差，如图 3-41 所示。减小插补误差的方法是密化插补点，但这将增加计算和编程的工作量。

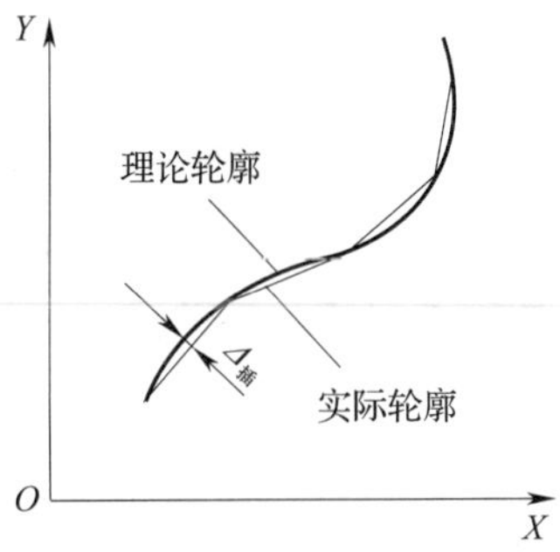

图 3-41　插补误差

（3）尺寸圆整误差 $\Delta_{计}$。尺寸圆整误差是计算过程中产生的误差。在计算各插补点的坐标值时，有时会出现小于设定单位的数值，必须采用四舍五入的方法圆整到机床的最小设定单位（脉冲当量）。

如果组成零件轮廓的几何元素或列表曲线逼近的几何元素与数控系统的插补功能相同，程序编制误差就只有逼近误差和尺寸圆整误差。

2. 数控加工误差

在数控加工中，加工误差（$\Delta_{加}$）由多种误差决定：

$$\Delta_{加}=f(\Delta_{编},\ \Delta_{控},\ \Delta_{伺},\ \Delta_{刀},\ \Delta_{定})$$

式中　$\Delta_{控}$——数控装置控制系统的误差，mm；

　　$\Delta_{伺}$——伺服驱动系统误差，mm；

　　$\Delta_{刀}$——对刀误差，mm；

$\Delta_{定}$——工件定位误差，mm。

在数控加工误差中，由于数控装置系统的误差一般极小，可忽略不计，对刀误差可通过调节补偿等予以排除，因此伺服驱动系统误差和工件定位误差是影响加工误差的主要因素。为了消除这些误差对加工的影响，应该相应减小程序编制允许误差，其减小的幅度视伺服驱动系统误差和工件定位误差的实际情况而定。

3. 程序编制允许误差

程序编制允许误差 $\delta_{允}$ 的确定主要是通过按一定比例压缩工件公差而实现的。在数控加工实践中，一般程序编制允许误差取工件公差的 1/3 左右；对于精度要求较高的工件，则取工件公差的 1/15～1/10。

程序编制允许误差越小，编程时进行逼近计算或基点数值计算的工作量和难度就越大。如果能在制定加工方案时预先排除可能产生的一些其他误差，以使允许误差不致设定得太小，则对整个数控加工是十分有益的。

五、数控控制跟随误差

在具有连续轮廓控制系统的数控铣床中，跟随精度是指指令位置与机床运动轨迹之间的相近程度。从操作者的角度看，数控铣床在工作中根据数控程序中的位置坐标控制机床移动部件运动到目标位置，位置坐标就是控制数据。实际上，在数控系统内部，目标位置是基于速度进行控制的。以两轴控制为例，数控程序中指定的进给速度被分配为两个轴的速度分量，如图 3-42b 所示，分别输出给伺服系统，由于存在电动机特性差异、各轴的摩擦因数和运动惯量都不相同等多种因素，实际运动部件的速度与输出速度存在误差，尽管机床的速度反馈系统会进行补偿，但是无法完全消除，这种误差就是跟随误差。跟随误差会引起加工精度下降。跟随精度主要取决于速度误差和加减速度误差的大小。

1. 速度误差

数控铣床工作台若要维持一定的速度，就必须连续送入指令脉冲。受伺服系统克服惯性、摩擦力和运动部件受力状态下产生的弹性变形等影响，运动滞后于指令一段时间，这是一个稳态的瞬间过程，表现出工作台运动速度滞后于指令速度，这种滞后的程度称为速度误差，如图 3-42a 所示。速度误差在点位控制的系统中不影响加工精度，但是在连续轮廓控制的系统中将产生加工误差，在双坐标运动合成直线或圆弧进给时也会产生误差。如图 3-42c 所示，圆弧插补中由于速度误差 E_{vx} 和 E_{vy}，P 的位置偏离到了 P' 位置。

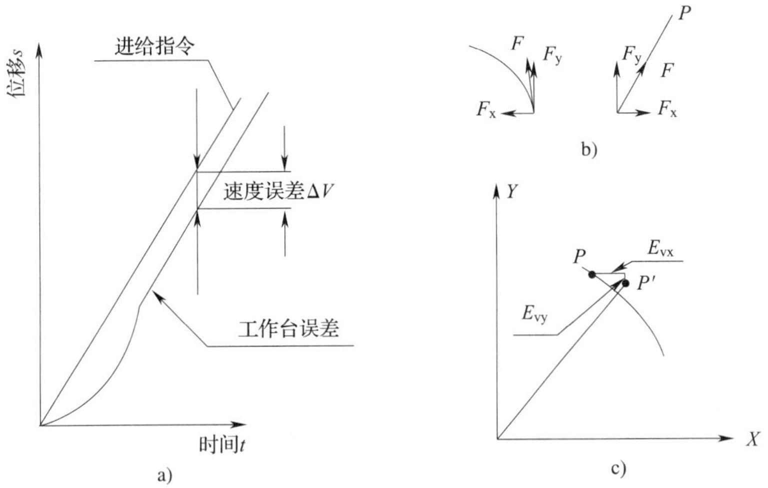

图 3-42　速度误差分析

a）速度误差　b）速度分量　c）位置偏离

2. 加减速度误差

机床工作台在启动和停止时有一个加减速过程，而进给速度变化时也有一个加减速的过渡过程。进给运动在起停及速度变化时有加减速过程，整个初速到末速的时间是过渡过程时间。在过渡过程中，工作台的移动将滞后于指令脉冲，造成过渡过程中的加减速度误差，即产生了动态误差，如图 3-43a 所示。

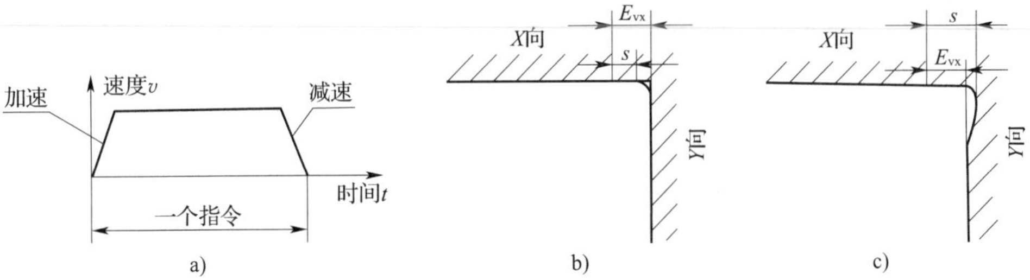

图 3-43　加减速度误差分析

a）加减速度误差　b）加减速度的“欠程”　c）加减速度的“超程”

如果数控系统具有“前瞻控制”（即先行控制）功能，那么一段加工程序的开始和结束引起的加减速度误差将减小，而过象限圆弧插补则成为引起加减速度误差的重要原因。当圆弧插补经过象限时，必定有一个轴的运动反向，在运动反向过程中，速度有一个降到零以后又上升的变化过程，会产生加减速度误差。圆弧插补速度和圆弧半径与加减速度误差有关。速度越大，误差越大。半径越小，误差越大。

如图 3-43b 所示，当加工方形轮廓工件时，若先走 X 向到拐角处，X 向停止，Y 向启动，则在 X 向有一个减速过程，从开始减速的位置到准确终点位置有一段距离 s，由于存在速度误差 E_{vx}，当 $E_{vx} \geqslant s$ 时将会产生“欠程”情况；当 $E_{vx} < s$ 时则会产生“超程”情况。在闭环系统中由于有检测装置及可逆计数器，“超程”被拉回，如图 3-43c 所示，但在开环系统中“超程”就拉不回来。

为消除加减速度误差的影响，可在系统中设置加减速线路，避免进给速度发生突变，并采取多级加减速的方法。自动加减速的随动系统通过控制插补器的插补速度来控制工作台的进给速度，输入进给指令脉冲后，系统将自动产生控制加减速的输出脉冲，再由输出脉冲去控制工作台的加减速运动。

六、零件常见误差分析

1. 平面加工误差分析

平面加工误差不仅与铣削时所用的机床、夹具和铣刀有关，还与铣削用量和切削液等很多因素有关。影响平面加工误差的主要因素见表 3-6。

表 3-6　　平面加工误差分析

序号	项目	原因
1	影响平面度的因素	（1）用周边铣削时，铣刀的圆柱度误差大 （2）用端面铣削时，铣床主轴轴线与进给方向不垂直 （3）铣床工作台进给运动的直线度误差大 （4）铣床主轴轴承的轴向间隙和径向间隙大 （5）工件在受夹紧力和铣削力后产生变形 （6）工件由于存在应力，在表层切除后产生变形 （7）工件在铣削过程中由于铣削热产生变形 （8）当圆柱形铣刀的宽度或铣刀的直径小于加工面的宽度时，由于接刀产生接刀痕
2	影响表面粗糙度的因素	（1）铣刀刃口变钝 （2）铣削时有振动 （3）铣削时进给量太大，切削余量太大 （4）铣刀几何参数选择不当 （5）铣削时有拖刀现象 （6）切削液选用不当 （7）铣削时有积屑瘤产生或切屑有粘刀现象 （8）在铣削过程中进给停顿而产生“深啃”现象

续表

序号	项目	原因
3	影响垂直度的因素	（1）夹具定位支撑面（如固定钳口）与工作台面不垂直，工件表面不清洁 （2）工件基准面有毛刺、杂物 （3）夹紧力过大，使夹具支撑面外倾 （4）非对称端铣时，铣床主轴轴线与进给方向不垂直 （5）周边铣削且铣刀轴线与基准面垂直时，铣刀圆柱度误差大
4	影响平行度的因素	（1）基准面与工作台面（或将被铣出的平面）不平行 （2）周边铣削时，铣刀圆柱度误差大 （3）装夹时，基准面与夹具支撑面之间有毛刺或杂物 （4）铣削时工件受力变形，铣削后工件受热变形
5	影响尺寸精度的因素	（1）测量不准或测量读数不准 （2）调整尺寸不准（如看错刻度等） （3）测量面平行度不准及平面度误差大 （4）对刀时，切得太多或没有擦到工件表面 （5）铣削时产生让刀

2. 镗孔误差分析

镗孔时产生误差的主要因素有工艺装备、加工工艺、毛坯材质、机床参数、机床精度等。影响镗孔加工误差的主要因素见表 3–7。

表 3–7　　镗孔加工误差分析

序号	项目	原因
1	孔径超差	（1）镗刀回转半径调整不当 （2）测量不准 （3）镗杆伸得过长，产生弹性偏让 （4）镗刀刀尖磨损
2	孔呈椭圆	主轴与进给方向垂直度超差，并用工作台升降进给
3	孔有锥度	（1）切削过程中刀具磨损 （2）镗刀紧固螺钉松动，加工时位置变动

续表

序号	项目	原因
4	圆度超差	（1）工件在装夹时变形 （2）主轴回转精度差 （3）镗杆和镗刀产生弹性变形 （4）在立式铣床上镗削时，工作台发生纵向、横向窜动 （5）工件装夹不牢固，镗削时位置变动
5	孔壁划痕	（1）退刀时，刀尖背向操作者 （2）主轴未停稳，快速退刀
6	轴线歪斜	（1）工件定位基准选择不当 （2）装夹工件时，清洁工作未做好 （3）采用主轴移动手轮进给时，立铣头零位不准
7	孔壁振纹	（1）镗杆刚度低 （2）工作台进给时有爬行现象 （3）工件夹持不当
8	孔距超差	（1）工作台移距不准 （2）镗削时，工作台发生纵向、横向窜动

4

第 4 章

数控铣床编程

第 1 节　FANUC 数控系统用户宏程序

学习单元 1　宏程序的特征与变量

学习目标

- 熟悉用户宏程序的特征
- 掌握宏程序中变量的形式与种类
- 掌握宏程序中宏语句的形式

知识要求

一、宏程序的特征

反复进行同一切削动作时，使用子程序效果较好，若使用用户宏程序，可以使用运算指令、条件转移等。用户宏程序适用于编制更简单、通用性更强的程序。与子程序一样，在加工程序中用简单的命令就可以调用用户宏程序。在 FANUC 系统中，包含变量、转向、比较判别等功能的指令称为宏指令，包含宏指令的子程序称为宏程序。图 4-1 所示为在加工程序中用 G65 P9010 调用用户宏程序 O9010。

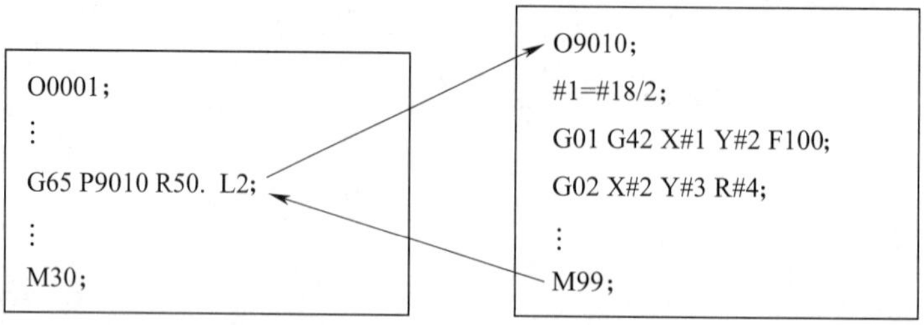

图 4-1　宏程序调用示例

宏程序主要有以下特征：

1. 可以在宏程序主体中使用变量；

2. 可以进行变量之间的演算；

3. 可以用宏程序命令对变量进行赋值。

使用宏程序的方便之处在于可以用变量代替具体数值，因而在加工同一类工件时，只需给变量赋值即可，而不需要对每一个零件都编一个程序。

二、宏程序变量

在一般的加工程序中，移动距离可直接用数值指定，如 G00 X100.。但在宏程序中，数值可直接指定，也可用变量号指定。因此，变量是指可以在宏程序主体的地址上代替具体数值，在调用宏程序主体时再用引数进行赋值的符号，即#i（i=1、2、3、……）。使用变量可以使宏程序具有通用性。宏程序主体中可以使用多个变量，以变量号码进行识别。

1. 变量形式

变量是用符号#后面加上变量号码所构成的，即#i（i-1、2、3、……），如#5、#109。变量也可以用公式的形式指令，但此时必须用括号把公式括起来，即#[表达式]，如#[#1+#2-12]。

2. 变量引用

在程序内引用变量时，是在地址符后指定变量号。例如，F#33，当#33=1.5 时，其与 F1.5 指令相同；Z-#18，当#18=20. 时，其与 Z-20. 指令相同。用公式指定时，在公式的前、后要加上括号，如 G01 X[#1+#2] F#3。

特别提示

1. 作为地址符的 O、N、/等不能引用变量，因此 O#27、N#1 等都是错误的。

2. 用程序定义变量值时可以省略小数点。没有小数点的变量的数值单位为各地址字的最小设定单位。因此，传递没有小数点的变量将会因机床的系统设置不同而发生变化，在宏程序调用中使用小数点可以提高程序的兼容性。

3. 被引用的变量值按各地址字的最小设定单位进行四舍五入。例如，对于最小设定单位为 1/1 000 的数控系统，当#1 为 12.345 6 时，若执行 G00 X#1，相当于执行 G00 X12.346。若要改变变量值的符号引用，要在符号“#”前加上“-”，如 G00 X-#1。

3. 未定义变量

没有定义变量值的变量称为空变量。#0 通常为空变量，可以读取但不能写入。空变量不等于变量值为 0 的变量。

特别提示

1. 引用未定义变量时，连同地址字无效。例如，#1 为 0，#2 为〈空〉时，若执行 G00 X#1 Z#2，相当于执行 G00 X0。

2. 在运算式中，除了被〈空〉置换的场合外，未定义变量与数值 0 相同。

3. 在等于或不等于这些条件比较式中，〈空〉与 0 不同。例如，#1 =〈空〉，#2 = 100，#3 = 50，执行#3 = #1+#2 以后，#3 = 100。

4. 变量种类

按变量号码划分，变量可分为局部（local）变量、公共（common）变量、系统（system）变量等，其用途和性质是不同的，具体见表 4–1。

表 4–1　　变量的种类

变量号	变量的种类	功能
#0	通常为“空”	该变量总为“空”，不能赋值
#1 ~ #33	局部变量	各宏程序可独自使用，保存计算结果。关电源时进行初始化，变量值为“空”。调用宏程序时，代入变量值
#100 ~ #149 #500 ~ #531	公共变量	在不同的宏程序之间可以公共使用。关电源时，#100 ~ #149 变量初始化为空变量，#500 ~ #531 变量仍保存原有数据
#1000 ~	系统变量	进行读取、写入当前位置、刀具补偿量等各种 NC 数据的变量

（1）局部变量（#1 ~ #33）。所谓局部变量，就是在宏程序中局部使用的变量。换句话说，在某一时刻调出的宏程序中所使用的局部变量#1 和另一时刻调用的宏程序（无论与前一个宏程序相同还是不同）中所使用的局部变量#1 是不同的。因此，进行多重调用时，当宏指令地址 A 调用宏指令地址 B 时，也不会将 A 中的变量破坏。

（2）公共变量（#100 ~ #149、#500 ~ #531）。与局部变量不同，公共变量是在主程序及调用的子程序中通用的变量，因此在某个宏程序中运算得到的公共变量的结果#*i* 可以用到别的用户宏程序中。

公共变量主要由#100 ~ #149 和#500 ~ #531 构成。其中，前一组是非保持型，即断电后就会被清零；后一组是保持型，即断电后仍会被保存。

(3) 系统变量（#1000~）。系统变量是根据用途而被固定的变量，主要种类及用途见表 4-2。

表 4-2　　系统变量

变量号	定义对象
#1000~#1015	接口信号（输入），按位读取的信号
#1100~#1115	接口信号（输出），按位写入的信号
#2001~#2316	刀具补偿量
#3000	宏报警信息
#3001、#3002、#3011、#3012	时间信息
#3003、#3004	控制自动运转
#3005	SETTING 数据
#3007	镜像
#4001~#4022	G 代码
#4109	F 代码
#4113	M 代码
#4114	顺序号
#4115	程序号
#4119	S 代码
#4120	T 代码
#5001~#5102	当前位置、刀具和伺服位置偏差量
#5201~#5322	工件原点偏置量

在宏程序中要改变某些模态信息时，可以先保存进入时的模态信息，结束时再恢复状态。这样可以使数控系统保持该宏程序运行前后的模态信息一致。这样的宏程序具有很好的安全性，即使不是该宏程序的编写者也可以放心地使用。

三、宏语句

通常把下述程序段称为宏语句：

(1) 含代数运算和逻辑运算指令（=）的程序段；

(2) 含控制指令（GOTO、DO、END）的程序段；

(3) 含宏调用指令（用 G 代码调用，如 G65、G66、G67，或用 M 代码调用）的程序段。

具有宏语句的程序称为宏程序。宏语句以外的程序段称为 NC 语句。

学习单元 2　宏程序的运算与控制

学习目标

➢ 掌握宏程序的运算指令与运算规则

➢ 掌握宏程序无条件转移、条件转移控制语句的指令与含义

➢ 掌握宏程序循环控制语句的指令与含义

知识要求

一、宏程序运算指令

1. 运算指令

变量可以进行的运算指令见表 4-3。

表 4-3　　运算指令

功能	格式	说明
定义	#i=#j;	—
和 差 积 商	#i=#j+#k; #i=#j-#k; #i=#j * #k; #i=#j/#k;	—
正弦 余弦 正切 反正切	#i=SIN [#j]; #i=COS [#j]; #i=TAN [#j]; #i=ATAN [#j/#k];	角度用角度单位指令，如 90°30′为 90.5°
平方根 绝对值 四舍五入化整 下取整 上取整	#i=SQRT [#j]; #i=ABS [#j]; #i=ROUND [#j]; #i=FIX [#j]; #i=FUP [#j];	下取整：舍去小数部分 上取整：小数部分进位到整数

续表

功能	格式	说明
逻辑和 “异”门 逻辑乘	#i=#jOR#k; #i=#jXOR#k; #i=#jAND#k;	对二进制进行逻辑运算
从十进制变换为二进制 从二进制变换为十进制	#i=BIN [#j]; #i=BCD [#j];	用于与 PMC（可编程机床控制器）的信号交换

2. 运算规则

(1) 运算的优先级。运算的优先级顺序为：函数→乘、除类运算（*、/、AND、MOD）→加、减类运算（+、-、OR、XOR）。例如，#1=#2+#3*SIN [#4] 的运算顺序为先算函数 SIN [#4]，后乘#3，最后加#2。

(2) 括号的嵌套。当要变更运算的优先级顺序时，要使用括号，如#1=SIN[[[#2+#3]*#4+#5]*#6]。包括函数的括号在内，括号最多可用到 5 重，超过 5 重时则出现报警。

这里要重点指出的是，GE-FANUC 21i-T 系统的运算指令范围只有定义“=”、和“+”、差“-”、积“*”、商“/”，其他运算指令不能使用。

二、宏程序控制语句

在程序中使用 GOTO、IF 语句可以改变程序的流程。转移与循环有三种，即 GOTO 语句（无条件转移）、IF 语句（条件转移）、WHILE 语句（循环）。

1. 无条件转移（GOTO 语句）

举例：无条件转移到顺序号为 *n* 的程序段。

格式：GOTO*n*;

说明：*n* 为顺序号，可取 1~99 999，也可用表达式表示，如 GOTO1、GOTO#10。

2. 条件转移（IF 语句）

IF 后面是条件式。如果条件成立，则转移到顺序号为 *n* 的程序段；否则执行下一个程序段。

举例：如果#1 值比 10 大，则转移到顺序号为 60（N60）的程序段。

格式：IF [#1GT10] GOTO60;（条件不成立→按程序顺序执行；条件成立→执行 N60 程序段）

说明：

(1) 条件式是在比较的两个变量或一个常量与一个变量之间写上比较运算符，然后再用方括号 [ ] 全部括起来而构成的，不用变量时，也可用运算式。

（2）运算符由两个英文字母构成，用来判断大小，见表 4-4。

表 4-4　　　　运算符

运算符	意义	运算符	意义
EQ	等于（=）	GE	大于或等于（≥）
NE	不等于（≠）	LT	小于（<）
GT	大于（>）	LE	小于或等于（≤）

3. 循环（WHILE 语句）

在 WHILE 语句后必须指定一个条件表达式。

格式：WHILE［条件式］DOm；（m=1、2、3）

…

ENDm；

…

说明：

（1）条件成立时执行 WHILE 之后的 DO 到 END 之间的程序段，条件不成立时执行 END 的下一个程序段；条件式和运算符与 IF 语句中的相同；DO 和 END 后的 m 数值是指定执行范围的识别号，可使用 1、2、3，非 1、2、3 时报警。

（2）嵌套时，在 DO 和 END 之间的循环识别号（1~3）可使用任意次，但是不能执行交叉循环，否则要报警，见表 4-5。

表 4-5　　　　WHILE 语句的嵌套

识别号（1~3）可多次使用	DO 的范围不能交叉	DO 的多重数最多为 3 重
WHILE[…] DO1； … END1； … WHILE[…]DO1； … END1； （正确）	WHILE[…]DO1； … WHILE[…]DO2； END1； … END2； （错误）	WHILE[…]DO1； … WHILE[…]DO2； WHILE[…]DO3； … END3； … END2； … END1； （正确）
不能跳出循环体	**程序不能转移到循环体中**	
WHILE[…]DO1； IF[…]GOTOn； END1； Nn…； （错误）	IF[…]GOTOn； … WHILE[…]DO1； Nn…； END1； （错误）	

特别提示

如果省略 WHILE 语句，只指令了 DOm，则从 DO 到 END 之间形成无限循环。

在 GOTO 语句中，转移到顺序号时要进行检索，因此反方向进行的处理时间要比顺方向长，为了缩短处理时间，应使用 WHILE 语句。

在条件式中，只有使用 EQ、NE 时，〈空〉和“0”是不同的；在其他条件中，〈空〉和“0”是相同的。

学习单元 3　宏程序的调用与编程

学习目标

- 掌握宏程序单纯调用的指令与方法
- 熟悉宏程序模态调用与 G 代码调用的指令与方法
- 熟悉宏程序非圆曲线的逼近节点计算方法

知识要求

一、宏程序调用

宏程序调用和一般子程序调用之间的差别有两点：其一，宏程序调用可以在调用语句中传递数据到宏程序内部，而子程序调用（M98）则没有该功能；其二，M98 程序段可以与另一数据指令共处同一条指令，如 G01 X100. M98 P1000，在执行时，先执行 G01 X100.，然后再运行子程序 O1000，而宏程序调用语句是独立自成一行。

宏程序的调用方法有：单纯调用（G65），模态调用（G66、G67），用 G 代码、M 代码等调用。

1. 单纯调用（G65）

用指令 G65 可调用地址 P 指令的宏程序，并将赋值的数据送到用户宏程序中。

格式：G65 P__ L__ 〈引数赋值〉；

说明：G65——宏调用代码；

P__ ——P 之后为宏程序主体的程序号码；

L__ ——循环次数（省略时为 1）；

〈引数赋值〉——由地址符及数值（有小数点）构成，由它给宏程序主体中所对应的变量赋予实际数值。

举例：

```
O0001;
…
G65 P9010 L2 A1. B2.;
…
M30;
```

```
O9010;
N10 #3=#1+#2;
N20 IF [#3GT360] GOTO40;
N30 G00 G91 X#3;
N40 M99;
```

引数赋值有以下两种形式。

（1）引数赋值Ⅰ。除去 G、L、N、O、P 地址符以外，其他地址符都可作为引数赋值的地址符，大部分无顺序要求，但对 I、J、K 则必须按字母顺序排列，对没使用的地址可省略。例如：

B__ A__ D__ … I__ K__ …；（正确）；

B__ A__ D__ … J__ I__ …；（不正确）。

引数赋值Ⅰ所指定的地址和用户宏程序主体中所使用的变量的对应关系见表 4-6。

表 4-6　　引数赋值Ⅰ的地址和变量的对应关系

引数赋值Ⅰ的地址	宏程序主体中的变量	引数赋值Ⅰ的地址	宏程序主体中的变量
A	#1	Q	#17
B	#2	R	#18
C	#3	S	#19
D	#7	T	#20
E	#8	U	#21
F	#9	V	#22
H	#11	W	#23
I	#4	X	#24
J	#5	Y	#25
K	#6	Z	#26
M	#13	—	—

（2）引数赋值Ⅱ。A、B、C 只能用一次；I、J、K 作为一组引数，最多可指定 10 组。

这种参数用于给三维坐标赋值。引数赋值Ⅱ所指定的地址和宏程序主体中所使用的变量的对应关系见表 4-7。

表 4-7　　引数赋值Ⅱ的地址和变量的对应关系

引数赋值Ⅱ的地址	宏程序主体中的变量	引数赋值Ⅱ的地址	宏程序主体中的变量
A	#1	K_5	#18
B	#2	I_6	#19
C	#3	J_6	#20
I_1	#4	K_6	#21
J_1	#5	I_7	#22
K_1	#6	J_7	#23
I_2	#7	K_7	#24
J_2	#8	I_8	#25
K_2	#9	J_8	#26
I_3	#10	K_8	#27
J_3	#11	I_9	#28
K_3	#12	J_9	#29
I_4	#13	K_9	#30
J_4	#14	I_{10}	#31
K_4	#15	J_{10}	#32
I_5	#16	K_{10}	#33
J_5	#17	—	—

注：上表中 I、J、K 的下标在实际程序中是不写的。

NC 内部可自动判别引数赋值Ⅰ、引数赋值Ⅱ。当对同一变量，Ⅰ、Ⅱ两组的引数错误地混在一起赋值时，则认为后面的引数赋值有效。例如：

```
G65 P1000 A1.  B2.  I-3.  I4.  D5. ;
          ↓    ↓    ↓     ↓    ↓
          #1   #2   #4    #7   #7
```

以上变量#7 由 I4. 及 D5. 这两个引数赋值时，只有后面的 D5. 才是有效的。

2. 模态调用（G66、G67）

格式：G66 P__ L__ 〈引数赋值〉；

G67；（取消用户宏程序）

当模态调用 G66 后，在用 G67 取消之前，每执行一段轴移动指令的程序段就调用一次宏程序。G66 程序段或只有辅助功能的程序段不能模态调用宏程序。

举例：O0001；　　　　　　　　　　　　O9100；

```
O0001;                          O9100;
…                               …
N30 G66 P9100 L2 A1.0 B2.0;     N40 G00 Y#1;
N40 G00 G90 X100.;              N50 G01 Y-#2 F0.3;
N50 Y120.;                      …
N60 X150.;                      N100 M99;
N70 G67;
…
N90 M30;
```

当主程序执行完 N40 后调用宏程序 O9100 两次，执行完 N50 后调用 O9100 两次，执行完 N60 后调用 O9100 两次，直到 G67 停止调用。

3. G 代码调用

宏程序主体除了用 G65 与 G66、G67 调用外，还可以用 G 代码调用。调用时，将调用宏程序用的 G 代码号设定在参数上，就可以与单纯调用 G65 一样调用宏程序。

格式：G×× 〈引数赋值〉；

为了实现这一调用，需要对宏程序主体号码与参数号进行设定，见表 4-8。

（1）将所使用宏程序的号码变为 O9010~O9019 中的任意一个。

（2）将与程序号对应的参数设置为 G 代码的数值。

（3）将调用指令的形式换为 G（参数设定值）〈引数赋值〉。

表 4-8　　　　宏程序主体号码与参数号

宏程序主体号码	参数号	宏程序主体号码	参数号
O9010	6050	O9015	6055
O9011	6051	O9016	6056
O9012	6052	O9017	6057
O9013	6053	O9018	6058
O9014	6054	O9019	6059

将宏程序主体 O9010 用 G81 调用，其做法如下。

- 将所使用宏程序的号码设为 O9010。
- 将与 O9010 对应的参数（第 6050 号）上的值设定为 81，即参数 6050=81。
- 用 G81 调用宏程序 O9010：

```
O0001;                      O9010;
…                           …
G81 X10. Z-10.;             …
…                           …
M30;                        N9 M99;
```

（G81 后的 X、Z 分别表示#24、#26 变量，而非进给轴地址。）

除用 G 代码调用用户宏程序外，还可以设定用 M、T 等代码调用用户宏程序，其做法与此类似，在此省略。

二、宏程序用于非圆曲线编程

当被加工零件的轮廓形状与机床的插补功能不一致时，如在只有直线插补和圆弧插补功能的数控机床上加工双曲线等曲线时，就可使用宏程序编程，采用逼近法加工，即用直线或圆弧去逼近被加工曲线。这时，逼近线段与被加工曲线的交点称为节点。用直线逼近如图 4-2 所示的曲线时，其交点 A、B、C、D 等即为节点。

常用的非圆曲线节点坐标计算方法有等间距直线逼近法、圆弧逼近法等。

1. 等间距直线逼近法的节点计算

等间距直线逼近法是一种最简单的方法。如图 4-3 所示，已知方程 $Y=f(X)$，根据给定的 ΔX 求出 X_i，将 X_i 代入 $Y=f(X)$ 就可求得一系列（X_0，Y_0），……，（X_i，Y_i），即为每条线段的终点坐标，并以这些坐标编制直线程序段。

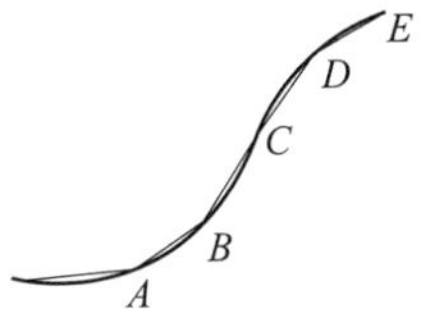

图 4-2　零件轮廓的节点

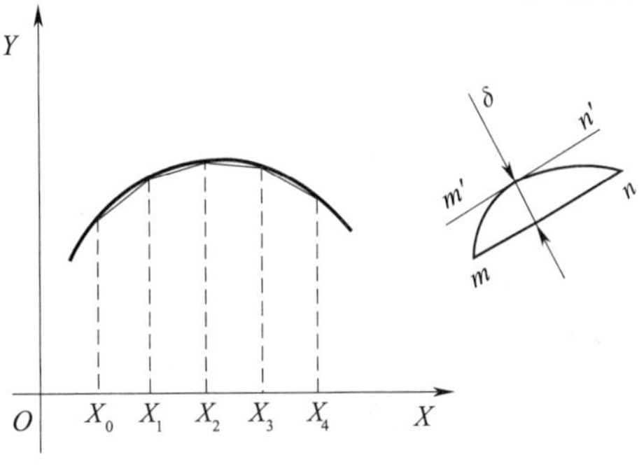

图 4-3　等间距直线逼近法

ΔX 取决于曲线的曲率和允许误差 δ，一般 δ 取零件公差的 1/10～1/5，验算的方法如图 4-3 所示。mn 为试算后某一逼近线段，作 $m'n'$ 平行于 mn 并与曲线相切，切点至 mn 的距离为 δ，若求得 mn 方程为：

$$AX + BY + C = 0$$

则 $m'n'$ 的方程为：

$$AX + BY + C \pm \delta\sqrt{A^2 + B^2} = 0$$

求解联立方程：

$$\begin{cases} AX + BY + C \pm \delta\sqrt{A^2 + B^2} = 0 \\ Y = f(X) \end{cases}$$

当该方程组有一解或无解时，即满足精度要求。等间距直线逼近法计算简单，但由于取定值 ΔX，在曲率变化较大时，程序段数较多。

2. 圆弧逼近法的节点计算

用直线逼近曲线时，工件轮廓形状是由许多折线构成的近似线段，连接处不光滑，而且直线的曲率半径无穷大，与原有曲线的曲率半径相差很大。使用圆弧逼近法可以避免这些缺点。

用圆弧逼近曲线的方法有曲率圆法、三点圆法、相切圆法等。三点圆法是通过已知的三个节点求圆，并作为一个圆程序段。相切圆法是通过已知的四个节点分别作出两个相切的圆，编出两个圆程序段。这两种方法都应先用直线逼近法求出节点，再求出各圆，编出两个圆弧程序段，计算较烦琐。

技能要求

运用宏程序编写系列孔加工程序

如图 4-4 所示，在半径 $R=25$ mm 的圆周上钻 20 个等分孔，孔径为 6 mm，孔深 10 mm。试用 FANUC 系统的宏程序编写钻孔程序。

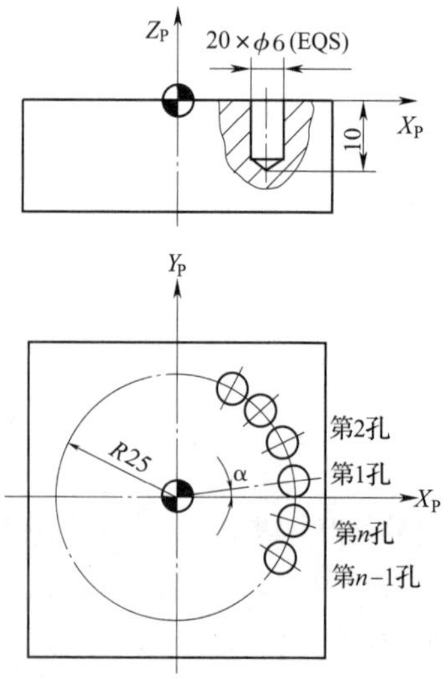

图 4-4　系列孔图样

操作步骤

步骤 1　设置变量

设圆心为工件坐标系的原点，以零件上表面的中心点为 Z 向零点。在半径为 R 的圆周上均匀地钻 n 个等分孔，第一个孔的起始角为 α，如图 4-4 所示。使用变量如下：

#1：半径 $R=25$ mm。

#2：起始角度 $\alpha=10°$。

#3：孔数 $n=20$（当 $n>0$ 时，按逆时针方向加工；当 $n<0$ 时，按顺时针方向加工）。

#4：孔底 Z 坐标值，$Z=-10$ mm。

#5：R 平面 Z 坐标值，$R=5$ mm。

#6：表示第 i 步钻第 i 个孔的计数器。

#7：计数器的最终值（为 n 的绝对值）。

#8：第 i 个孔的角度 θ_i 的值。

#9：第 i 个孔的 X 坐标值。

#10：第 i 个孔的 Y 坐标值。

步骤 2　编写程序（见表 4-9）

表 4-9　　运用宏程序编写系列孔加工程序

程序	说明
O0401;	程序名
N10 G54;	建立工件坐标系
N20 G90 G00 Z50.;	
N30 X0 Y0;	
N40 M03 S1000;	主轴正转
N50 #1=25.;	变量赋值
N60 #2=10.;	
N70 #3=20;	
N80 #4=-10.;	
N90 #5=5.;	
N100 #6=0;	
N110 #7=ABS#3;	#7=｜#3｜
N120 #8=#6 * 360.;	#8=#6×360°
N130 #8=#8/#3;	#8=#8÷#3
N140 #8=#2+#8;	#8=#2+#8，当前孔位角度 $\theta_i=\alpha+360°\times i/n$
N150 #9=#1 * COS [#8];	#9=#1×cos#8，当前孔的 X 坐标
N160 #10=#1 * SIN [#8];	#10=#1×sin#8，当前孔的 Y 坐标
N170 G81 G98 X#9 Y#10 Z#4 R#5 F100.;	加工当前孔，返回初始平面
N180 #6=#6+1;	#6=#6+1，下一个孔
N190 IF [#6LT#7] GOTO120;	当#6<#7 时，返回 N120
N200 G00 Z50.;	抬刀
N210 X0 Y0;	到工件坐标系的原点
N220 M05;	主轴停
N230 M30;	程序结束

运用宏程序编写矩形内腔铣削程序

运用宏程序为图 4-5 所示的零件矩形内腔编写铣削加工程序，刀具为 $\phi8$ mm 键槽铣刀。

操作步骤

步骤 1 加工路线分析

如图 4-5 所示，刀心轨迹 $A\rightarrow B\rightarrow C\rightarrow D$ 作为同一背吃刀量的一个切削循环时，循环数次后完成矩形内腔的加工，设每次背吃刀量为 3 mm。工件坐标系零点为零件的左下角。

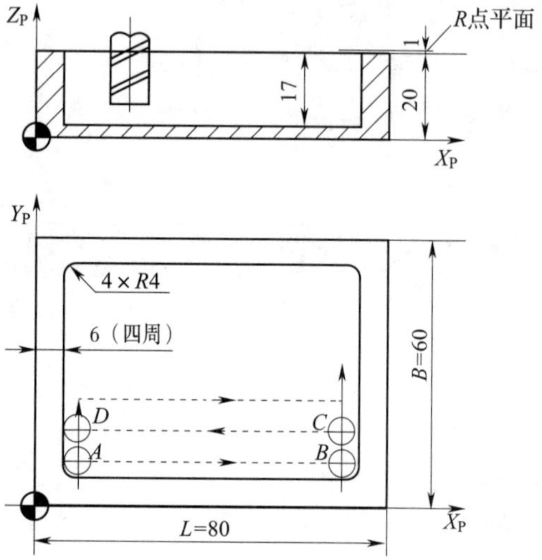

图 4-5 矩形内腔图样

步骤 2 设置变量

#1：工件坐标系零点 X 轴绝对坐标值，$X=0$。

#2：工件坐标系零点 Y 轴绝对坐标值，$Y=0$。

#3：工件坐标系零点 Z 轴绝对坐标值，$Z=0$。

#4：R 点的绝对坐标值，$R=21$ mm。

#5：一次切入量，$Q=3$ mm。

#6：零件 X 方向长度绝对坐标值，$L=80$ mm。

#7：零件 Y 方向长度绝对坐标值，$B=60$ mm。

#8：零件四周壁厚，$\delta=6$ mm。

#9：零件底部厚，$h=3$ mm。

#10：Y 方向刀具走刀间距，用刀具直径×T%，$T=75$。

#11：刀具半径，$r=4$ mm。

#12：零件四周壁厚与刀具半径之和，#12=#8+#11。

#13：刀具每次切削循环在 Y 方向的移动间距。

#14：X 方向切削起点坐标值。

#15：Y 方向切削起点坐标值。

#16：X 方向切削终点坐标值。

#17：Y 方向切削终点坐标值。

#18：Z 方向切削终点坐标值。

#19：Z 方向每次切削循环进给后的坐标值。

#20：Y 方向切削循环次数。

#21：Y 方向每次切削循环进给后的坐标值。

#22：Y 方向切削的奇偶次。

步骤 3 编写程序（见表 4-10）

表 4-10 运用宏程序编写矩形内腔铣削程序

程序	说明
O0402;	程序名
G54;	建立工件坐标系
G90 G00 Z50.;	
X0 Y0;	
M03 S1000;	主轴正转
#1=0;	变量赋值
#2=0;	
#3=0;	
#4=21.;	
#5=3.;	
#6=80.;	
#7=60.;	
#8=6.;	
#9=3.;	
#10=75;	75 不加小数点
#11=4.;	
#12=#11+#8;	#12=#11+#8=$r+\delta$
#13=#11 * 2;	#13=#11×2=r×2
#13=#13 * #10/100;	#13=#13×#10/100=直径×T/100（不加小数点）
#14=#1+#12;	#14=$X+r+\delta$
#15=#2+#12;	#15=$Y+r+\delta$
#16=#1+#6;	#16=$X+L$
#16=#16-#12;	#16=$X+L-(r+\delta)$
#17=#2+#7;	#17=$Y+B$
#17=#17-#12;	#17=$Y+B-(r+\delta)$
#18=#3+#9;	#18=$Z+h$

续表

程序	说明
G00 X#14 Y#15;	定位于 A 点（XY 平面）
Z#4;	Z 方向定位于 R 点
#19=#4;	#19=R
N10 #19=#19-#5;	#19=#19-#5=R-Q
IF [#19GE#18] GOTO20;	如果#19≥#18，转向 N20
#19=#18;	如果#19<#18，#19=#18
N20 G01 Z#19 F60.;	Z 向以速度 F 切深 Q
X#16 F100.;	X 向以速度 F 切至#16
#20=1;	#20=1，Y 向切削次数
N30 #21=#20 * #13;	#21=#20×#13
#21=#21+#15;	#21=#20×#13+#15
IF [#21LE#17] GOTO40;	如果#21≤#17，转向 N40
#21=#17;	如果#21>#17，#21=#17
N40 G01 Y#21 F100.;	Y 向以速度 F 切至#21
#22=#20-FIX [#20/2] * 2;	#22 表示 Y 向切削的奇偶次（0、1）
IF [#22EQ0] GOTO50;	如果#22=0，转向 N50
G01 X#14;	偶次（2、4、6、……），X 向以速度 F 切至#14
GOTO60;	转向 N60
N50 G01 X#16;	奇次（1、3、5、……），X 向以速度 F 切至#16
N60 #20=#20+1;	#20=#20+1
IF [#21LT#17] GOTO30;	如果#21<#17，转向 N30
G00 Z#4;	Z 轴快速返回 R 点
X#14 Y#15;	X 轴、Y 轴快速定位
IF [#19EQ#18] GOTO70;	如果#19=#18，转向 N70，加工结束
GOTO10;	转向 N10，继续循环加工
N70 G00 Z50.;	抬刀
X0 Y0;	
M05;	主轴停
M30;	程序结束

运用宏程序编写非圆曲线加工程序

在平面上加工如图 4-6 所示的阿基米德螺旋轨迹，刀具选用 $\phi2$ mm 中心钻，加工深度为 1 mm，螺旋线螺距 $T=5$ mm。试用宏程序编写非圆曲线加工程序。

操作步骤

步骤 1 曲线分析

设工件上平面为 Z 向零平面，工件坐标系原点为图形的中心，轨迹起始点为 A（$X_A=5$，$Y_A=0$）。螺旋线的加工通过下列一组公式采用直线逼近法进行：

$$R_i=R_A+\theta_i\times T/360°$$

$$X_i=(R_A+\theta_i\times T/360°)\cos\theta_i$$

$$Y_i=(R_A+\theta_i\times T/360°)\sin\theta_i$$

式中 θ_i——螺旋线从起始点至 i 点转过的角度，(°)；

R_i——螺旋线在 i 点的半径，mm。

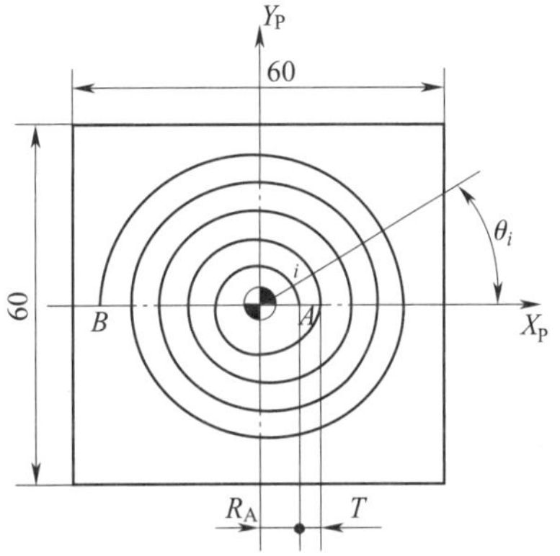

图 4-6 非圆曲线图样

步骤 2 设置变量

#1：螺旋线起始点半径，$R_A=5$ mm。

#2：螺距，$T=5$ mm。

#3：螺旋线起始点至终点转过的角度，$\theta_B=1\ 620°$。

#4：螺旋线任意点转动角度 θ_i，起始点的角度 $\theta_A=0°$。

#5：螺旋线任意点转动角度与螺距的乘积，$\theta_i\times T$。

#6：螺旋线任意点半径的变化量，$\theta_i\times T/360°$。

#7：螺旋线任意点的半径 R_i。

#8：螺旋线任意点的 X 坐标，X_i。

#9：螺旋线任意点的 Y 坐标，Y_i。

步骤 3 编写程序（见表 4-11）

表 4-11 运用宏程序编写非圆曲线加工程序

程序	说明
O0403；	程序名
N10 #1=5.；	赋值
N20 #2=5.；	赋值

续表

程序	说明
N30 #3=1620.;	赋值
N40 G54;	建立工件坐标系
N50 G00 G90 Z30.;	
N60 X0 Y0;	
N70 M03 S1000;	主轴正转
N80 G00 X#1 Y0;	刀具移至 A 点
N90 G01 Z-1. F100.;	Z 向切深 1 mm
N100 #4=0;	#4 $=\theta_A=0$
N110 #5=#4 * #2;	#5=#4×#2 $=\theta_i\times T$
N120 #6=#5/360.;	#6=#5/360 $=\theta_i\times T/360°$
N130 #7=#1+#6;	#7=#1+#6 $=R_A+\theta_i\times T/360°=R_i$
N140 #8=#7 * COS [#4];	#8=#7×cos#4 $=(R_A+\theta_i\times T/360°)\times\cos\theta_i$
N150 #9=#7 * SIN [#4];	#9=#7×sin#4 $=(R_A+\theta_i\times T/360°)\times\sin\theta_i$
N160 G01 X#8 Y#9;	直线插补逼近螺旋线
N170 #4=#4+2.;	$\theta_i=\theta_i+2°$
N180 IF [#4LE#3] GOTO110;	如果 $\theta_i\leqslant\theta_B$（$\theta_B=1\ 620°$），转向 N110
N190 G00 Z20.;	抬刀
N200 X0 Y0;	
N210 M05;	主轴停
N220 M30;	程序结束

第 2 节　GE-FANUC 21i-M 数控系统编程

学习单元 1　基本编程指令

学习目标

➢ 掌握 GE-FANUC 21i-M 数控系统的常用辅助功能 M 代码及其使用格式

➢ 掌握 GE-FANUC 21i-M 数控系统的常用准备功能 G 代码及其使用格式
➢ 掌握 GE-FANUC 21i-M 数控系统的坐标变换编程方法

知识要求

本节介绍 GE-FANUC 21i-M 数控系统的基本指令与运用。

一、辅助功能

GE-FANUC 21i-M 数控系统的常用辅助功能 M 代码及其格式见表 4-12。

表 4-12　　GE-FANUC 21i-M 的常用 M 代码功能

代码	功能	格式及说明
M00	程序停	M00;
M01	选择停	M01;
M02	程序结束	M02;
M03	主轴正转	M03;
M04	主轴反转	M04;
M05	主轴停	M05;
M06	刀具交换	M06 T××;（××表示刀号）
M08	切削液开	M08;
M09	切削液关	M09;
M30	程序结束返回	M30;
M98	调用子程序	M98 P××*nnnn*; （调用程序号为 O*nnnn* 的程序××次）
M99	子程序结束	子程序格式： O*nnnn*; …; M99;

二、准备功能

GE-FANUC 21i-M 数控系统的常用准备功能 G 代码及其格式与一般 FANUC 系统类似，见表 4-13。

表 4-13 GE-FANUC 21i-M 的常用 G 代码功能

代码	组别	功能	格式及说明
* G00	01	快速点定位	G00 X_ Y_ Z_ ;
G01		直线插补	G01 X_ Y_ Z_ F_ ;
G02		顺时针圆弧/螺旋线插补	G02 X_ Y_ Z_ {I_ J_ K_ / R_} F_ ;
G03		逆时针圆弧/螺旋线插补	G03 X_ Y_ Z_ {I_ J_ K_ / R_} F_ ;
G04	00	暂停	G04 X_ ; G04 P_ ; (X：s；P：ms)
G15	17	取消极坐标编程	G15；
G16		极坐标方式编程	G16；
* G17	02	选择 *XY* 平面	G17；
G18		选择 *ZX* 平面	G18；
G19		选择 *YZ* 平面	G19；
G20	06	用英制尺寸输入	G20；
* G21		用公制尺寸输入	G21；
G28	00	自动返回参考点	G28 X_ Y_ Z_ ;
G29		从参考点移出	G29 X_ Y_ Z_ ;
* G40	07	刀具半径补偿取消	G00 (G01) G40 X_ Y_ (F_)；
G41		刀具半径左补偿	G00 (G01) G41 X_ Y_ D_ (F_)；
G42		刀具半径右补偿	G00 (G01) G42 X_ Y_ D_ (F_)；
G43	08	正向长度补偿	G00 (G01) G43 Z_ H_ (F_)；
G44		负向长度补偿	G00 (G01) G44 Z_ H_ (F_)；
* G49		取消长度补偿	G00 (G01) Z_ G49；
* G50	11	取消比例编程	G50；
G51		比例编程	G51 X_ Y_ Z_ I_ J_ K_ ;
G65	00	宏程序调用指令	—
G66	12	调用模态宏程序	—
* G67		取消调用模态宏程序	—
G68	16	坐标系旋转指令	G68 X_ Y_ R_ ;
* G69		坐标系旋转取消	G69；
G53	00	选择机床坐标系	G53；
G54～G59	14	选择工件坐标系（1～6）	G54～G59；

续表

代码	组别	功能	格式及说明
G73	09	深孔钻削循环	G73 G98（G99）X_ Y_ Z_ （R_）P_ Q_ F_；
G74		攻左旋螺纹循环	G74 G98（G99）X_ Y_ Z_ （R_）P_ F_；
G76		精镗循环	G76 G98（G99）X_ Y_ Z_ （R_）Q_ F_；
* G80		取消固定循环	G80；
G81		钻孔循环	G81 G98（G99）X_ Y_ Z_ （R_）F_；
G82		钻孔循环	G82 G98（G99）X_ Y_ Z_ （R_）P_ F_；
G83		深孔钻削循环	G83 G98（G99）X_ Y_ Z_ （R_）P_ Q_ F_；
G84		攻右旋螺纹循环	G84 G98（G99）X_ Y_ Z_ （R_）P_ F_；
G85		镗孔循环	G85 G98（G99）X_ Y_ Z_ （R_）F_；
G86		镗孔循环	G86 G98（G99）X_ Y_ Z_ （R_）F_；
G87		背镗孔循环	G87 G98（G99）X_ Y_ Z_ （R_）Q_ F_；
G88		人工退出镗孔循环	G88 G98（G99）X_ Y_ Z_ （R_）P_ F_；
G89		镗孔循环	G89 G98（G99）X_ Y_ Z_ （R_）P_ F_；
* G90	03	绝对值编程	G90；
G91		增量值编程	G91；
G92	00	设定工件坐标系	G92 X_ Y_ Z_；
* G94	05	每分钟进给量	G94 F_；（mm/min）
G95		每转进给量	G95 F_；（mm/r）
* G98	10	*Z* 轴返回起始点	—
G99		*Z* 轴返回 *R* 平面	—

注：①表内为 00 组的 G 代码指令是非模态指令，其余为模态指令；

②有“ * ”标记为开机默认状态。

三、坐标变换编程

1. 坐标系旋转

在 GE-FANUC 21i-M 数控系统中，G68、G69 指令可使编程图形按指定旋转中心及旋转方向旋转一定的角度。G68 表示开始坐标旋转，G69 用于撤销旋转功能。

格式：G68 X_ Y_ R_；

…

G69；

说明：

(1) X、Y 为旋转中心的坐标值（可以是 X、Y、Z 中的任意两个，由当前平面选择指令确定)，当 X、Y 省略时，G68 指令认为当前的位置即为旋转中心。

（2）R 为旋转角度，逆时针旋转定义为正向，反之为负向，一般取绝对坐标；旋转角度的范围为-360.0°~+360.0°，无小数点时的单位为 0.001°；当 R 省略时，按系统参数确定旋转角度。

2. 极坐标编程

直角坐标系有 *X*、*Y*、*Z* 三个相互垂直的坐标轴，是数控加工的基本坐标类型。为了方便用户编程，数控系统也允许用一个角度和一个长度表示平面内的一个点 P（α，r），这种坐标系称为极坐标。它的角度称为极角，长度称为极半径，极半径的起点称为极点。这三者是用 G16 指令编程时的三要素。尺寸标注按一个圆周分布时，用极坐标表示坐标位置可以避免换算。

在 GE-FANUC 21i-M 数控系统中，用 G16 来指定极坐标方式编程，用 G15 来取消极坐标方式编程。绝对方式编程时，极半径是当前工件坐标系的原点到终点的距离。增量方式编程时，极半径是当前位置到终点位置的距离，极角值是相对于当前位置的增量。极角在工作平面内的水平轴逆时针旋转时为正，顺时针旋转时为负。极半径与极角的表示见表 4-14。

表 4-14　　极半径与极角的表示

所在平面	极半径值	极角值
G17	*X*	*Y*
G18	*Z*	*X*
G19	*Y*	*Z*

3. 比例变换

使用图形比例变换功能可使原编程尺寸按指定比例缩小或放大，可以让图形按指定规律产生镜像变换。在 GE-FANUC 21i-M 数控系统中，指定比例编程指令是 G51；取消比例编程指令是 G50。G51、G50 均为模态代码。

格式：G51 X__ Y__ Z__ I__ J__ K__；(各轴分别按不同比例变换)

说明：

（1）X__ Y__ Z__为缩放中心的绝对坐标值，如果没有指定 X、Y、Z，则当前位置为缩放中心。

（2）I__ J__ K__分别指 *X*、*Y*、*Z* 轴的缩放比例，如果为负值，则形成镜像（比例值必须是整数，最小设定比例为 0.001，即以实际比例值的 1 000 倍输入）。

注意：使用比例功能时，圆弧插补需用半径 R 编程方式。

如图 4-7a 所示，$P_1P_2P_3P_4$为原加工图形，$P_1'P_2'P_3'P_4'$为各轴按相同比例编程后的图形，

P_0为比例中心。图 4-7b 所示为各轴按不同比例编程后的图形，b/a 为 X 轴比例系数，d/c 为 Y 轴比例系数，O_1为比例中心。

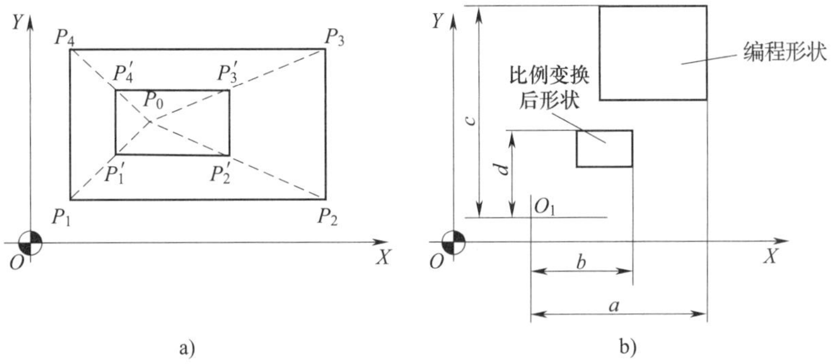

图 4-7　比例变换

a）各轴按相同比例缩放　b）各轴按不同比例缩放

学习单元 2　孔加工固定循环

学习目标

- 熟悉 GE-FANUC 21i-M 数控铣床孔加工固定循环的动作顺序
- 掌握 GE-FANUC 21i-M 数控铣床孔加工固定循环的格式及各指令的含义
- 掌握 GE-FANUC 21i-M 数控铣床常用孔加工固定循环的使用方法

知识要求

一、基本动作

一般来说，每一个 G 指令都对应机床的一个动作，它需要用一个程序段来实现。为了简化编程工作，对于典型加工中几个固定、连续的动作规定用一个 G 指令来指定，以完成本要用多个程序段指令完成的加工动作，并用固定循环指令来选择。

GE-FANUC 21i-M 数控系统常用的孔加工固定循环指令能完成的工作有钻孔、攻螺纹、镗孔等。

孔加工固定循环通常包括六个基本动作，如图 4-8 所示。

（1）*X* 轴和 *Y* 轴定位，由起刀点 *A* 到初始点 *B*。

（2）快速运动到 *R* 点。

（3）孔加工（钻孔、镗孔、攻螺纹等）。

（4）孔底的动作（暂停、主轴停等）。

（5）退回 *R* 点。

（6）快速运动到初始点位置。

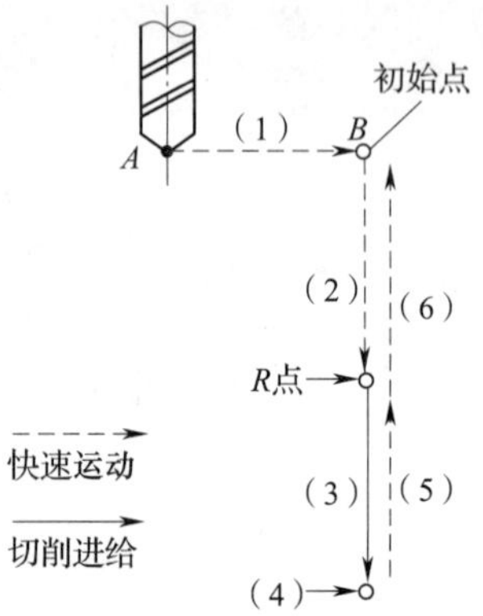

图 4-8　固定循环的基本动作

图 4-8 中，实线表示切削进给，虚线表示快速运动。初始平面是表示从取消固定状态到开始固定循环状态的孔加工轴方向的绝对坐标位置。*R* 平面为在孔口时快速运动与进给运动的转换位置。

二、编程格式

格式：$\begin{Bmatrix} \text{G90} \\ \text{G91} \end{Bmatrix} \begin{Bmatrix} \text{G99} \\ \text{G98} \end{Bmatrix}$ G□□ X_ Y_ Z_ R_ Q_ P_ F_；

说明：

（1）G90、G91：数据方式。G90 为绝对值方式，G91 为增量值方式。

（2）G99、G98：返回平面。在返回动作中，G99 指令返回 *R* 平面，G98 指令返回初始平面。通常，最初加工的孔用 G99，最后加工的孔用 G98，可以减少辅助时间。用 G99 加工时，初始平面不变化。

（3）G□□：孔加工方式。孔加工方式对应的指令见表 4-15。

表 4-15　孔加工固定循环指令

G 指令	加工动作（-*Z* 方向）	孔底动作	退刀动作（+*Z* 方向）	主要用途
G73	间歇进给	暂停	快速进给	高速深孔钻
G74	切削进给	暂停、主轴正转	切削进给	反攻螺纹（左旋螺纹）
G76	切削进给	主轴准停	快速进给	精镗
G80	—	—	—	取消循环
G81	切削进给	—	快速进给	钻、点钻
G82	切削进给	暂停	快速进给	钻、锪钻
G83	间歇进给	暂停	快速进给	深孔钻
G84	切削进给	暂停、主轴反转	切削进给	攻螺纹（右旋螺纹）
G85	切削进给	—	切削进给	镗孔
G86	切削进给	主轴停止	快速进给	镗孔

续表

G 指令	加工动作（$-Z$ 方向）	孔底动作	退刀动作（$+Z$ 方向）	主要用途
G87	切削进给	主轴准停	快速进给	背镗
G88	切削进给	暂停后主轴停止	手动	镗孔
G89	切削进给	暂停	切削进给	镗孔

X、Y：孔位置坐标。刀具以快速进给方式到达（X，Y）点。

Z：孔加工轴方向切削进给最终位置坐标值。当采用绝对方式时，Z 值为孔底坐标值；当采用增量方式时，Z 值为 R 平面相对于孔底的增量值。

R：在绝对方式 G90 中，为 R 平面的绝对坐标；在增量方式 G91 中，为初始点相对于 R 平面的增量值。

Q：在深孔加工循环 G73、G83 中，规定为每次背吃刀量，它始终是一个增量值；在镗孔循环 G87 中，规定为偏移量，一般总为正值。

P：孔底暂停时间，用整数表示，以 ms（毫秒）为单位。

F：切削进给速度，以 mm/min 为单位。在图 4-8 中，循环动作（3）的速度由 F 指定，而循环动作（5）的速度则由选定的循环方式确定。在攻螺纹循环中，F 的单位为 mm/r。

孔加工方式建立后便一直有效，不需要在执行相同孔加工的每一个程序段中重复指定，除非被新的孔加工方式所更换或被撤销。

上述孔加工数据不一定都会用到，根据需要可省去若干地址和数据。

固定循环指令是模态指令，一旦指定就一直保持有效，直到用 G80 取消指令为止。此外，G00、G01、G02、G03 也起取消固定循环指令的作用。在固定循环方式中，如果用到刀具长度补偿指令（G43、G44、G49），则 R 平面定位时进行偏移，如图 4-8 中的动作（2）所示。

三、常用孔加工固定循环

1. 深孔钻削循环 G73

格式：G73 G98（G99）X__ Y__ Z__（R__）P__ Q__ F__；

G73 用于深孔钻削，每次钻削深度为 Q（用增量表示，根据具体情况由编程者给定）。退刀距离为 d，d 用数控系统内部参数设定。到达孔底的最后一次进刀是进刀若干个 Q 之后的剩余量，它小于或等于 Q。G73 指令在钻孔时间断进给，有利于断屑、排屑，适用于深孔加工。G73 指令循环动作如图 4-9 所示。

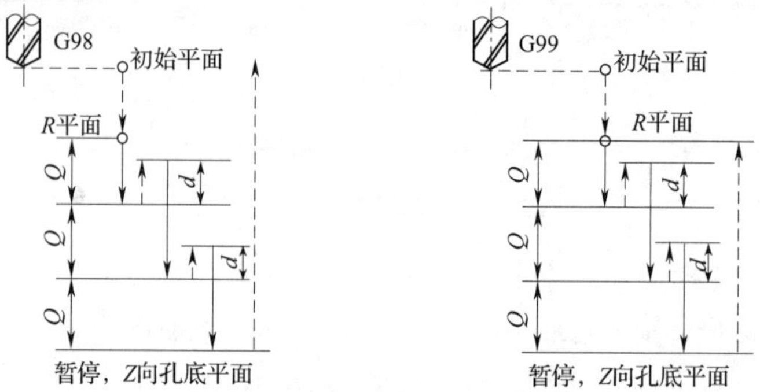

图 4-9　G73 高速钻孔循环

2. 攻左旋螺纹循环 G74

格式：G74 G98（G99）X__ Y__ Z__（R__）P__ F__；

攻左旋螺纹的特点是主轴反转攻入，正转退刀。其循环动作参见 G84。

3. 精镗循环 G76

格式：G76 G98（G99）X__ Y__ Z__（R__）Q__ F__；

G76 指令循环动作如图 4-10 所示。

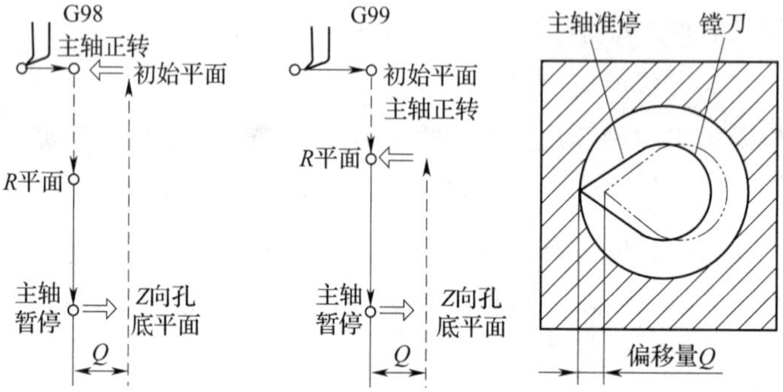

图 4-10　G76 精镗循环

该指令在精镗到孔底时，主轴准停在固定的回转位置上，向与刀尖相反的方向偏移 Q，然后快速退回 R 平面或初始平面。由于有让刀动作，因此主轴后退时不会擦伤已加工面，从而完成高精度、高效率的镗削。

准停的偏移量用地址 Q 指定，Q 值总是正值，即使使用负值，负号也不起作用，偏移方向可以是 $+X$、$-X$、$+Y$、$-Y$，由系统参数选定。Q 值在固定循环中是模态的，在 G73、G83 指令中也作为背吃刀量使用，因此指定时要特别注意。

4. 钻孔循环 G81

格式：G81 G98（G99）X__ Y__ Z__（R__）F__；

钻孔循环 G81 是一种常用的钻孔加工方式，其循环动作如图 4-11 所示。

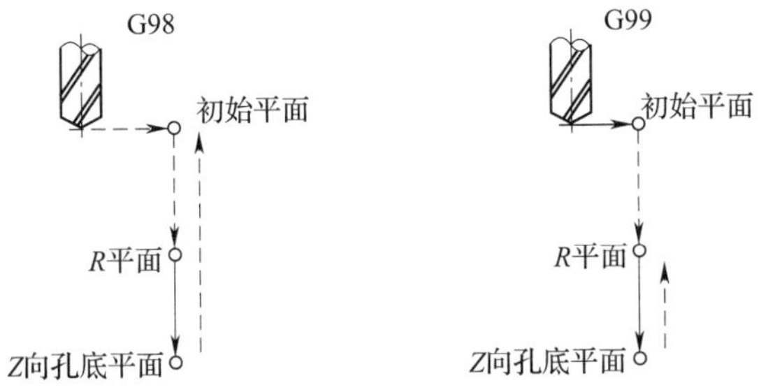

图 4-11　G81 钻孔循环

5. 钻孔循环 G82

格式：G82 G98（G99）X__ Y__ Z__（R__）P__ F__；

G82 和 G81 的循环动作大体相同，只是在孔底暂停后上升。由于在孔底暂停，因此在盲孔加工中可提高孔深的精度。

6. 深孔钻削循环 G83

格式：G83 G98（G99）X__ Y__ Z__（R__）P__ Q__ F__；

G83 深孔钻削循环动作如图 4-12 所示。G83 也采用间歇进给的方法，但其后退量、进给方式与 G73 不同。在 G83 循环动作中，当钻削深度到 Q 值时，钻头暂停后退回 R 平面，当第二次以后切入时，先快速进给到距刚加工完的位置 d 处，然后变为切削进给。

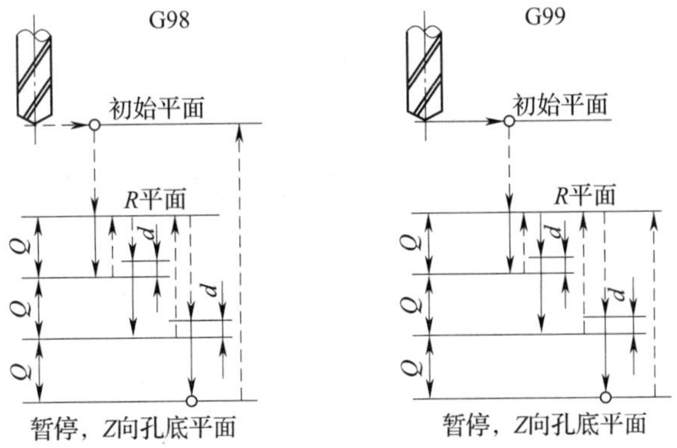

图 4-12　G83 深孔钻削循环

7. 攻右旋螺纹循环 G84

格式：G84 G98（G99）X__ Y__ Z__（R__）P__ F__；

攻右旋螺纹的特点是主轴正转切入，反转退出。其循环动作如图 4-13 所示。

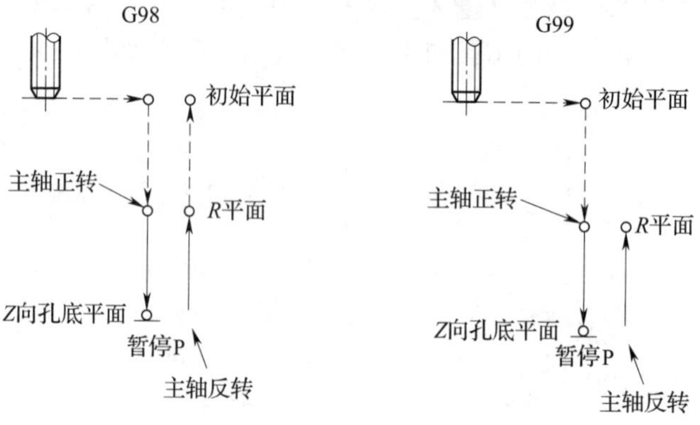

图 4-13　G84 攻右螺纹循环

8. 镗孔循环 G85

格式：G85 G98（G99）X__ Y__ Z__（R__）F__；

G85 为基本的镗孔循环指令。其循环动作如图 4-14 所示。

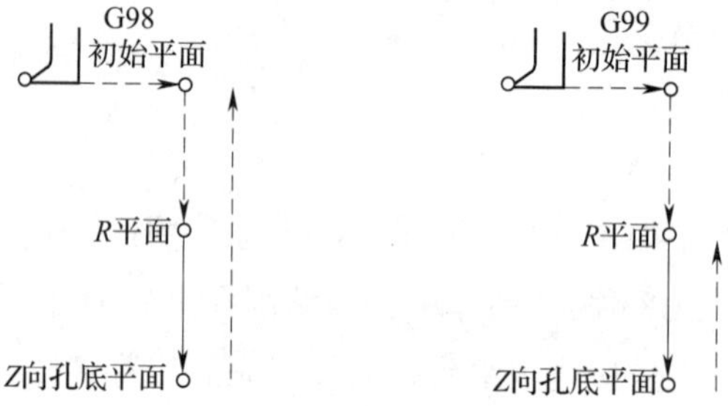

图 4-14　G85 镗孔循环

9. 镗孔循环 G86

格式：G86 G98（G99）X__ Y__ Z__（R__）F__；

G86 指令使主轴在孔底位置停止，然后快速返回原点或 R 点。其循环动作如图 4-15 所示。

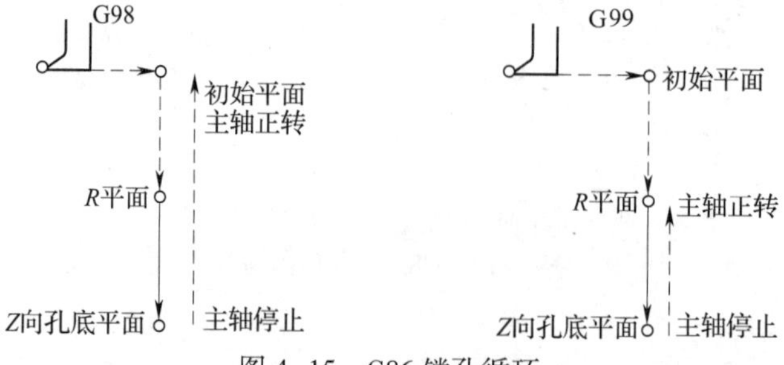

图 4-15　G86 镗孔循环

10. 背镗孔循环 G87

格式：G87 G98（G99）X__ Y__ Z__（R__）Q__ F__;

G87 循环动作如图 4-16 所示。该指令使刀具在 *X*、*Y* 轴定位后，主轴准停在固定的回转位置上，然后向刀尖的相反方向位移 *Q* 值，用快速进给在孔底（*R* 点）定位。在此位置朝刀尖方向进给一个位移量 *Q* 后，主轴正转，刀具向上沿 *Z* 轴的正方向加工到 *Z* 点。在此位置，主轴再次准停，刀具按原偏移量移出，并向孔的上方快速退回。返回初始点后，进给一个位移量，主轴正转，继续执行下段程序。

11. 人工退出镗孔循环 G88

格式：G88 G98（G99）X__ Y__ Z__（R__）P__ F__;

G88 指令使刀具在孔底暂停，主轴停止运转，进给停止，此时转换成手动状态，可以手动移出刀具，要注意刀具从孔中安全退出。再开始自动加工时，快速返回 *R* 点或初始平面后，主轴正转，G88 执行完毕。其循环动作如图 4-17 所示。

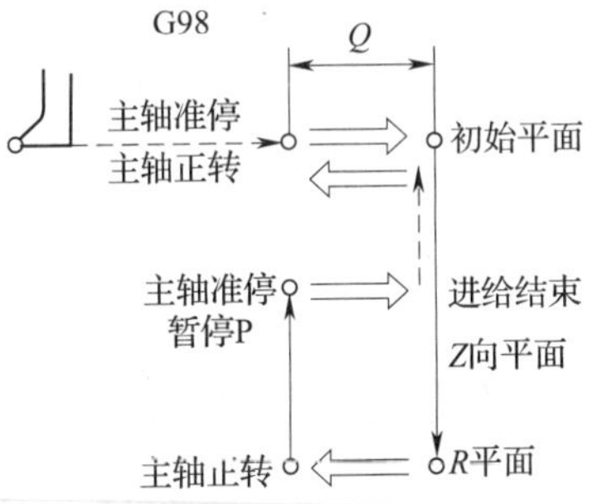

图 4-16　G87 背镗循环

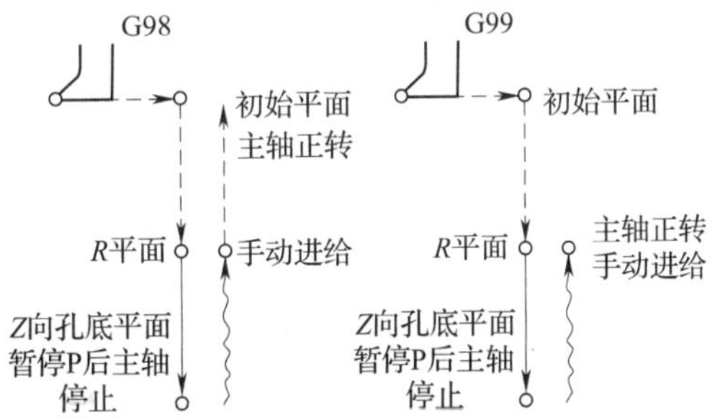

图 4-17　G88 镗孔循环

12. 镗孔循环 G89

格式：G89 G98（G99）X__ Y__ Z__（R__）P__ F__;

G89 与 G85 类似，只是在孔底进行暂停。

学习单元 3　用户宏程序特点

学习目标

➢ 掌握 GE-FANUC 21i-M 数控系统宏程序的运算指令范围

- 掌握 GE-FANUC 21i-M 数控系统控制语句指令及其含义
- 掌握 GE-FANUC 21i-M 数控系统宏程序的编程方法

知识要求

GE-FANUC 21i-M 数控系统用户宏程序的使用方法与 FANUC 宏程序相同，只是其运算指令范围只有定义“=”、和“+”、差“-”、积“＊”、商“/”，FANUC 中的其他运算指令不能使用。

技能要求

运用 GE-FANUC 21i-M 数控系统宏程序编写锥体曲面程序

用宏程序编写如图 4-18 所示的渐变体□24 mm×24 mm 及四斜面的铣削程序，零件的上道工序为 ϕ34 mm—圆锥体—ϕ40 mm 的车削工件（图中细双点画线），材料为铝合金，刀具用 ϕ8 mm 的键槽铣刀。

操作步骤

步骤 1　图样分析

加工路线：在铣削□24 mm×24 mm 后，铣刀轨迹再以正方形边长逐步增大，同时以轴向逐层推进的方式进行加工，如图 4-18 所示。

锥面的斜率为 $\frac{40-24}{2}\times\frac{1}{30}=\frac{4}{15}$。铣削时，正方形的边长与轴向递增之比为 4∶15。

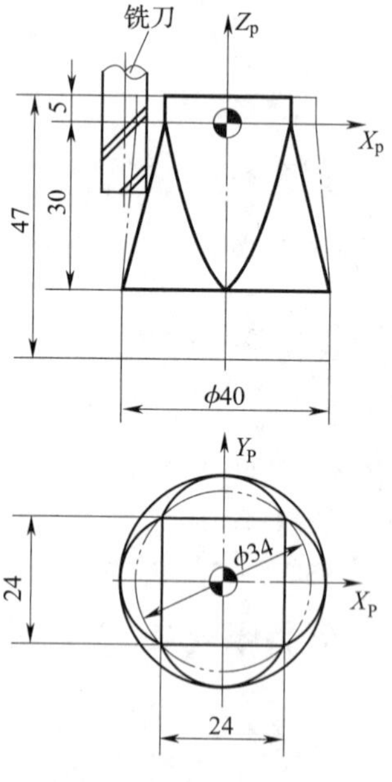

图 4-18　锥体曲面图样

步骤 2　设置变量

#1=0.15，轴向的递增量为 0.15 mm。

#2=0.04，正方形边长的递增量为 0.04 mm。

#3=#4=12.，正方形边长在 X、Y 轴的初始值为 12 mm。

#5=0，在 Z 轴的初始值为 0。

步骤 3　编写程序（见表 4-16）

表 4-16　　运用宏程序编写锥体曲面程序

程序	说明
O0404;	程序名
N10 G54;	建立工件坐标系
N20 G90;	选绝对坐标
N30 M03 S1000;	主轴正转
N40 G00 Z20.;	
N50 X45. Y45.;	
N60 G01 Z0 F100.;	
N70 #1=0.15;	变量赋值
N80 #2=0.04;	
N90 #3=12.;	
N100 #4=12.;	
N110 #5=0;	
N120 G01 Z-#5 F100.;	
N130 G41 D01;	建立刀具半径补偿
N140 G01 X#3 Y#4;	加工正方形轮廓
N150 Y-#4;	
N160 X-#3;	
N170 Y#4;	
N180 X#3;	
N190 G40;	撤销刀具半径补偿
N200 G00 X45. Y45.;	
N210 #5=#5+#1;	Z 向走刀每次增加 0.15 mm
N220 #3=#3+#2;	X 向走刀每次增加 0.04 mm
N230 #4=#4+#2;	Y 向走刀每次增加 0.04 mm
N240 IF [#5LE30.] GOTO120;	若#5 小于等于 30 mm，则程序指向 N120
N250 Z20.;	
N260 G00 X0 Y0;	
N270 M05;	主轴停
N280 M30;	程序结束

第 3 节　HAAS 数控系统编程

学习单元 1　基本编程指令

学习目标

- 掌握 HAAS 数控系统的常用辅助功能 M 代码及其使用格式
- 掌握 HAAS 数控系统的常用准备功能 G 代码及其使用格式

知识要求

本节介绍 HAAS 数控系统的基本指令与运用。

一、辅助功能

HAAS 数控系统的常用辅助功能 M 代码及其格式见表 4-17，其使用规则同 FANUC 系统。

表 4-17　　HAAS 数控系统的常用 M 代码功能

代码	功能	格式及说明
M00	程序停	M00;
M01	选择停	M01;
M02	程序结束	M02;
M03	主轴正转	M03;
M04	主轴反转	M04;
M05	主轴停	M05;
M06	刀具交换	M06 T××；（××表示刀号）
M08	切削液开	M08;
M09	切削液关	M09;
M30	程序结束返回	M30;

续表

代码	功能	格式及说明
M98	调用子程序	M98 P××*nnnn*； 调用程序号为 O*nnnn* 的程序××次
M99	子程序结束	子程序格式： O*nnnn*； …； M99；

二、准备功能

HAAS 数控系统的常用准备功能 G 代码及其格式见表 4-18，其与一般 FANUC 系统类似，用户宏程序的使用与 FAUNC 系统一致。

表 4-18　　HAAS 数控系统的常用 G 代码功能

代码	组别	功能	格式及说明
* G00	01	快速点定位	G00 X_ Y_ Z_；
G01		直线插补	G01 X_ Y_ Z_ F_；
G02		顺时针圆弧/螺旋线插补	G02 X_ Y_ Z_ {I_ J_ K_ / R_} F_；
G03		逆时针圆弧/螺旋线插补	G03 X_ Y_ Z_ {I_ J_ K_ / R_} F_；
G04	00	暂停	G04 P_；（P：有小数点，单位为 s；无小数点，单位为 ms）
G12		顺时针圆周槽铣削循环	G12 I_ K_ L_ Q_ F_ Z_ D_；
G13		逆时针圆周槽铣削循环	G13 I_ K_ L_ Q_ F_ Z_ D_；
* G17	02	选择 *XY* 平面	G17；
G18		选择 *ZX* 平面	G18；
G19		选择 *YZ* 平面	G19；
G20	06	用英制尺寸输入	G20；
* G21		用公制尺寸输入	G21；
G28	00	自动返回参考点	G28 X_ Y_ Z_；
G29		从参考点移出	G29 X_ Y_ Z_；
* G40	07	刀具半径补偿取消	G00（G01）G40 X_ Y_（F_）；
G41		刀具半径左补偿	G00（G01）G41 X_ Y_ D_（F_）；
G42		刀具半径右补偿	G00（G01）G42 X_ Y_ D_（F_）；

续表

代码	组别	功能	格式及说明
G43	08	正向长度补偿	G00（G01）G43 Z_ H_（F_）；
G44		负向长度补偿	G00（G01）G44 Z_ H_（F_）；
* G49		取消长度补偿	G00（G01）Z_G49；
* G50	11	取消比例编程	G50；
G51		比例编程	G51 X_ Y_ Z_ P_； （P：各轴按同一比例变换的比例值，必须是整数，有小数点时为实际比例值，无小数点时为实际比例值的 1 000 倍）
G53	00	选择机床坐标系	G53；
* G54~G59	12	设定工件坐标系（1~6）	G54~G59；
G65	00	宏程序调用指令	—
G73	09	深孔钻削循环	G73 G98（G99）X_ Y_ Z_（R_）P_ Q_ F_；
G74		攻左旋螺纹循环	G74 G98（G99）X_ Y_ Z_（R_）F_；
G76		精镗孔	G76 G98（G99）X_ Y_ Z_（R_）Q_ P_ F_；
G77		背镗孔循环	G77 G98（G99）X_ Y_ Z_（R_）Q_ F_； （相当于 FANUC 系统的 G87）
* G80		取消固定循环	G80；
G81		钻孔循环	G81 G98（G99）X_ Y_ Z_（R_）F_；
G82		钻孔循环	G82 G98（G99）X_ Y_ Z_（R_）P_ F_；
G83		深孔钻削循环	G83 G98（G99）X_ Y_ Z_（R_）P_ Q_ F_；
G84		攻右旋螺纹循环	G84 G98（G99）X_ Y_ Z_（R_）F_；
G85		镗孔循环	G85 G98（G99）X_ Y_ Z_（R_）F_；
G86		镗孔循环	G86 G98（G99）X_ Y_ Z_（R_）F_； （孔底主轴停止后退出）
G87		人工退出镗孔循环	G87 G98（G99）X_ Y_ Z_（R_）F_； （类似于 FANUC 系统的 G88，孔底切削后人工退出）
G88		人工退出镗孔循环	G88 G98（G99）X_ Y_ Z_（R_）P_ F_； （相当于 FANUC 系统的 G88，孔底切削暂停后人工退出）
G89		镗孔循环	G89 G98（G99）X_ Y_ Z_（R_）P_ F_；
* G90	03	绝对值编程	G90；
G91		增量值编程	G91；
G92	00	设定工件坐标系	G92 X_ Y_ Z；

续表

代码	组别	功能	格式及说明
* G94	05	每分钟进给量	G94 F_；（mm/min，带小数点单位）
G95		每转进给量	G95 F_；（mm/r）
* G98	10	Z 轴返回起始点	—
G99		Z 轴返回 R 平面	—
G100	00	取消镜像	G100；
G101		允许镜像	G101；
G150		通用槽铣削循环	G150 X_ Y_ Z_ F_ R_ Q_ I_ （J_） K_ P_ D_ G41（G42）；

注：①表内为 00 组的 G 代码指令是非模态指令，其余为模态指令；

②有“ * ”标记的为开机默认状态。

学习单元 2　常用特殊指令功能

学习目标

- 掌握 HAAS 数控系统圆周槽铣削指令及其应用
- 掌握 HAAS 数控系统镜像功能铣削指令及其应用
- 掌握 HAAS 数控系统通用槽铣削指令及其应用

知识要求

一、圆周槽铣削（G12、G13）

HAAS 数控系统圆周槽铣削循环（G12、G13）用于截面为圆的凹槽铣削，如图 4-19 所示。

格式：$\begin{Bmatrix} G12 \\ G13 \end{Bmatrix}$ I_ K_ L_ Q_ F_ Z_ D_；

说明：

I：循环开始的第一个圆的半径值，它必须大于刀具半径，小于刀具直径，且小于圆周槽半径（K 值）。

K：最终完成圆周槽的半径值。

L：重复深度切削的循环次数。

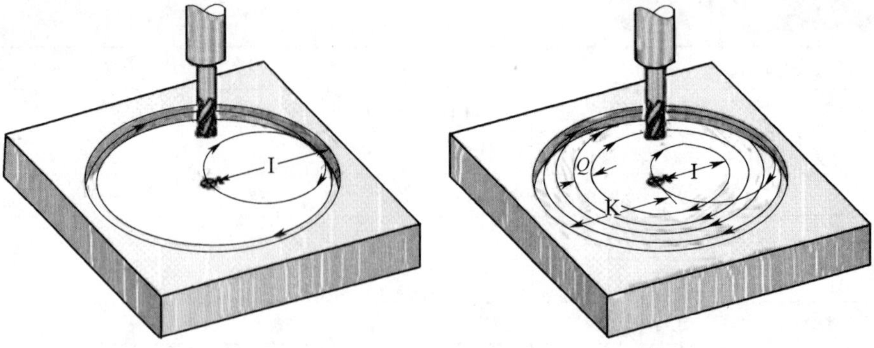

图 4-19　圆周槽铣削循环（G12、G13）

a）只指定 I　b）指定 I、K、Q

Q：铣削过程中圆周半径变化的增量，它必须小于刀具直径。

F：进给速度。

Z：绝对值编程方式下为圆周槽的深度，增量值编程方式下为每次循环深度的增量。

D：刀具半径补偿号。

值得注意的是，指令中已包含 G41、G42 刀具半径补偿指令。如果不使用刀具半径补偿，可用 D00。如果没有指定 D 地址，将采用该程序段执行前已被 G40 取消的刀具半径补偿。

在 G12、G13 程序段前，用 X、Y 指定所要铣削的圆周槽中心。如果 G12、G13 中没有指定 K、Q，那么固定循环只铣削一个圆周。另外，当使用 L 指定多层循环铣削次数时，G12、G13 必须用 G91 增量方式编程。

二、镜像功能（G100、G101）

HAAS 数控系统镜像功能指令格式：

镜像功能设定：G101 X_ Y_；

镜像功能关：G100 X_ Y_；

在 G101 后面需要跟相关对称轴的字母并赋值 0。例如，程序段 G101 X0 表示开启 *X* 轴镜像，对称轴为 *Y* 轴。G100 X0 表示关闭 *X* 轴镜像。

当镜像仅关于 *X* 轴和 *Y* 轴中的一个轴对称时，程序实际运行时 G02、G03 圆弧方向相反，G41、G42 半径补偿方向相反，顺铣与逆铣相反。

三、通用槽铣削（G150）

在 HAAS 数控系统中，G150 是一个非模态通用槽铣削循环指令，可以加工凹槽内包含有凸台的复杂型腔。

格式：G150 X__ Y__ Z__ F__ R__ Q__ I__（J__）K__ P__ D__ G41（G42）；

说明：

X、Y：循环起始点的 X、Y 轴位置。

Z：型腔的深度。

F：进给速度。

R：参考平面位置。

Q：每次在 Z 方向的背吃刀量，必须是正值。

I：X 轴方向的切削增量，必须是正值。

J：Y 轴方向的切削增量，必须是正值。

K：精加工余量，必须是正值。

P：外形定义的子程序号。

D：刀具半径补偿号。

G41、G42：左、右偏置的刀具半径补偿选择。

型腔的形状由子程序中的一系列位移指令来确定。I 或 J 必须指定一个。如果选择了 I，则通过一系列 X 轴的位移来铣削型腔；如果选择了 J，则通过一系列 Y 轴的位移来铣削型腔。I 和 J 都必须是正值，且小于刀具直径。型腔宽度的精加工余量由 K 指定，必须是正值。

型腔一般采用键槽铣刀铣削，如果采用不能轴向进给的立铣刀，用 G150 加工前需要预加工一个工艺孔，以便使刀具能顺利进入。G150 程序段中的 X、Y 值用于铣削型腔前的刀具中心定位，子程序的第一个位移就从这个位置开始，运行到型腔的起始点，最后返回该起始点。

技能要求

运用 HAAS 数控系统圆周槽铣削指令编写程序

用圆周槽铣削循环指令 G12、G13 编写如图 4-20 所示的 ϕ20 mm×2 mm 和 ϕ30 mm×10 mm 两个圆周槽的铣削程序，键槽铣刀的直径为 8 mm。

操作步骤

步骤 1 设定工件坐标系（见图 4-20）。

步骤 2 编写程序（见表 4-19）。

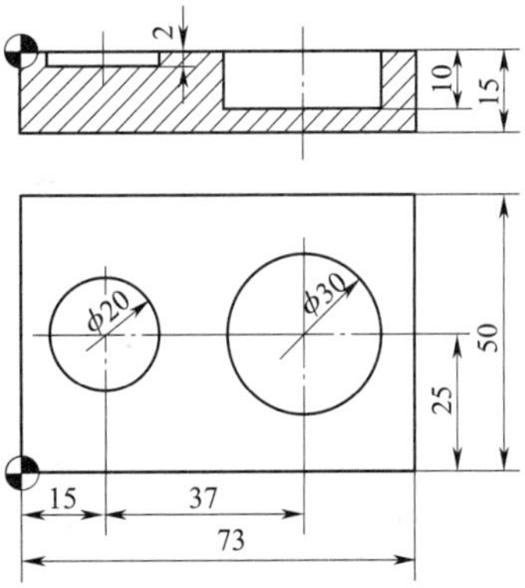

图 4-20 圆周槽铣削图样

表 4-19　　圆周槽铣削程序

程序	说明
O0405；	程序名
N10 G54；	设定工件坐标系
N20 G90 G00 Z20.；	
N30 M03 S1000；	主轴正转
N40 X15. Y25.；	快速移至 ϕ20 mm 孔中心的上方
N50 Z5.；	
N60 G12 I6. K10. Q6. F80. Z-2. D01；	顺时针圆周槽铣削循环，深度为 2 mm，I、Q 要小于刀具直径且大于刀具半径，均取 6 mm
N70 G01 Z5. F100.；	铣槽循环结束，抬刀
N80 G00 X52. Y25.；	快速移至 ϕ30 mm 孔中心的上方
N90 G01 Z2. F100.；	
N100 G91 G13 I6. K15. L4 Q6. F 80. Z-3. D01；	逆时针圆周槽铣削循环，每层深度为 3 mm，共 4 层，I、Q 均取 6 mm
N110 G01 G90 Z2.；	铣槽循环结束，抬刀
N120 G00 Z20.；	
N130 M05；	主轴停
N140 M30；	程序结束

运用 HAAS 数控系统镜像功能指令编写程序

用镜像功能编写如图 4-21 所示图形的铣削程序，深度为 3 mm，键槽铣刀的直径为 8 mm。

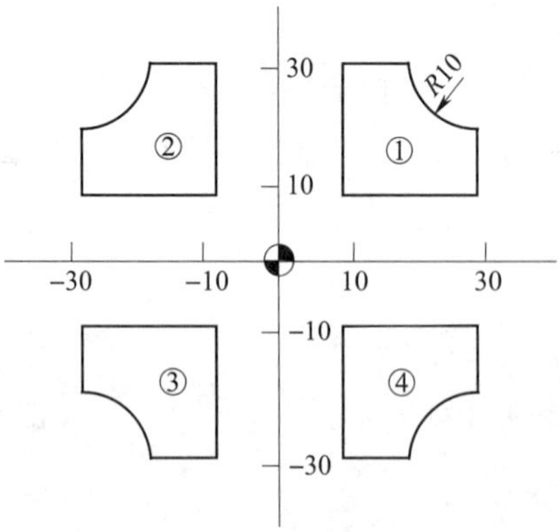

图 4-21　镜像编程

操作步骤

步骤 1 设定工件坐标系

如图 4-21 所示，上表面 Z_P 为 0。

步骤 2 编写程序（见表 4-20）

表 4-20 运用镜像功能编程

程序	说明
O0406;	程序名
N10 G54;	设定工件坐标系
N20 G90 G17;	
N30 M06 T01;	换 1#刀具，即刀具直径为 8 mm 的键槽铣刀
N40 M03 S1000;	主轴正转
N50 G00 Z30.;	
N60 X0 Y0;	移至坐标原点
N70 M98 P1508;	调用 O1508 子程序 1 次，加工图形①
N80 G101 X0;	开启 *X* 坐标镜像，相对于 *Y* 轴对称
N90 M98 P1508;	调用 O1508 子程序 1 次，加工图形②
N100 G101 Y0;	再开启 *Y* 坐标镜像，相对于 *X* 轴对称
N110 M98 P1508;	调用 O1508 子程序 1 次，加工图形③
N120 G100 X0;	关闭 *X* 坐标镜像，仅相对于 *X* 轴对称
N130 M98 P1508;	调用 O1508 子程序 1 次，加工图形④
N140 G100 Y0;	关闭 *Y* 坐标镜像
N150 M05;	主轴停
N160 M30;	程序结束
O1508;	子程序名
N10 G91 G00 Z-25.;	用增量方式对图形①编程
N20 G01 Z-3. F100.;	铣削深度为 3.0 mm
N30 G41 G01 X10. Y5. D01;	刀具左补偿
N40 Y25.;	
N50 X10.;	
N60 G03 X10. Y-10. R10.;	逆时针圆弧插补
N70 G01 Y-10.;	
N80 X-25.;	
N90 G90 G40 X0 Y0;	刀具半径补偿撤销，恢复绝对值方式
N100 Z30.;	
N110 M99;	子程序结束

运用 HAAS 数控系统铣槽循环功能编写凹槽铣削程序

用 G150 铣槽循环功能编写如图 4-22 所示矩形槽的铣削程序，矩形槽深6 mm，采用的键槽铣刀直径为 16 mm。

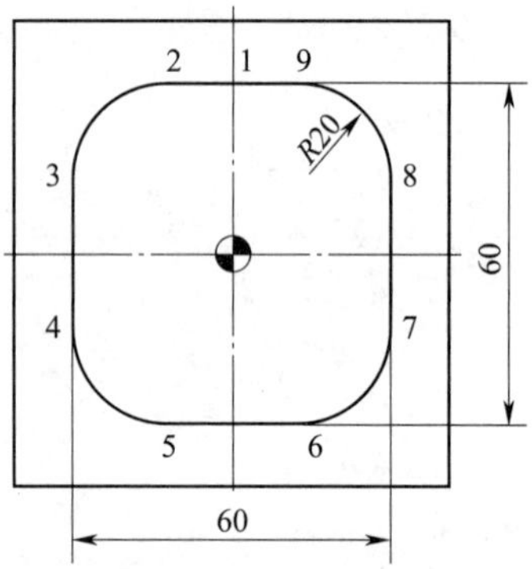

图 4-22　凹槽铣削循环

操作步骤

步骤 1　设定工件坐标系

矩形槽铣削的刀具半径补偿方向取 G41，即逆时针方向运行矩形槽轨迹。工件坐标系如图 4-22 所示，上表面 Z_P 为 0。

步骤 2　编写程序（见表 4-21）

表 4-21　　**凹槽铣削循环程序**

程序	说明
O0407;	程序名
N10 G54;	设定工件坐标系
N20 G90 G17;	
N30 M06 T01;	换 1#刀具，即刀具直径为 16 mm 的键槽铣刀
N40 M03 S1000;	主轴正转
N50 G00 Z30.;	
N60 X0 Y0;	移至坐标原点
N70 G01 Z5. F100.;	
N80 G150 X0 Y0 Z-6. F50. R1. Q2. I8. K0.5 P1509 D01 G41;	铣槽循环，采用 *X* 向位移进行铣削，刀具半径左补偿，逆时针运行矩形轨迹，调用子程序 O1509
N90 G40 G01 X0 Y0;	刀具半径补偿取消
N100 Z5.;	抬刀
N110 G00 Z30.;	
N120 M05;	主轴停
N130 M30;	程序结束
O1509;	子程序名
N10 G01 Y30. ;	运行轮廓轨迹→1 点
N20 X-10.;	1 点→2 点
N30 G03 X-30. Y10. R20.;	2 点→3 点

续表

程序	说明
N40 G01 Y-10.;	3 点→4 点
N50 G03 X-10. Y-30. R20.;	4 点→5 点
N60 G01 X10.;	5 点→6 点
N70 G03 X30. Y-10. R20.;	6 点→7 点
N80 G01 Y10.;	7 点→8 点
N90 G03 X10. Y30. R20.;	8 点→9 点
N100 G01 X0;	9 点→1 点
N110 M99;	子程序结束

运用 HAAS 数控系统铣槽循环功能编写岛屿凹槽铣削程序

用 G150 铣槽循环功能编写如图 4-23 所示的岛屿凹槽铣削程序，矩形环槽深 8 mm，采用的键槽铣刀直径为 10 mm。

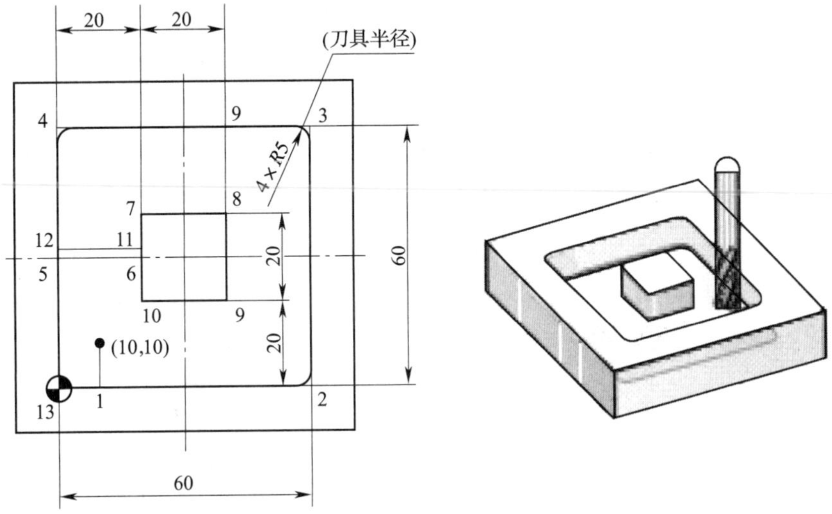

图 4-23　岛屿凹槽铣削循环

操作步骤

步骤 1　设定工件坐标系

岛屿凹槽铣削的刀具半径补偿方向取 G41，即逆时针方向运行矩形凹槽轨迹，顺时针方向运行凸台轨迹。工件坐标系如图 4-23 所示，上表面 Z_P 为 0。

步骤 2 编写程序（见表 4-22）

表 4-22 **岛屿凹槽铣削循环程序**

程序	说明
O0408；	程序名
N10 G54；	设定工件坐标系
N20 G90 G17；	
N30 M06 T01；	换 1#刀具，即刀具直径为 10 mm 的键槽铣刀
N40 M03 S1000；	主轴正转
N50 G00 Z30.；	
N60 X10. Y10.；	移至铣槽循环起点
N70 G01 Z5. F100.；	
N80 G150 X10. Y10. Z-8. F50. R1. Q3. I5. K0.5 P1510 D01 G41；	铣槽循环，采用 *X* 向位移进行铣削，刀具半径左补偿，调用子程序 O1510
N90 G40 G01 X10. Y10.；	刀具半径补偿取消
N100 Z5.；	抬刀
N110 G00 Z30.；	
N120 M05；	主轴停
N130 M30；	程序结束
O1510；	子程序名
N10 G01 Y0；	运行轮廓轨迹→1 点
N20 X60.；	1 点→2 点
N30 Y60.；	2 点→3 点
N40 X0；	3 点→4 点
N50 Y30.；	4 点→5 点
N60 X20.；	5 点→6 点
N70 Y40.；	6 点→7 点
N80 X40.；	7 点→8 点
N90 Y20.；	8 点→9 点
N100 X20.；	9 点→10 点
N110 Y32.；	10 点→11 点
N120 X0；	11 点→12 点
N130 Y0；	12 点→13 点
N140 X10.；	13 点→1 点
N150 M99；	子程序结束

第 4 节　数控铣床综合编程

学习单元 1　用 GE-FANUC 21i-M 系统编写盘类配合零件的加工程序

学习目标

- 能够分析盘类配合零件的图样
- 能够熟练编制盘类配合零件的数控加工工艺卡片及数控刀具卡片
- 能够熟练利用计算器进行简单基点坐标的计算
- 能够熟练编制二维内、外轮廓数控加工程序
- 能够熟练编制钻孔数控加工程序

技能要求

编制如图 4-24 所示盘类配合零件的数控加工工艺规程及程序。

操作准备

图样、ϕ10 mm 键槽铣刀、带 R1 mm 的 ϕ10 mm 平底立铣刀、ϕ6 mm 键槽铣刀、函数计算器、工艺卡片、刀具卡片、笔、尺等。

操作步骤

步骤 1　填写工艺卡片（见表 4-23）

件一

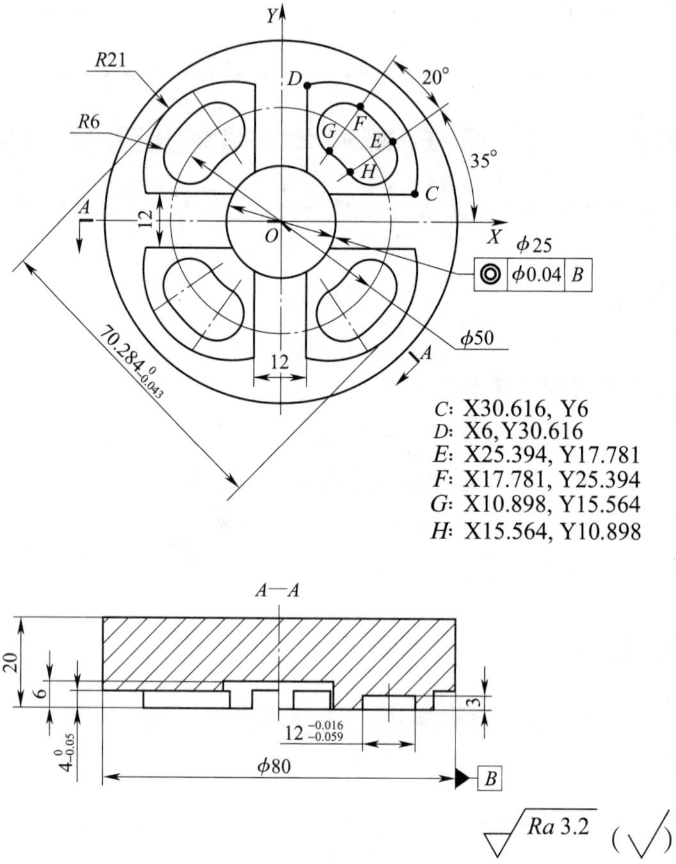

前道工序尺寸：φ80×20

标记	处数	更改文件号	签字	日期	45			盘类配合件加工
设计		标准化			图样标记	质量	比例	2.2.1A
校对		审定					1:1	
审核								铣工（数控铣工）三级试题
工艺		日期			共　页　第　页			

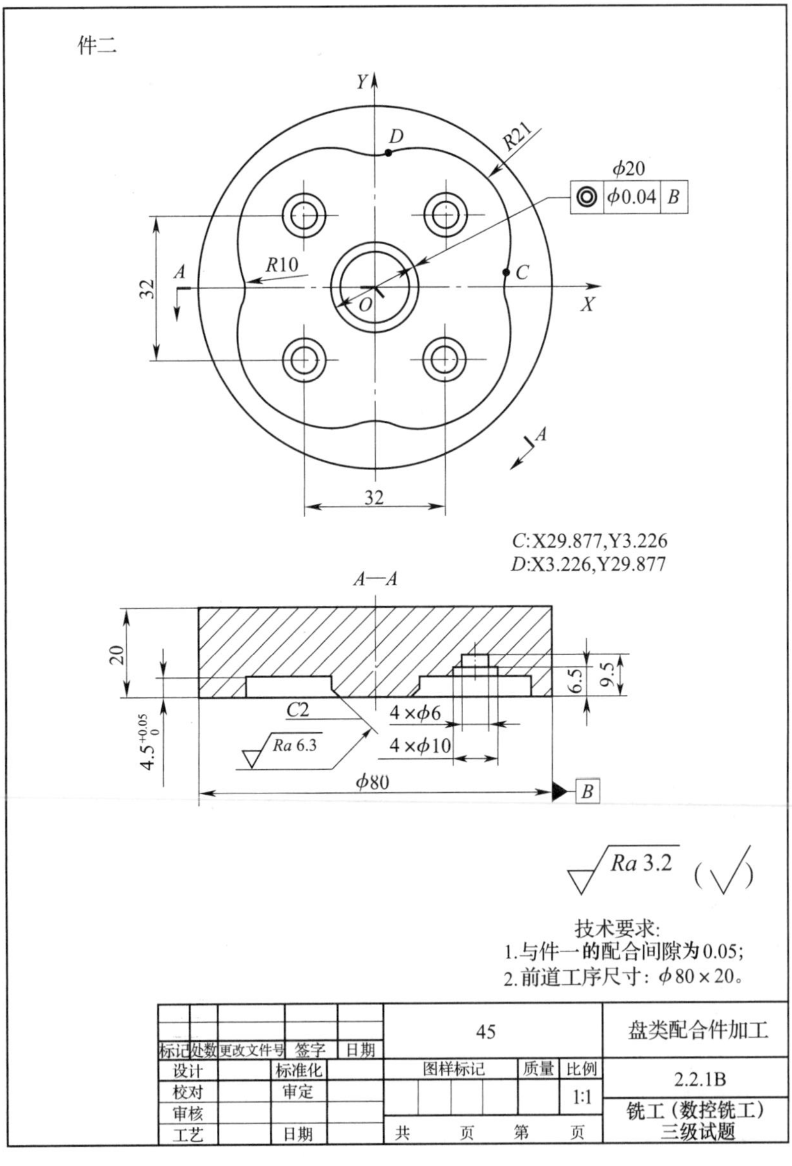
件二
Y
D
R21
ϕ20
ϕ0.04 B
R10
A
C
32
O
X
A
32
C:X29.877,Y3.226
D:X3.226,Y29.877
A—A
20
9.5
6.5
C2
4×ϕ6
Ra 6.3
4×ϕ10
4.5 +0.05 0
ϕ80
B
Ra 3.2 (√)
技术要求:
1.与件一的配合间隙为0.05;
2.前道工序尺寸：ϕ80×20。
45
盘类配合件加工
标记 处数 更改文件号 签字 日期
设计 标准化
图样标记 质量 比例
2.2.1B
校对 审定
1:1
审核
铣工（数控铣工）三级试题
工艺 日期
共 页 第 页

图 4-24　盘类配合零件

表 4-23 盘类配合零件数控加工工艺卡片

数控加工工艺卡				零件代号		材料名称	零件数量
				2.2.1		45	1 套
设备名称	数控铣床	系统型号	GE-FANUC 21i-M	夹具名称	三爪自定心卡盘	毛坯尺寸	ϕ80 mm×20 mm（两件）
工序	工步	工序内容	刀具号	主轴转速（r/min）	进给速度（mm/min）	背吃刀量（mm）	备注（程序名）
1		装夹三爪自定心卡盘，使其位于工作台中间					
2		粗铣和精铣件一的内、外轮廓					
	1	装夹 1 号刀具					
	2	用三爪自定心卡盘装夹件一，以底面、圆柱面定位夹紧，粗铣和精铣内、外轮廓，工件坐标系原点位于上平面中心（用 G54 设定）	1	800/1 000	80/50	2（深度）/0.2（侧面）	O2211
3		粗铣和精铣件二的内、外轮廓					
	1	拆下件一，用三爪自定心卡盘装夹件二，以底面、圆柱面定位夹紧，粗铣和精铣内、外轮廓，工件坐标系原点位于上平面中心（用 G55 设定）	1	800/1 000	80/50	2（深度）/0.2（侧面）	O2212
4		铣削件二短圆锥曲面					
	1	装夹 2 号刀具					
	2	工件装夹同上，铣削件二短圆锥曲面，工件坐标系原点同上（用 G56 设定）	2	1 000	200	0.1	O2213
5		数控钻孔					
	1	装夹 3 号刀具					
	2	工件装夹同上，钻削件二的 4 个 ϕ6 mm 孔，工件坐标系原点同上（用 G57 设定）	3	1 200	30		O2214
6		去毛刺					
编制	╱	审核	╱	批准	╱ 年 月 日	共 1 页	第 1 页

步骤 2　填写刀具卡片（见表 4-24）

表 4-24　　盘类配合零件数控刀具卡片

序号	刀具号	刀具名称	刀具规格	刀具材料	备注（半径补偿）
1	1	键槽铣刀	ϕ10 mm	高速钢	D01、D02、D03
2	2	带 R1 mm 的平底立铣刀	ϕ10 mm	高速钢	D04
3	3	键槽铣刀	ϕ6 mm	高速钢	—
编制		审核		批准		年　月　日	共 1 页	第 1 页

步骤 3　图样分析及基点计算

件一的内、外轮廓为中心对称式，分析第 I 象限轮廓刀具半径补偿的轨迹，如图4-25所示。外轮廓建立 G41 刀具半径补偿 P_1(40，−2) 和 C 点；撤销刀具半径补偿P_2(6，6)、P_3(−2，−2)。中间凹圆轮廓建立 G41 刀具半径补偿 P_3和 P_4(0，−12.5)；撤销刀具半径补偿 P_4和 P_5(2，−2)。腰形凹槽建立 G41 刀具半径补偿P_6(20，15.5)和 F 点；撤销刀具半径补偿 G 和 P_6。

件二的内轮廓与件一的外轮廓配合，外轮廓为短圆锥与圆柱相接。内轮廓刀具半径补偿的轨迹如图 4-26 所示，建立 G41 刀具半径补偿 P_7(16，−16) 和 C'点；撤销刀具半径补偿 C 点和 P_8(16，16)。凸圆外轮廓刀具半径补偿的轨迹如图 4-26 所示，建立 G41 刀具半径补偿 P_8和 P_9(10，5)；撤销刀具半径补偿 P_{10}(10，−5) 和 P_7。

件二短圆锥用带 R1 mm 的平底立铣刀铣削。如图 4-27 所示，加工时刀具上的 P 点接触工件斜表面，用参数#1 表示接触点 P 与上表面的距离，由于短圆锥为 45°倒角，则接触点 P 与圆锥小径的距离也为#1，因此建立 G41 刀具半径补偿 P_8和 P_{11}(8+#1，5)；撤销刀具半径补偿 P_{12}(8+#1，−5) 和 P_7。

步骤 4　件一轮廓程序编写

编写工序 2 内、外轮廓程序，采用旋转方式编写四个对称外轮廓程序，见表 4-25。

步骤 5　件二轮廓程序编写

编写工序 3 内、外轮廓程序，见表 4-26。

步骤 6　件二短圆锥程序编写

编写工序 4 短圆锥程序，见表 4-27。

这里要注意的是，设定 G56 工件坐标系时，应考虑刀具接触点 P 与刀具底面之间的距离，该距离的计算方式为刀尖圆角半径 − 刀尖圆角半径 × cos45° = 1 − 1 × cos45° ≈ 0.293 (mm)，如图 4-27 所示。

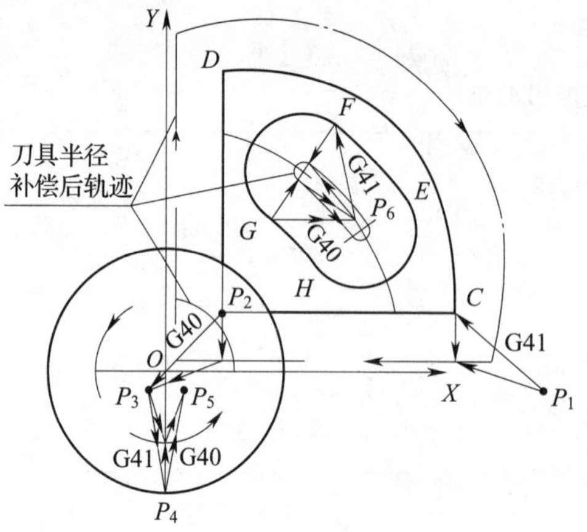

图 4-25　盘类配合零件件一编程分析

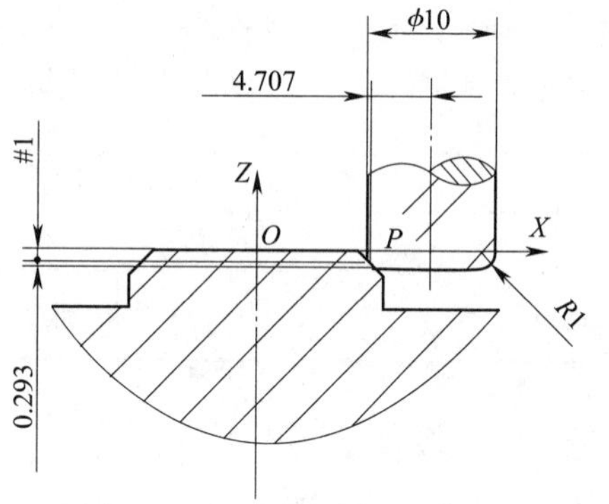

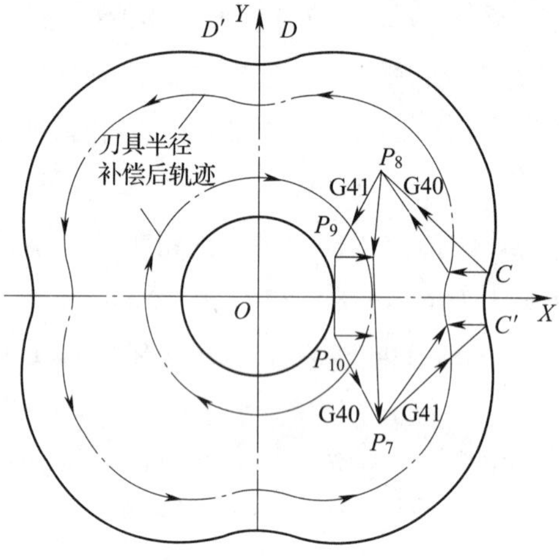

图 4-26　盘类配合零件件二编程分析

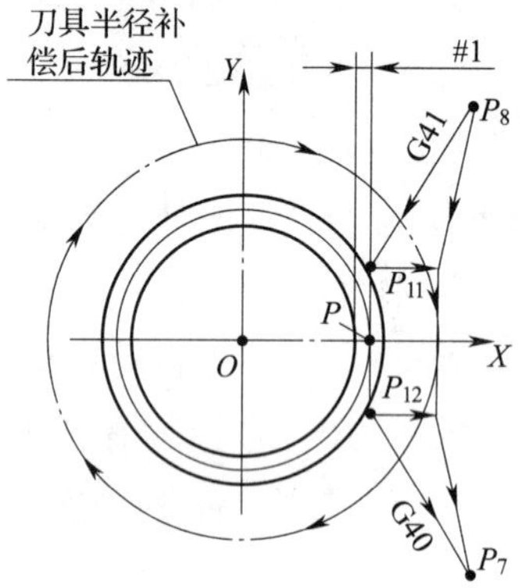

图 4-27　短圆锥编程分析

表 4-25　　盘类配合零件件一内、外轮廓程序（GE-FANUC 21i-M）

程序	说明
O2211;	件一轮廓程序名
N10 G54 G17 G90;	设定工件坐标系、*XOY* 平面、绝对值编程
N20 M03 S800;	主轴正转
N30 G00 Z50. M08;	*Z* 轴快速定位
N40 M98 P0001;	调用 O0001 子程序一次
N50 G68 X0 Y0 R90.;	以原点为旋转中心，工件坐标系逆时针转 90°
N60 M98 P0001;	调用 O0001 子程序一次
N70 G68 X0 Y0 R180.;	以原点为旋转中心，工件坐标系逆时针转 180°

续表

程序	说明
N80 M98 P0001;	调用 O0001 子程序一次
N90 G68 X0 Y0 R270.;	以原点为旋转中心，工件坐标系逆时针转 270°
N100 M98 P0001;	调用 O0001 子程序一次
N110 G69;	坐标旋转取消
N120 G00 X-2. Y-2.;	快速定位到 P_3点
N130 G01 Z-6. F100.;	深度为 6 mm
N140 G41 X0 Y-12.5 D03;	到 P_3点建立刀具半径左补偿
N150 G03 J12.5;	逆时针运行整圆
N160 G01 G40 X2. Y-2.;	撤销刀具半径补偿到 P_5点
N170 G00 Z50. M09;	快速抬刀
N180 M05;	主轴停转
N190 M30;	程序结束
O0001;	子程序名
N10 G00 X40. Y-2.;	快速移到 P_1点
N20 Z5.;	下刀到离上表面 5 mm
N30 G01 Z-3.975 F80.;	到轮廓深度的中间值
N40 G41 X30.616 Y6. D01;	建立刀具半径左补偿，到 C 点
N50 X6. Y6. ;	顺时针运行外轮廓，直线插补到 P_2 点
N60 Y30.616 ;	到 D 点
N70 G02 X30.616 Y6. R21. ;	圆弧插补到 C 点
N80 G01 X6. Y6. ;	到 P_2 点
N90 G40 X-2. Y-2. ;	撤销刀具半径补偿，到 P_3点
N100 Z5. ;	抬刀
N110 G00 X20. Y15.5;	快速运行到 P_6点
N120 G01 Z-3. ;	到内轮廓深度
N130 G41 X17.781 Y25.394 D02;	建立刀具半径左补偿，到 F 点
N140 G03 X10.898 Y15.564 R6. ;	逆时针圆弧插补到 G 点
N150 G02 X15.564 Y10.898 R19. ;	顺时针圆弧插补到 H 点
N160 G03 X25.394 Y17.781 R6. ;	逆时针圆弧插补到 E 点
N170 G03 X17.781 Y25.394 R31. ;	逆时针圆弧插补到 F 点
N180 G03 X10.898 Y15.564 R6. ;	逆时针圆弧插补到 G 点
N190 G01 G40 X20. Y15.5;	撤销刀具半径补偿，到 P_6点
N200 Z5. ;	抬刀
N210 M99;	子程序结束，返回主程序

表 4-26　　盘类配合零件件二内、外轮廓程序（GE-FANUC 21i-M）

程序	说明
O2212;	件二轮廓程序名
N10 G55 G17 G90;	设定工件坐标系、*XOY* 平面、绝对值编程
N20 M03 S800;	主轴正转
N30 G00 Z50. M08;	*Z* 轴快速定位
N40 X16. Y-16.;	快速移到 P_7 点
N50 Z5.;	下刀到离上表面 5 mm
N60 G01 Z-4.525 F100.;	到轮廓深度的中间值
N70 G41 X29.877 Y-3.226 D03;	建立刀具半径左补偿，到 *C′* 点
N80 G02 Y3.226 R10.;	顺时针圆弧插补到 *C* 点
N90 G03 X3.226 Y29.877 R21.;	逆时针圆弧插补到 *D* 点
N100 G02 X-3.226 R10.;	顺时针圆弧插补到 *D′* 点
N110 G03 X-29.877 Y3.226 R21.;	逆时针圆弧插补到 *C* 点相对于 *Y* 轴的对称点
N120 G02 Y-3.226 R10.;	顺时针圆弧插补到 *C′* 点相对于 *Y* 轴的对称点
N130 G03 X-3.226 Y-29.877 R21.;	逆时针圆弧插补到 *D′* 点相对于 *X* 轴的对称点
N140 G02 X3.226 R10.;	顺时针圆弧插补到 *D* 点相对于 *X* 轴的对称点
N150 G03 X29.877 Y-3.226 R21.;	顺时针圆弧插补到 *C′* 点
N160 G02 Y3.226 R10.;	顺时针圆弧插补到 *C* 点
N170 G40 G01 X16. Y16.;	撤销刀具半径补偿，到 P_8 点
N180 G41 X10. Y5. D03;	建立刀具半径左补偿，到 P_9 点
N190 Y0;	到凸圆轮廓的左切点
N200 G02 I-10.;	顺时针运行整圆
N210 G01 Y-5.;	切向退出到 P_{10} 点
N220 G40 X16. Y-16.;	撤销刀具半径补偿，到 P_7 点
N230 G02 I-16. J16.;	运行整圆，铣去残余量
N240 G99 G81 X16. Y-16. Z-6.5 R3. F30.;	钻孔循环，加工右下角 ϕ10 mm 孔
N250 Y16.;	钻孔循环，加工右上角 ϕ10 mm 孔
N260 X-16.;	钻孔循环，加工左上角 ϕ10 mm 孔
N270 G98 Y-16.;	钻孔循环，加工左下角 ϕ10 mm 孔
N280 G01 Z5.;	抬刀
N290 G00 Z50. M09;	快速抬刀
N300 M05;	主轴停转
N310 M30;	程序结束

表 4-27　　盘类配合零件件二短圆锥程序（GE-FANUC 21i-M）

程序	说明
O2213;	件二短圆锥程序名
N10 G56 G17 G90;	设定工件坐标系、*XOY* 平面、绝对值编程
N20 M03 S1000;	主轴正转
N30 G00 Z50. M08;	*Z* 轴快速定位

续表

程序	说明
N40 X16. Y16.;	快速移到 P_8 点
N50 Z5.;	下刀到离上表面 5 mm
N60 #1=0;	引入参数#1 的初始值 0
N70 G01 Z-#1 F200.;	深度到#1，深度随着#1 的变化而变化
N80 G41 X [8.+#1] Y5. D04;	建立刀具半径左补偿，到 P_{11} 点
N90 Y0;	切向切入，到短圆锥所在平面的切点
N100 G02 I- [8.+#1];	顺时针运行整圆
N110 G01 Y-5.;	切向退出
N120 G40 X16. Y-16.;	撤销刀具半径补偿，到 P_7 点
N130 G00 Y16.;	快速移到 P_8 点
N140 #1=#1+0.1;	参数每次增量为 0.1 mm
N150 IF [#1LE2.] GOTO70;	如果参数#1 小于等于 2 mm，则返回 N70 程序段
N160 Z5.;	抬刀
N170 G00 Z50. M09;	快速抬刀
N180 M05;	主轴停转
N190 M30;	程序结束

步骤 7 件二钻孔程序编写

编写工序 5 钻孔加工程序，见表 4-28。

表 4-28　　盘类配合零件件二钻孔程序（GE-FANUC 21i-M）

程序	说明
O2214;	件二钻孔程序名
N10 G57 G17 G90;	设定工件坐标系、*XOY* 平面、绝对值编程
N20 M03 S1200;	主轴正转
N30 G00 Z50.;	*Z* 轴快速定位
N40 X16. Y16.;	快速移到右上角孔位
N50 Z5. M08;	刀具下移
N60 G99 G81 Z-9.5 R3. F30.;	钻孔循环，加工右上角 ϕ6 mm 孔
N70 X-16.;	钻孔循环，加工左上角 ϕ6 mm 孔
N80 Y-16.;	钻孔循环，加工左下角 ϕ6 mm 孔
N90 G98 X16.;	钻孔循环，加工右下角 ϕ6 mm 孔
N100 G80;	钻孔循环取消
N110 G00 Z50. M09;	快速抬刀
N120 M05;	主轴停转
N130 M30;	程序结束

步骤 8 计算刀具半径补偿值

由于轮廓粗加工侧面余量为 0.2 mm，因此粗加工时刀具半径补偿值取“理论半径+0.2 mm”。本单元中 $D01_{粗}=D02_{粗}=D03_{粗}=5.2$ mm。粗加工切削完成后，按下列公式修正刀具半径补偿 D01、D02、D03 的数值，以进行精加工调整：

$$D\times\times_{精}=D\times\times_{粗}-\left|\frac{B_{实测尺寸}-B_{图样尺寸}}{2}\right|$$

其中，件一外轮廓 $B_{图样尺寸}$ 取 $70.284_{-0.043}^{0}$ mm 的中间值 70.263 mm，这里用 D01 修正；件一内轮廓 $B_{图样尺寸}$ 取 $12_{-0.059}^{-0.016}$ mm 的中间值 11.963 mm，用 D02 修正。

件二的内轮廓与件一的外轮廓相配合，根据间隙要求 0.05 mm，得出件二与件一配合处的内轮廓尺寸=件一的外轮廓尺寸+0.05 mm，若件一的外轮廓尺寸取中间值，则件二的内轮廓尺寸为 70.263+0.05=70.313（mm），用 D03 修正。由于件二的外轮廓无公差要求，因此也按 D03 来加工。

加工件二的短圆锥时，由于刀具上的 *P* 点始终接触零件表面，如图 4-27 所示，因此刀具半径补偿 D04 的值按 *P* 点到刀具轴线的水平距离计算，则 D04=刀具半径-（刀尖圆角半径-刀尖圆角半径×sin45°）=5-（1-1×sin45°）≈4.707（mm）。

学习单元 2 用 HAAS 系统编写板类多面加工零件的加工程序

学习目标

- 能够分析板类多面加工零件图样
- 能够熟练编制板类多面加工零件的数控加工工艺卡片及数控刀具卡片
- 能够熟练利用计算器进行简单基点坐标的计算
- 能够熟练编制二维内、外轮廓数控加工程序
- 能够熟练编制钻孔数控加工程序

技能要求

编制如图 4-28 所示的板类多面加工零件的数控加工工艺规程及程序。

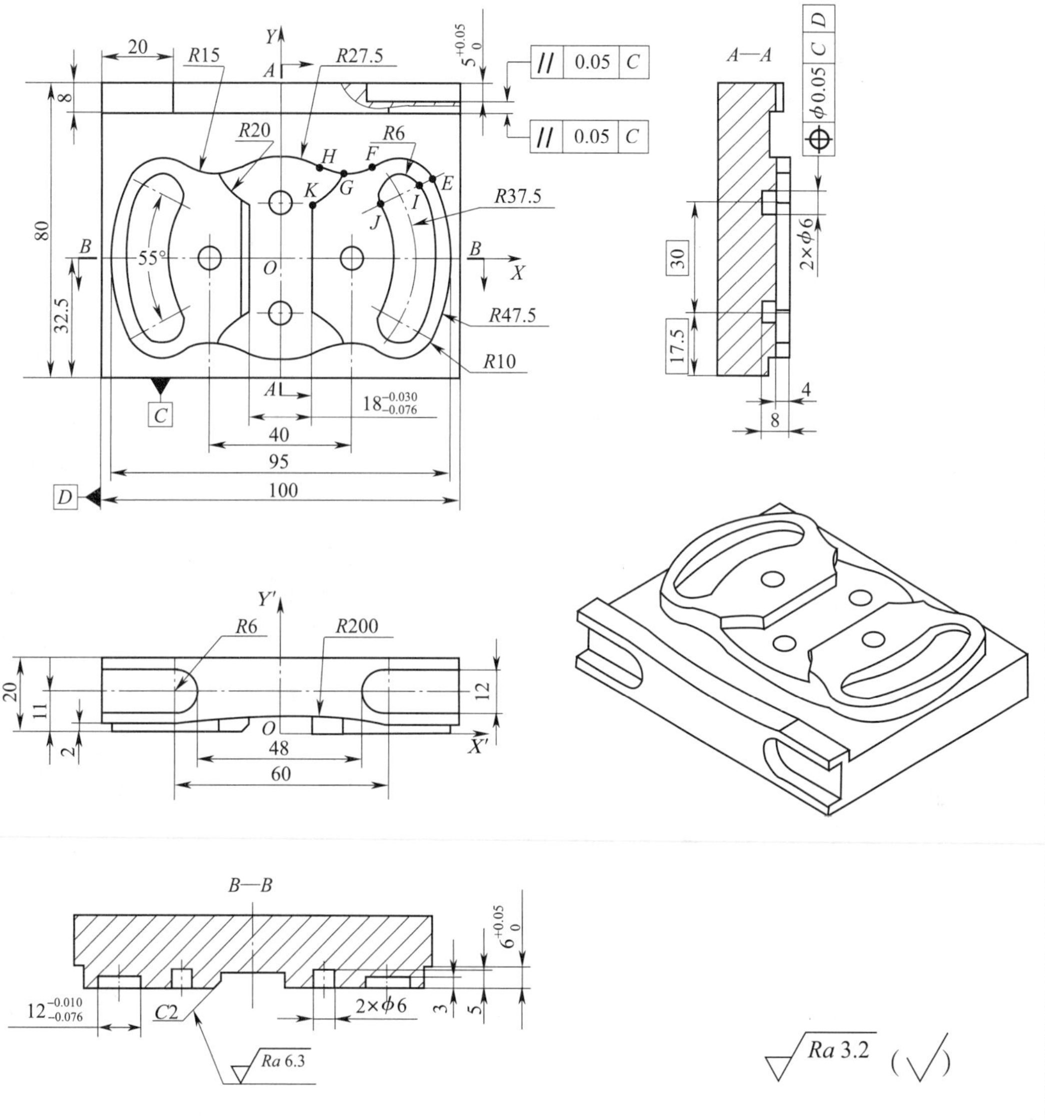

前道工序尺寸：100×80×20

E:X42.133,Y21.933
F:X27.614,Y25.567
G:X17.612,Y23.024
H:X12.386,Y24.553
I:X38.585,Y20.086
J:X27.941,Y14.545
K:X9,Y14.639

					45			板类零件加工
标记	处数	更改文件号	签 字	日 期				
设 计		标准化			图样标记	质量	比例	2.1.3
校 对		审 定						
审 核								铣工（数控铣工）三级试题
工 艺		日 期			共 页		第 页	

图 4-28　板类多面加工零件

操作准备

图样、$\phi10$ mm 键槽铣刀、带 $R1$ mm 的 $\phi10$ mm 平底立铣刀、$\phi6$ mm 键槽铣刀、函数计算器、工艺卡片、刀具卡片、笔、尺等。

操作步骤

步骤 1　填写工艺卡片（见表 4-29）

表 4-29　　板类多面加工零件数控加工工艺卡片

<table>
<tr><td colspan="4" rowspan="2">数控加工工艺卡</td><td colspan="3">零件代号</td><td colspan="2">材料名称</td><td>零件数量</td></tr>
<tr><td colspan="3">2. 1. 3</td><td colspan="2">45</td><td>1 件</td></tr>
<tr><td colspan="2">设备名称</td><td>数控铣床</td><td>系统型号</td><td>HAAS</td><td colspan="2">夹具名称</td><td>平口虎钳</td><td>毛坯尺寸</td><td>100 mm×80 mm×20 mm</td></tr>
<tr><td>工序</td><td>工步</td><td colspan="2">工序内容</td><td>刀具号</td><td>主轴转速（r/min）</td><td colspan="2">进给速度（mm/min）</td><td>背吃刀量（mm）</td><td>备注（程序名）</td></tr>
<tr><td>1</td><td></td><td colspan="2">装夹平口虎钳，校正定位钳口</td><td></td><td></td><td colspan="2"></td><td></td><td></td></tr>
<tr><td>2</td><td></td><td colspan="2">粗铣和精铣大平面内、外轮廓</td><td></td><td></td><td colspan="2"></td><td></td><td></td></tr>
<tr><td></td><td>1</td><td colspan="2">装夹 1 号刀具</td><td></td><td></td><td colspan="2"></td><td></td><td></td></tr>
<tr><td></td><td>2</td><td colspan="2">用平口虎钳装夹工件，大平面向上，以底面、前侧面定位夹紧，粗铣和精铣内、外轮廓，工件坐标系原点位于上平面（用 G54 设定）</td><td>1</td><td>800/1 000</td><td colspan="2">80/50</td><td>2（深度）/0. 2（侧面）</td><td>O2131</td></tr>
<tr><td>3</td><td></td><td colspan="2">铣削短锥形曲面</td><td></td><td></td><td colspan="2"></td><td></td><td></td></tr>
<tr><td></td><td>1</td><td colspan="2">装夹 2 号刀具</td><td></td><td></td><td colspan="2"></td><td></td><td></td></tr>
<tr><td></td><td>2</td><td colspan="2">工件装夹同上，铣削短锥形曲面，工件坐标系原点同上（用 G55 设定）</td><td>2</td><td>1 000</td><td colspan="2">200</td><td>0. 1</td><td>O2132</td></tr>
<tr><td>4</td><td></td><td colspan="2">数控钻孔</td><td></td><td></td><td colspan="2"></td><td></td><td></td></tr>
<tr><td></td><td>1</td><td colspan="2">装夹 3 号刀具</td><td></td><td></td><td colspan="2"></td><td></td><td></td></tr>
<tr><td></td><td>2</td><td colspan="2">工件装夹同上，钻削 4 个 $\phi6$ mm 孔，工件坐标系原点同上（用 G56 设定）</td><td>3</td><td>1 200</td><td colspan="2">30</td><td></td><td>O2133</td></tr>
<tr><td>5</td><td></td><td colspan="2">铣削侧面轮廓</td><td></td><td></td><td colspan="2"></td><td></td><td></td></tr>
<tr><td></td><td>1</td><td colspan="2">装夹 1 号刀具</td><td></td><td></td><td colspan="2"></td><td></td><td></td></tr>
</table>

续表

工序	工步	工序内容	刀具号	主轴转速（r/min）	进给速度（mm/min）	背吃刀量（mm）	备注（程序名）
	2	用平口虎钳重新装夹工件，前侧面向上，以底面、后侧面定位夹紧，粗铣和精铣侧面内、外轮廓，工件坐标系原点位于上平面下侧中心（用 G57 设定）	1	800/1 000	80/50	2（深度）/0.2（侧面）	O2134
6		去毛刺					
编制	╱	审核	╱	批准	╱	年　月　日	共 1 页 / 第 1 页

步骤 2　填写刀具卡片（见表 4-30）

表 4-30　　**板类多面加工零件数控刀具卡片**

序号	刀具号	刀具名称	刀具规格	刀具材料	备注（半径补偿）
1	1	键槽铣刀	ϕ10 mm	高速钢	D01、D02
2	2	带 *R*1 mm 的平底立铣刀	ϕ10 mm	高速钢	D03
3	3	键槽铣刀	ϕ6 mm	高速钢	—
编制	╱	审核	╱	批准	╱ 年　月　日	共 1 页	第 1 页

步骤 3　图样分析及基点计算

大平面内、外轮廓为 *X* 轴对称，右半部轮廓刀具半径补偿的轨迹分析如图 4-29 所示。外轮廓建立 G41 刀具半径补偿 P_1(60，34.5) 和 P_2(47.5，5)；撤销刀具半径补偿 P_3(47.5，−5) 和 P_4(60，−34.5)。中间凹轮廓建立 G41 刀具半径补偿 P_5(0，−33) 和 P_6(9，−20)；撤销刀具半径补偿 P_7(9，20) 和 P_8(0，33)。腰形凹槽建立 G41 刀具半径补偿 P_9(34，16) 和 P_{10}(31.5，5)；撤销刀具半径补偿 P_{11}(31.5，−5) 和 P_{12}(34，−16)。

大平面短锥形曲面用带 $R1$ mm 的平底立铣刀铣削。如图 4-30 所示，加工时刀具上的 P 点接触工件斜表面，用参数#1 表示接触点 P 与上表面的距离，由于锥形为 45°倒角，则接触点 P 与锥形外侧的距离也为#1，因此建立 G41 刀具半径补偿 P_{13}(0，28) 和 P_{14}(11-#1，18)；撤销刀具半径补偿 P_{15}(11-#1，-18) 和 P_{16}(0，-28)。

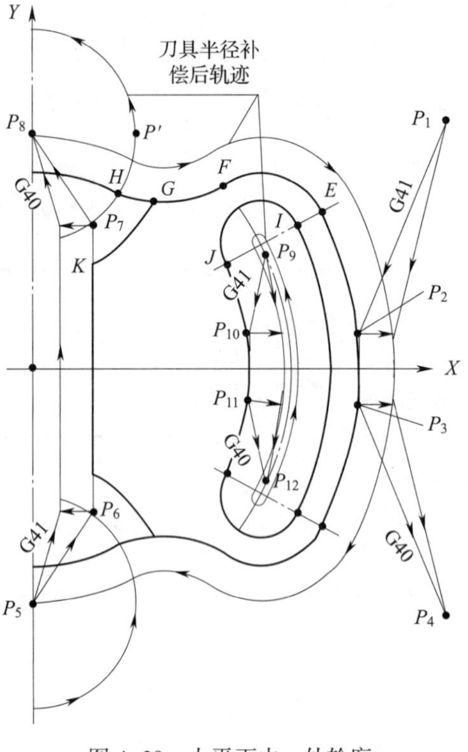

图 4-29　大平面内、外轮廓编程分析

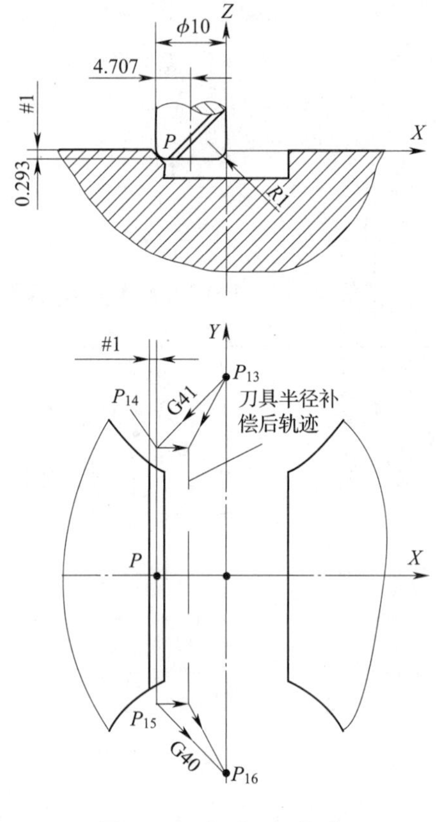

图 4-30　大平面短锥形曲面编程分析

侧面轮廓刀具半径补偿的轨迹如图 4-31 所示。腰形凹槽关于 X 轴坐标镜像，建立 G41 刀具半径补偿 P_{17}(65，11) 和 P_{18}(55，17)；撤销刀具半径补偿 P_{19}(55，5) 和 P_{17} 点。$R200$ mm 的圆弧面建立 G41 刀具半径补偿 P_{20}(65，-10) 和 P_{21}(55，2)；撤销刀具半径补偿 P_{22}(-55，2) 和 P_{23}(-65，-10)。

步骤 4　大平面轮廓程序编写

编写工序 2 大平面内、外轮廓程序，采用镜像方式编写两个对称腰形凹槽程序，见表 4-31。

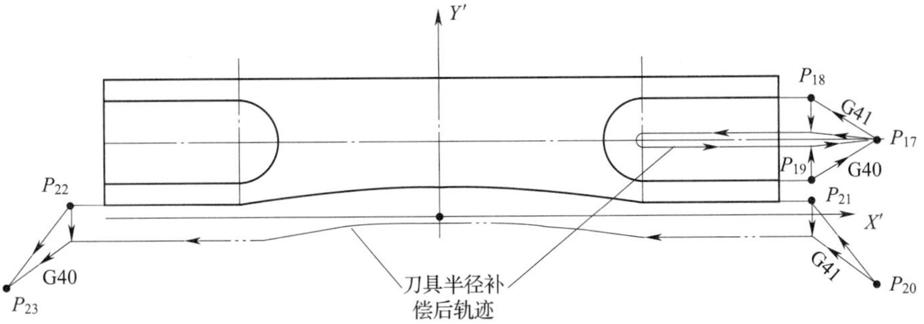

图 4-31　侧面轮廓编程分析

表 4-31　　板类多面加工零件大平面内、外轮廓程序（HAAS）

程序	说明
O2131;	轮廓程序名
N10 G54 G17 G90;	设定工件坐标系、XOY 平面、绝对值编程
N20 M03 S800;	主轴正转
N30 G00 Z50.;	Z 轴快速定位
N40 X-60. Y34.5;	到 P_1 点相对于 Y 轴的对称点，准备铣削残余量
N50 Z5. M08;	刀具快速下移
N60 G01 Z-6. F80.;	深度为 6 mm
N70 X60. Y34.5;	到 P_1 点
N80 G41 X47.5 Y5. D01;	到 P_2 点建立刀具半径左补偿
N90 Y0;	沿切线方向切入外轮廓
N100 G02 X42.133 Y-21.933 R47.5;	顺时针圆弧插补到 E 相对于 X 轴的对称点
N110 G02 X27.614 Y-25.567 R10.;	顺时针圆弧插补到 F 相对于 X 轴的对称点
N120 G03 X12.386 Y-24.553 R15.;	逆时针圆弧插补到 H 相对于 X 轴的对称点
N130 G02 X-12.386 R27.5;	顺时针圆弧插补到 H 的中心对称点
N140 G03 X-27.614 Y-25.567 R15.;	逆时针圆弧插补到 F 的中心对称点
N150 G02 X-42.133 Y-21.933 R10.;	顺时针圆弧插补到 E 的中心对称点
N160 G02 Y21.933 R47.5;	顺时针圆弧插补到 E 相对于 Y 轴的对称点
N170 G02 X-27.614 Y25.567 R10.;	顺时针圆弧插补到 F 相对于 Y 轴的对称点
N180 G03 X-12.386 Y24.553 R15.;	逆时针圆弧插补到 H 相对于 Y 轴的对称点
N190 G02 X12.386 R27.5;	顺时针圆弧插补到 H 点
N200 G03 X27.614 Y25.567 R15.;	逆时针圆弧插补到 F 点
N210 G02 X42.133 Y21.933 R10.;	顺时针圆弧插补到 E 点
N220 G02 X47.5 Y0 R47.5;	顺时针圆弧插补到切出点

续表

程序	说明
N230 G01 Y-5.;	沿切线切出，到 P_3 点
N240 G40 X60. Y-34.5;	撤销刀具半径补偿，到 P_4 点
N250 Z5.;	抬刀
N260 G00 X0 Y-33.;	到 P_5 点
N270 G01 Z-4.;	深度为 4 mm
N280 G41 X9. Y-20. D01;	到 P_6 点建立刀具半径左补偿
N290 X9. Y14.639;	直线插补到 K 点
N300 G03 X20. Y32.5 R20.;	逆时针圆弧插补到 P' 点
N310 G01 Z5.;	抬刀，避让侧面台阶
N320 G03 X-20. R20.;	逆时针圆弧插补到 P' 相对于 Y 轴的对称点
N330 G01 Z-4.;	深度为 4 mm
N340 G03 X-9. Y14.639 R20.;	逆时针圆弧插补到 K 相对于 Y 轴的对称点
N350 G01 Y-14.639;	直线插补到 K 的中心对称点
N360 G03 X9. R-20.;	逆时针圆弧插补到 K 相对于 X 轴的对称点
N370 G01 Y20.;	到 P_7 点
N380 G40 X0 Y33.;	到 P_8 点撤销刀具半径左补偿
N390 Z5.;	抬刀
N400 M98 P0001;	调用 O0001 子程序，运行右侧腰形凹槽
N410 G101 X0;	关于 X 轴坐标镜像
N420 M98 P0001;	调用 O0001 子程序，运行左侧腰形凹槽
N430 G100 X0;	X 轴坐标镜像取消
N440 G00 Z50. M09;	抬刀
N450 M05;	主轴停转
N460 M30;	程序结束
O0001;	腰形凹槽子程序
N10 G00 X34. Y16.;	快速移到 P_9 点
N20 G01 Z-3.;	深度为 3 mm
N30 G41 X31.5 Y5. D02;	到 P_{10} 点建立刀具半径左补偿
N40 Y0;	沿切线方向切入内轮廓
N50 G02 X27.941 Y-14.545 R31.5;	顺时针圆弧插补到 J 相对于 X 轴的对称点
N60 G03 X38.585 Y-20.086 R6.;	逆时针圆弧插补到 I 相对于 X 轴的对称点
N70 G03 Y20.086 R43.5;	逆时针圆弧插补到 I 点

续表

程序	说明
N80 G03 X27.941 Y14.545 R6.;	逆时针圆弧插补到 J 点
N90 G02 X31.5 Y0 R31.5;	顺时针圆弧插补到切出点
N100 G01 Y-5.;	沿切线切出到 P_{11} 点
N110 G40 X34. Y-16.;	到 P_{12} 点撤销刀具半径左补偿
N120 Z5.;	抬刀
N130 M99;	子程序结束

步骤 5 短锥形曲线程序编写

编写工序 3 短锥形曲线程序，见表 4-32。

表 4-32　　板类多面加工零件短锥形曲面程序（HAAS）

程序	说明
O2132;	短锥形曲面程序名
N10 G55 G17 G90;	设定工件坐标系、XOY 平面、绝对值编程
N20 M03 S1000;	主轴正转
N30 G00 Z50. M08;	Z 轴快速定位
N40 X0 Y28.;	快速移到 P_{13} 点
N50 Z5.;	下刀到离上表面 5 mm
N60 #1=0;	引入参数#1 的初始值 0
N70 G01 Z-#1 F200.;	深度到#1，深度随着#1 的变化而变化
N80 G41 X[11.-#1] Y18. D03;	建立刀具半径左补偿，到 P_{14} 点
N90 Y-18.;	直线插补到 P_{15} 点
N100 G40 X0 Y-28.;	撤销刀具半径补偿，到 P_{16} 点
N110 G00 Y28.;	快速移到 P_{13} 点
N120 #1=#1+0.1;	参数每次增量为 0.1 mm
N130 IF [#1LE2.] GOTO70;	如果参数#1 小于等于 2 mm，则返回 N70 程序段
N140 Z5.;	抬刀
N150 G00 Z50. M09;	快速抬刀
N160 M05;	主轴停转
N170 M30;	程序结束

这里要注意的是，设定 G55 工件坐标系时，应考虑刀具接触点 P 与刀具底面之间的距离，如图 4-30 所示，该距离的计算方式为刀尖圆角半径-刀尖圆角半径×cos45° = 1-1×cos45°≈0.293（mm）。

步骤 6 钻孔程序编写

编写工序 4 钻孔加工程序，见表 4-33。

表 4-33　　板类多面加工零件钻孔程序（HAAS）

程序	说明
O2133；	钻孔程序名
N10 G56 G17 G90；	设定工件坐标系、*XOY* 平面、绝对值编程
N20 M03 S1200；	主轴正转
N30 G00 Z50.；	*Z* 轴快速定位
N40 X20. Y0；	快速移到右方孔位
N50 Z5. M08；	刀具下移
N60 G99 G81 Z-5. R3. F30.；	钻孔循环，加工右方 ϕ6 mm 孔
N70 X0 Y15. Z-8.；	钻孔循环，加工上方 ϕ6 mm 孔
N80 X-20. Y0 Z-5.；	钻孔循环，加工左方 ϕ6 mm 孔
N90 G98 X0 Y-15. Z-8.；	钻孔循环，加工下方 ϕ6 mm 孔
N100 G80；	钻孔循环取消
N110 G00 Z50. M09；	快速抬刀
N120 M05；	主轴停转
N130 M30；	程序结束

步骤 7 侧面轮廓程序编写

编写工序 5 侧面轮廓加工程序，见表 4-34。

表 4-34　　板类多面加工零件侧面轮廓程序（HAAS）

程序	说明
O2134；	侧面轮廓程序名
N10 G57 G17 G90；	设定工件坐标系、*XOY* 平面、绝对值编程
N20 M03 S800；	主轴正转
N30 G00 Z50. M08；	*Z* 轴快速定位
N40 M98 P0002；	调用 O0002 子程序，运行右侧腰形凹槽
N50 G101 X0；	关于 *X* 轴坐标镜像

续表

程序	说明
N60 M98 P0002;	调用 O0002 子程序，运行左侧腰形凹槽
N70 G100 X0;	X 轴坐标镜像取消
N80 G00 X65. Y-10.;	快速移到 P_{20} 点
N90 G01 Z-8.;	深度为 8 mm
N100 G41 X55. Y2. D01;	到 P_{21} 点建立刀具半径左补偿
N110 X30.;	直线插补到 R200 mm 圆弧右侧交点
N120 G03 X-30. R200.;	圆弧插补到 R200 mm 圆弧左侧交点
N130 G01 X-55.;	直线插补到 P_{22} 点
N140 G40 X-65. Y-10.;	到 P_{23} 点撤销刀具半径左补偿
N150 Z5. M09;	抬刀
N160 G00 Z50.;	快速抬刀
N170 M05;	主轴停转
N180 M30;	程序结束
O0002;	腰形凹槽子程序
N10 G00 X65. Y11.;	快速移到 P_{17} 点
N20 Z5.;	下刀
N30 G01 Z-5. F80.;	深度为 5 mm
N40 G41 X55. Y17. D01;	到 P_{18} 点建立刀具半径左补偿
N50 G01 X30.;	直线插补到圆弧交点
N60 G03 Y5. R6.;	逆时针圆弧插补
N70 G01 X55.;	直线插补到 P_{19} 点
N80 G40 X65. Y11.;	到 P_{17} 点撤销刀具半径左补偿
N90 Z5.;	抬刀
N100 M99;	子程序结束

步骤 8　计算刀具半径补偿值

由于轮廓粗加工侧面余量为 0.2 mm，因此粗加工时刀具半径补偿值取“理论半径+0.2 mm”。本单元中 $D01_{粗}=D02_{粗}=5.2$ mm。粗加工切削完成后，按下列公式修正刀具半径补偿 D01、D02 的数值，以进行精加工调整：

$$D\times\times_{精}=D\times\times_{粗}-\left|\frac{B_{实测尺寸}-B_{图样尺寸}}{2}\right|$$

其中，用 D01 修正的内轮廓 $B_{图样尺寸}$ 取 $18_{-0.076}^{-0.030}$ mm 的中间值 17.947 mm；用 D02 修正

的内轮廓 $B_{图样尺寸}$取 $12_{-0.076}^{-0.010}$ mm 的中间值 11.957 mm。由于外轮廓和侧面轮廓无公差要求，因此该轮廓可用 D01 来进行刀具半径补偿。

加工短锥形曲线时，由于刀具上的 P 点始终接触零件表面，如图 4-30 所示，因此刀具半径补偿值 D03 按 P 点到刀具轴线的水平距离计算，则 D03＝刀具半径－（刀尖圆角半径－刀尖圆角半径×sin45°）＝5－（1－1×sin45°）≈4.707（mm）。

5

第5章

计算机辅助编程技术与操作

第 1 节　计算机辅助设计（CAD）建模

学习单元 1　计算机辅助编程技术

学习目标

➢ 掌握 CAD、CAM、CAPP、CAE 的基本概念
➢ 了解常用 CAD、CAM 软件的特点

知识要求

一、CAD 与 CAM

1. CAD

CAD（Computer Aided Design，计算机辅助设计）技术是以计算机图形技术、计算机数据分析技术及计算机网络技术为基础发展起来的，是计算机在工程应用中有影响力的技术之一，推动了几乎一切领域的设计革命，在机械行业的应用成果最为突出。CAD 技术的引入不仅提高了产品质量，缩短了新产品的开发周期，也为企业实现由产品设计、生产到管理的一体化和无图样化奠定了基础。CAD 技术现在已经广泛地应用于机械设计、模具设计、制造加工等领域。

三维 CAD 是二维 CAD 技术的发展，是三维设计技术的统称，包括 Pro/Engineer、UG NX、SolidWorks、SolidEdge、CATIA、AutoCAD 等。二维 CAD 只是平面绘图，而三维 CAD 是把设计者的想法、创意用三维立体的方式逼真地表达出来，还可以进行动画模拟。三维 CAD 是数字化设计、制造和管理的基础，是现代产品创新的基本工具。

2. CAM

CAM（Computer Aided Manufacturing，计算机辅助制造）是利用计算机进行生产设备管理控制和操作的过程。它的输入信息是零件的工艺路线和工序内容，输出信息是刀具加工时的运动轨迹（刀位文件）和数控程序。CAM 的核心是计算机数值控制，是将计算机

应用于制造生产过程的系统。

CAM 与 CAD 有密切的关系，CAD 的输出结果常作为 CAM 的输入信息，两者的区别为 CAD 偏重于设计过程，CAM 偏重于产品生产过程。CAD 与 CAM 密不可分，是计算机在工程应用中最有影响力的两项辅助编程技术。

市面上的 CAM 软件有 UG NX、Pro/Engineer、CATIA、MasterCAM、SurfCAM、Space-E、CAMWorks、HyperMILL、PowerMILL、GibbsCAM、FeatureCAM、SolidCAM、Cimatron、Edgecam 等。

二、CAPP 与 CAE

1. CAPP

CAPP（Computer Aided Process Planning，计算机辅助工艺过程设计）的作用是利用计算机进行零件加工工艺过程的制定，把毛坯加工成工程图样上所要求的零件。它是通过向计算机输入被加工零件的几何信息（形状、尺寸等）和工艺信息（材料、热处理、批量等），由计算机自动输出零件的工艺路线、工序内容等工艺文件的过程。

由于计算机集成制造系统（CIMS）的出现，计算机辅助工艺规划上与计算机辅助设计相接，下与计算机辅助制造相连，是连接设计与制造的桥梁。设计信息只能通过工艺设计才能生成制造信息，设计只能通过工艺设计才能与制造实现功能和信息的集成。由此可见，CAPP 在实现生产自动化中占有重要地位。

2. CAE

CAE（Computer Aided Engineering，计算机辅助工程）是用计算机辅助求解复杂工程和产品结构强度、刚度、屈曲稳定性、动力响应、热传导、三维多体接触、弹塑性等力学性能的分析计算及结构性能的优化设计等问题的一种近似数值分析方法。其基本思想是将一个形状复杂的连续体的求解区域分解为有限的形状简单的子区域，即将一个连续体简化为由有限个单元组合的等效组合体，通过将连续体离散化，把求解连续体的场变量（如应力、位移、压力、温度等）问题简化为求解有限的单元节点上的场变量值问题。

国际上早在 20 世纪 50 年代末 60 年代初就投入大量的人力和物力开发具有强大功能的有限元分析程序，其中最为著名的是由美国国家宇航局（NASA）在 1965 年委托美国计算科学公司和贝尔航空系统公司开发的 NASTRAN 有限元分析系统，此后有德国的 ASKA、英国的 PAFEC、法国的 SYSTUS，以及美国的 ABAQUS、ADINA、ANSYS、BERSAFE、COSMOS、ELAS、MARC、STARDYNE 等。

学习单元 2 SolidWorks

学习目标

➢ 了解 SolidWorks 的基本功能和操作界面
➢ 掌握零件建模的思路和步骤

知识要求

美国 SolidWorks 公司 1995 年 11 月研制开发的基于 Windows 平台的全参数化特征造型软件 SolidWorks 是世界各地用户广泛使用、富含技术创新因子的软件系统，已经成为三维机械设计软件的标准。SolidWorks 软件自 1996 年 8 月正式引入我国以来，在机械行业获得了普遍应用。

一、SolidWorks 的基本功能

SolidWorks 功能强大，主要有零件、装配体、工程图三大功能，能够完成机械设计过程中所有的设计任务。这里首先介绍其基本的也是常见的功能。

1. 特征

特征是 SolidWorks 中的重要概念和功能，是指各种零件上单个的加工形状，将它们组合起来就形成各种零件。

2. 三维实体建模

在 SolidWorks 中，根据人们的习惯，可以先直接生成三维实体模型，然后根据工程要求生成实际生产中所需要的工程图、二维平面图。

3. 关联性

在 SolidWorks 中，零件模型、用这些零件装配形成的装配体及它们的工程图是相互联系在一起的，对零件模型的修改会影响装配体中相应的零件形状或尺寸。

4. 尺寸驱动

在建立零件模型时，与零件草图几何体相关的尺寸、与特征自身相关的尺寸可以被 SolidWorks 自动记录，并与模型一起保存，对这些尺寸进行修改可以驱动模型按设计人员的设计意图产生相应的改变。

5. 约束性

在 SolidWorks 中，可以利用平行、垂直、固定、水平、竖直、同心、重合及指定距离等几何关系，对草图中的几何要素、装配体中的零件进行约束，以实现设计人员的设计思想。

二、SolidWorks 操作界面

SolidWorks 的零件设计窗口如图 5-1 所示，主要包括下拉菜单、设计树、工具栏、状态栏、快捷菜单、SolidWorks 资源等。

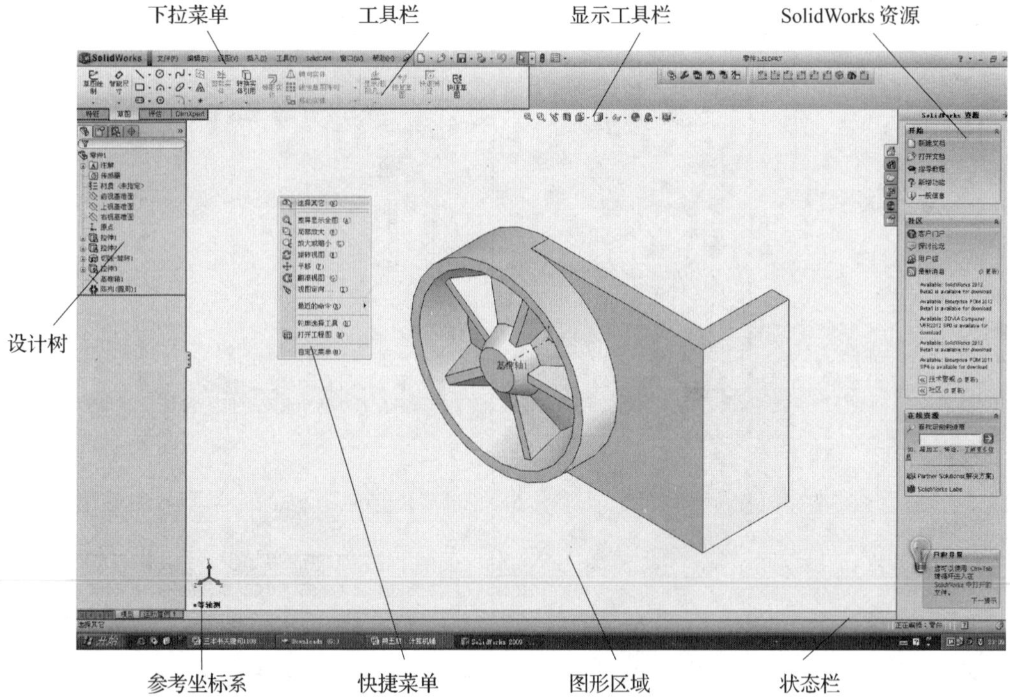

图 5-1　SolidWorks 零件设计窗口

1. 下拉菜单

下拉菜单的菜单显示可以通过该菜单最下面的【自定义菜单】设定。

2. 工具栏

工具栏提供了 SolidWorks 常用命令的快捷方法，用鼠标右键单击窗口中任一图标，即可显示工具栏的快捷菜单。

3. 设计树

设计树的特征顺序可以通过按住鼠标左键拖动进行改变。

三、零件建模

进行零件建模前必须想象其形状和结构，并将其划分为可以造型的各特征命令，具体

思路如下。

1. 零件建模环境设置

【工具】下拉菜单如图 5-2 所示，单击【选项】菜单命令进行建模环境设置，主要包括颜色、单位、绘图标准等，如图 5-3 所示。

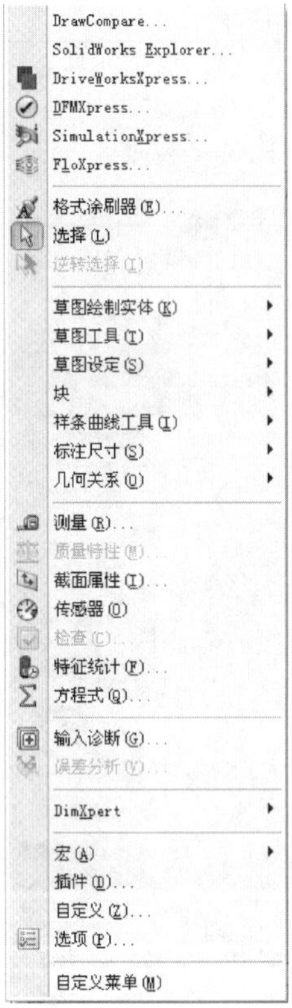

图 5-2　【工具】下拉菜单

图 5-3　建模环境设置

2. 分解特征

零件建模的常用方法主要是“搭积木（增料）+切除（除料）”的成形方法。在建模前，要想象零件的大致形状，将零件分解为具体的基本特征或者元素，确定可以使用的特征造型命令及要建立的草图轮廓，最终确定特征的建立顺序。图 5-4 所示为草图绘制功能菜单，图 5-5 所示为各类特征选择。

3. 零件建模总体思路

（1）使用阵列和镜像命令建立具有对称形状的零件。

（2）尽量将有可能修改的特征放到最后建立。

（3）遵循“先基本特征，再主要特征，最后次要特征”的建模顺序。

(4) 注意特征之间的关联性，以便于今后的编辑修改。

图 5-4　草图绘制功能菜单

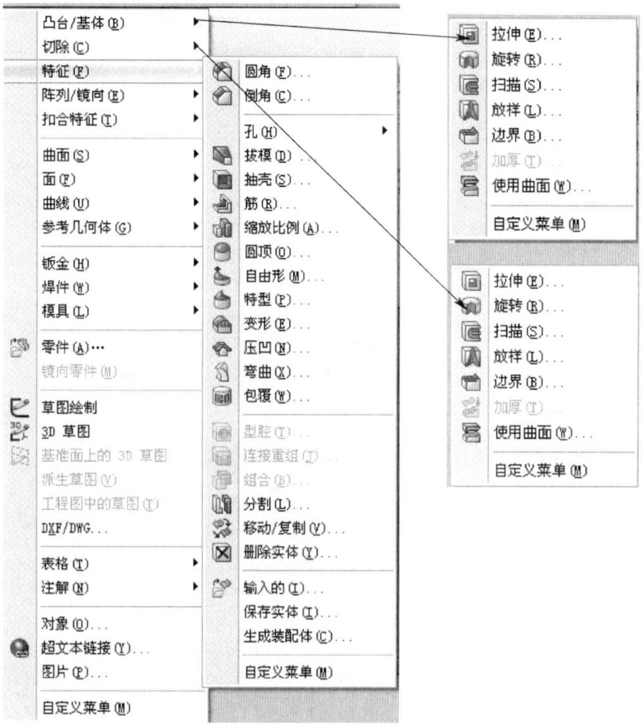

图 5-5　特征选择

学习单元 3　CAD 建模操作

学习目标

- 掌握 SolidWorks 基本操作
- 掌握 SolidWorks 建模过程

技能要求

建立 CAD 三维模型

建立如图 5-6 所示图形的 CAD 三维模型。

操作准备

零件图样、安装 CAD/CAM 软件的计算机（SolidWorks）。

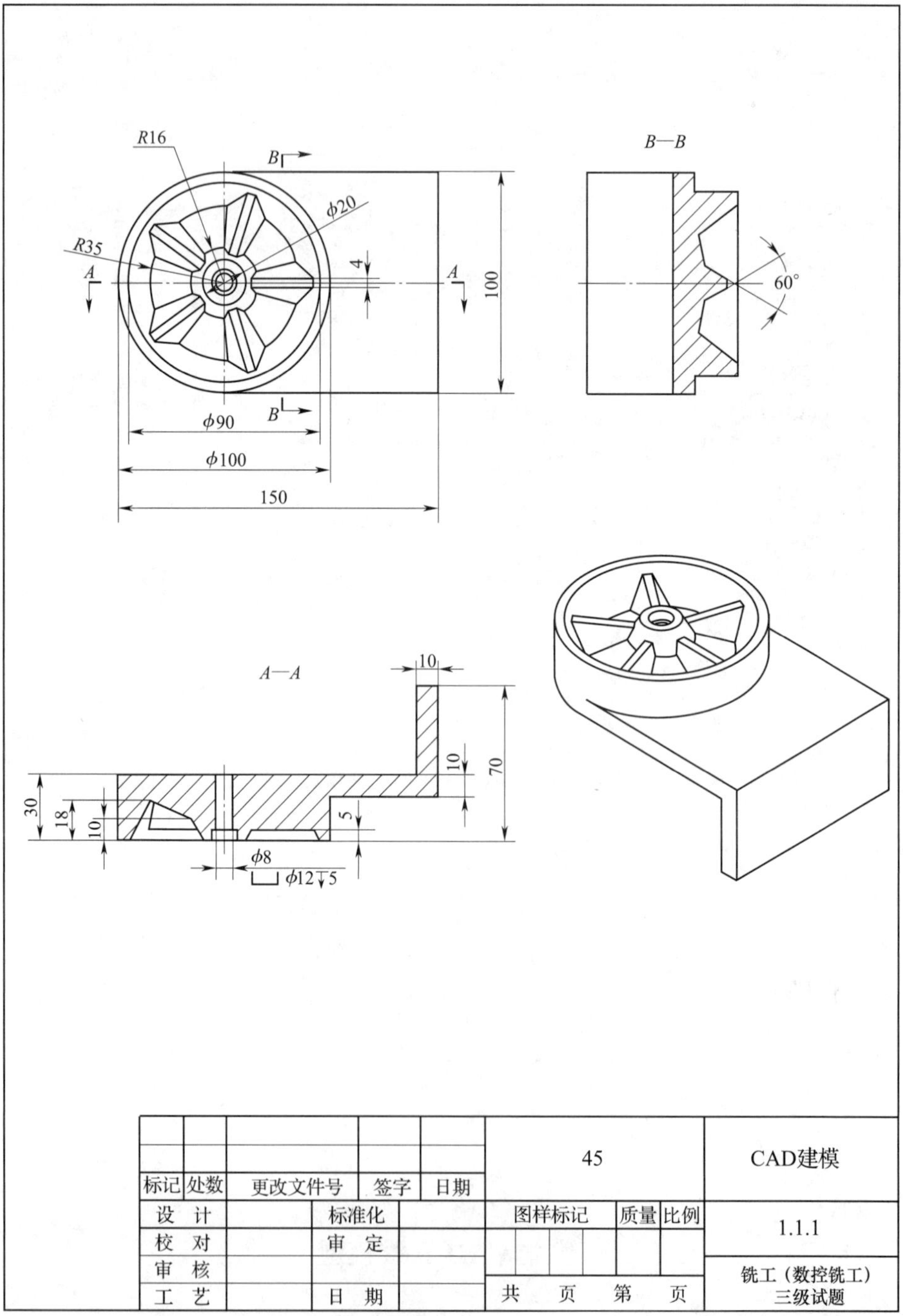

图 5-6　零件图样

操作步骤

步骤 1 新建零件文件

通过菜单命令或工具栏命令新建一个零件文件，如图 5-7 所示。

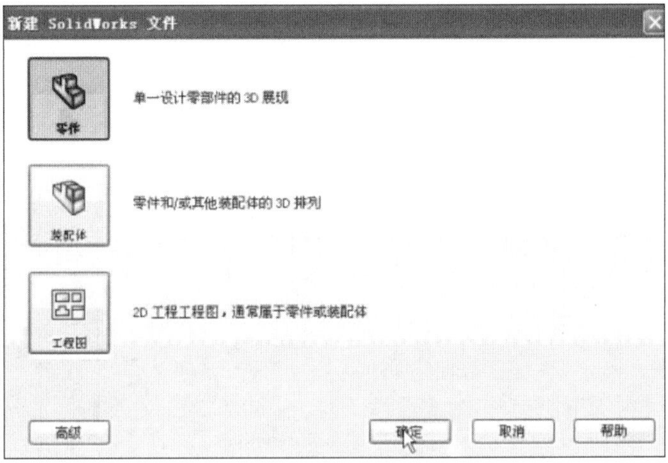

图 5-7 新建零件文件

步骤 2 设置建模环境

通过【工具】下拉菜单→【选项】菜单命令进行单位、颜色、自动保存时间、图像品质等的设置，如图 5-3 所示。

步骤 3 确定分解特征

根据零件图样分解特征，确定基本特征、主要特征和次要特征。分解方法不尽相同，但不管怎么分解，都要确保建模的效率、特征间的相互关联性，并确保便于编辑修改。本例的特征分解思路如图 5-8 所示。

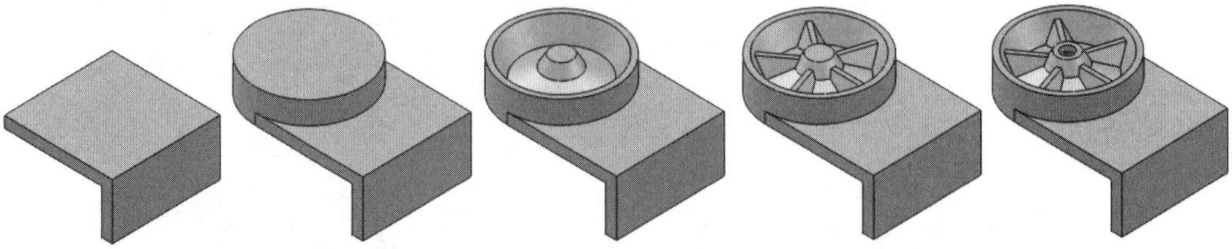

a） b） c） d） e）

图 5-8 特征分解思路

a）基本特征 b）主要特征（增料） c）主要特征（除料） d）主要特征（增料） e）孔特征

步骤 4 绘制基本特征

根据步骤 3 的思路，首先要绘制 L 形的基本特征。

（1）绘制草图。切换到【草图】工具栏→单击【草图绘制】 草图绘制 →选择草图绘

制平面前视基准面 前视基准面，绘制草图，如图 5-9 所示。绘制过程中要注意以下几点：

1）充分利用坐标系原点定位，以便于后续特征草图的绘制与定位；

2）注意草图颜色的变化，黑色表示草图已完全定义，蓝色表示草图为欠定义，黄色表示草图为过定义（要避免），绿色表示被草图选中，灰色表示目前不在该草图的草图环境中；

3）注意虚线、指引线提示。

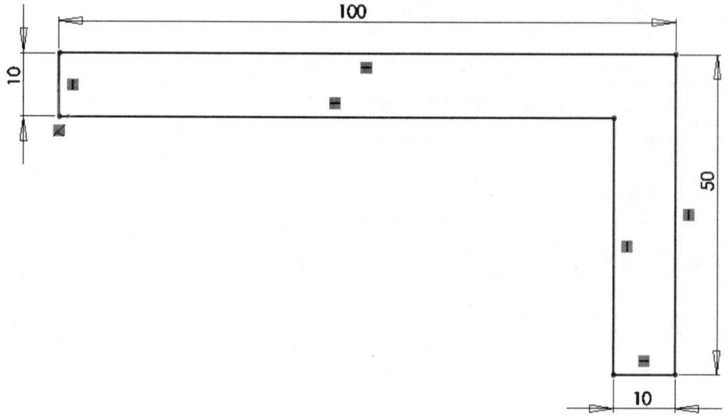

图 5-9　L 形基本特征草图

（2）拉伸特征。切换到【特征】工具栏→单击【拉伸凸台/基体】 拉伸凸台/基体，尽量采用双向拉伸，使坐标原点位于特征中心线上，以便于后续特征的绘制，如图 5-10 所示。

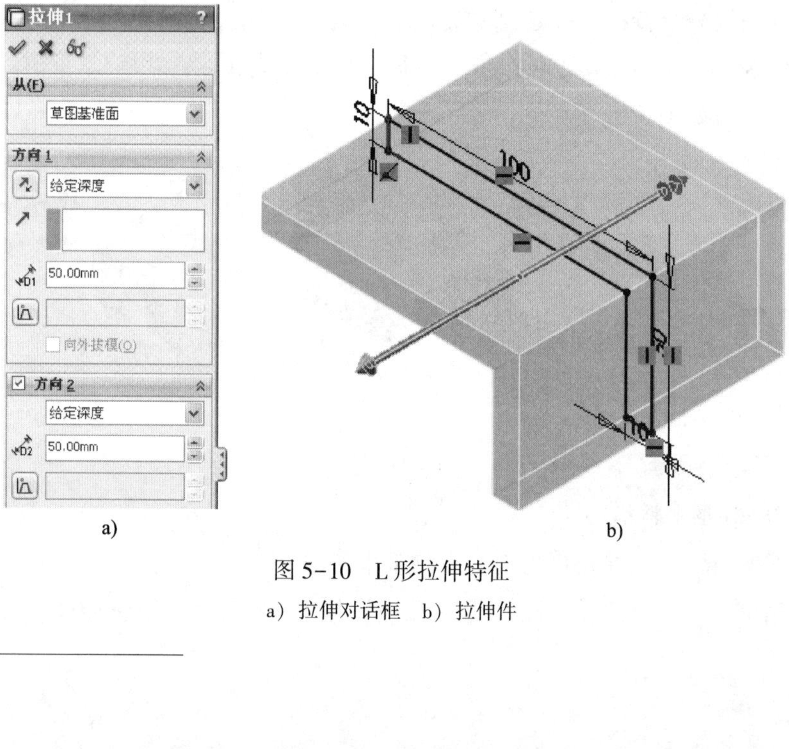

a)　　b)

图 5-10　L 形拉伸特征

a）拉伸对话框　b）拉伸件

步骤 5　绘制主要特征

绘制 L 形特征后，根据图样要求绘制主要的圆柱体特征。

（1）绘制草图。选择草图平面在基本特征的下表面，如图 5-11 所示。注意圆柱体草图没有添加尺寸约束，而是和 L 形基本特征顶点添加了重合几何关系。这样，两个特征就建立了关联，即如果修改了 L 形基本特征的拉伸距离，则圆柱体直径也会跟着自动变化。

（2）拉伸特征。单击【拉伸凸台/基体】

进行圆柱体拉伸，如图 5-11 所示。

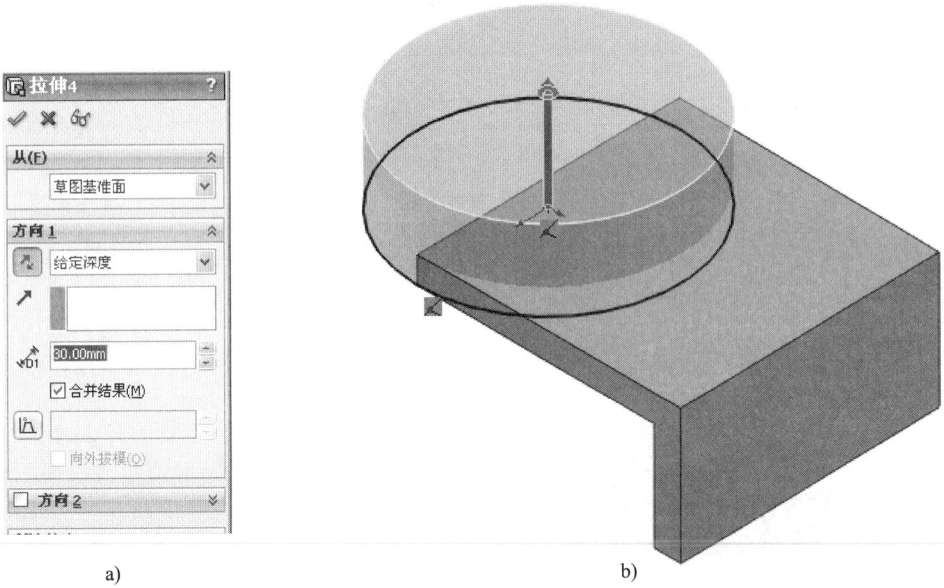

a)　　b)

图 5-11　圆柱体拉伸特征

a）拉伸对话框　b）圆柱体拉伸

步骤 6　旋转切除

（1）绘制草图。草图平面可以是上视基准面或右视基准面，注意绘制旋转轴，而且草图的轮廓线应该是构造线，如图 5-12 所示。

（2）旋转切除特征。切换到【特征】工具栏→单击【旋转切除】

，如图 5-12 所示。

步骤 7　绘制肋板

根据图样要求，接着进行圆柱体凹陷中呈圆周排列的 5 个肋板的建模。

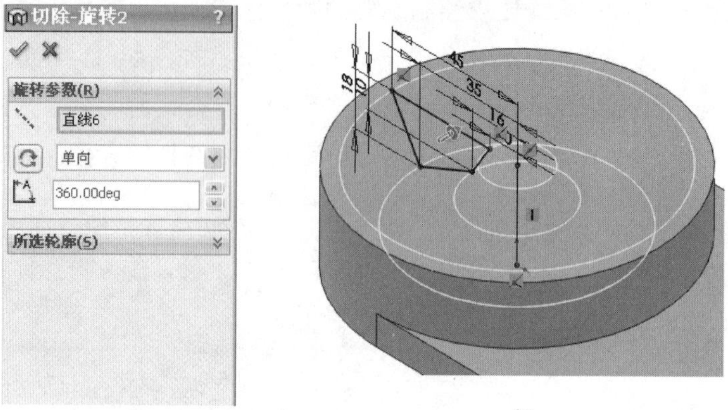

a)　　　　b)

图 5-12　旋转切除特征

a）旋转切除对话框　b）圆柱体内旋转切除

（1）绘制草图。绘制第一个肋板的图形，注意控制梯形草图底边的位置，如图 5-13 所示。

（2）拉伸特征。选择“成形到一面”，拉伸第一个肋板，如图 5-13 所示。

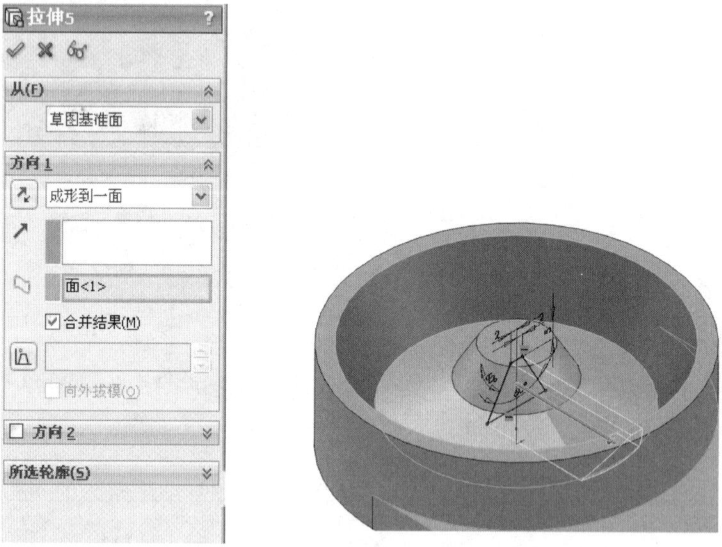

a)　　　　b)

图 5-13　拉伸肋板特征

a）拉伸对话框　b）圆柱体内肋板拉伸

（3）圆周阵列。切换到【特征】工具栏→单击【圆周阵列】圆周阵列。阵列轴选择圆柱体回转面，等间距设置 5 个，如图 5–14 所示。

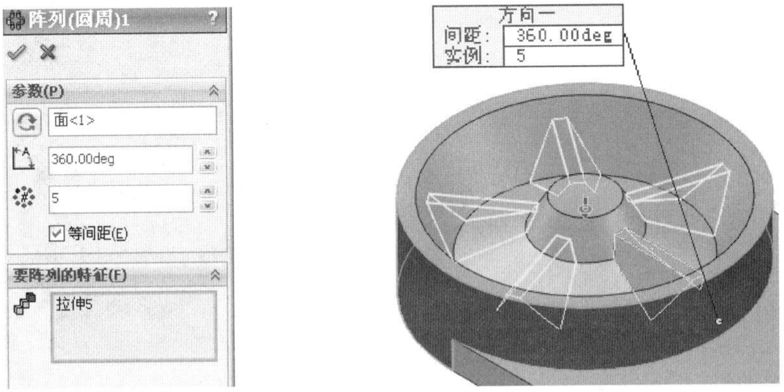

a)　　　　b)

图 5–14　肋板圆周阵列

a）圆周阵列对话框　b）圆周阵列

步骤 8　绘制 ϕ8 mm 中间孔及 ϕ12 mm 沉孔

（1）类型设置。切换到【特征】工具栏→单击【异型孔向导】异型孔向导→孔类型设置为，注意标准为 ISO 或 GB，并选中【显示自定义大小】，如图 5–15a 所示。

（2）孔的位置设置。单击位置，选择零件上表面，如图 5–15b 所示。

（3）添加几何关系。切换到【草图】工具栏→单击【添加几何关系】，如图 5–16 所示进行设置。

注意事项

1. 注意草图尺寸和几何关系，一般需完全定义，避免过定义。
2. 绘制草图时，一定要正视草图，注意视角。
3. 实体特征的草图一般要绘制成封闭图形。

特别提示

特征分解与特征建立的方法有很多种，特征建立顺序会影响最终结果。

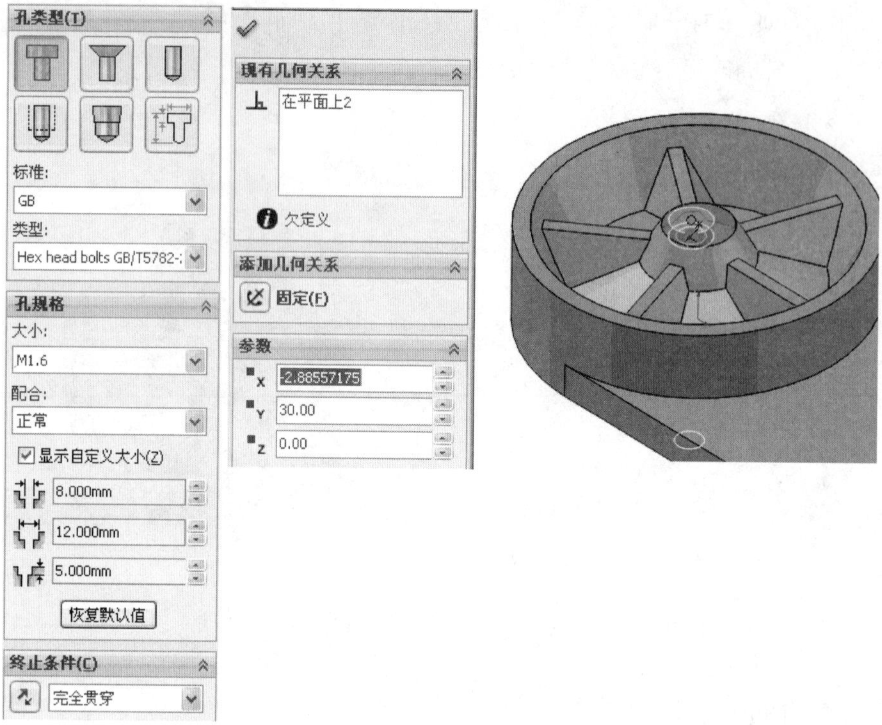

a) b)

图 5-15 孔类型与位置

a）孔的类型选择对话框 b）孔的位置设置

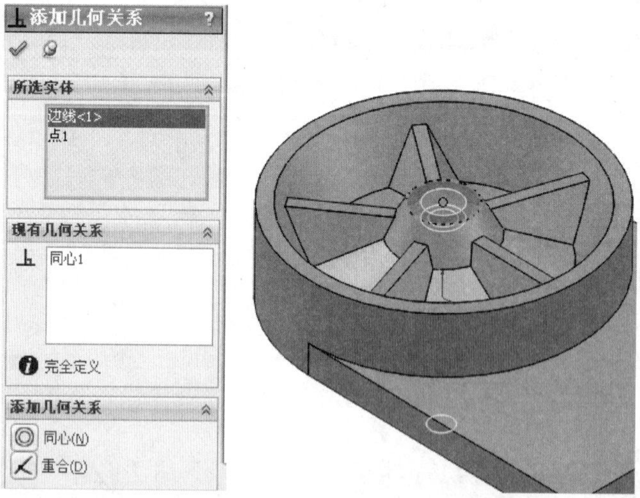

a) b)

图 5-16 添加几何关系

a）添加几何关系对话框 b）同心关系添加

第2节 计算机辅助制造（CAM）操作

学习单元1 数据模型转换与建立

学习目标

- 熟悉常用CAM软件
- 了解CAM数据转换接口与数据交换基础
- 熟悉SolidCAM

知识要求

一、CAM基础知识

1. 常用CAM软件

（1）UG NX。UG NX是一个集CAD/CAM/CAE于一体的机械工程辅助系统，适用于航空、航天、汽车、通用机械、模具等的设计、分析及制造工程。

（2）Pro/Engineer。Pro/Engineer是美国参数技术公司1988年推出的使用参数化特征造型技术的大型CAD/CAM/CAE集成软件。Pro/Engineer具有先进的参数化设计、基于特征设计的实体造型和便于移植设计思想的特点，该软件用户界面友好，符合工程技术人员的机械设计思想。Pro/Engineer已成为三维机械设计领域里最富有魅力的软件，在我国模具制造企业得到了非常广泛的应用。

（3）SolidCAM。SolidCAM是SolidWorks最紧密集成的CAM黄金伙伴，是SolidWorks公司开发的一套完全整合于SolidWorks的计算机辅助加工系统。SolidCAM在SolidWorks平台上提供无缝加工、单一视窗化的工具，为客户提供最优化的CNC程序，以达到缩短产品上市时间，为制造商、加工中心增大利润空间的目的。

（4）Cimatron。自1982年创建以来，Cimatron有限公司的创新技术和战略方向使其在 CAD/CAM 领域内处于领先地位。Cimatron 公司面向制造业提供 CAD/CAM 集成解放方案，为模具、工具和其他制造商提供全面的、性价比较优的软件解决方案，使制造循环流程化，加强制造与销售的协作，缩短产品交付时间。在世界范围内，从小的模具制造企业到大公司的制造部门，Cimatron 的 CAD/CAM 解决方案已成为企业装备中不可或缺的工具。

（5）MasterCAM。MasterCAM 软件是美国软件公司开发的 CAD/CAM 系统，是经济有效的全方位软件系统。包括美国在内的各工业大国均一致采用该系统作为设计、加工、制造的标准，其强大、稳定、快速的功能使用户在设计制图方面，或 CNC 铣床、车床、线切割等加工方面都能获得优秀的体验。

2. CAM 基本操作

CAM 软件种类繁多，但操作思路基本一致，主要包含以下几个步骤：

（1）创建零件模型；

（2）分析加工对象；

（3）选择合适的加工环境；

（4）确定加工工艺和工艺参数；

（5）选择合适的加工策略，创建工步；

（6）仿真加工，检验刀轨；

（7）后处理，生成数控加工程序；

（8）创建车间工艺文件。

3. CAM 建模类型

CAM 的零件模型可以是二维图样、三维线框、实体模型、曲面实体、装配模型。

4. CAM 软件内核

CAD/CAM 软件的核心是其内部的几何平台，几何平台在一定程度上决定了该软件的性能。目前，国际上 CAD/CAM 软件使用较多的几何平台是 ACIS、Parasolid、CAS. CADE、Pelorus、DESIGNBASE 等。

现在世界上应用最广泛的软件内核是 Parasolid，这是 UG 软件公司开发并使用的内核。如今大多数的软件，包括 UG、SolidEdge 和 SolidWorks，以及 CAM 分析软件 ANSYS、COSMOS、FEMAP、ADAMS、Adina 等，使用的都是 Parasolid 内核。

ACIS 是美国 Spatial Technology 公司推出的三维几何造型平台，AutoCAD、CADKEY、Mechanical Desktop、Bravo、TriSpectives、TurboCAD、Solid Modeler、Vellum Solid，以及有限元软件 ABAQUS 等都是以 ACIS 作为造型内核的。

二、数据模型

1. 数据接口标准

随着 CAD/CAM 技术的迅猛发展和推广应用，各企业都在积极采用 CAD/CAM 技术。由于历史原因及不同的开发目的，各 CAD/CAM 软件的内部数据记录方式和处理方式不尽相同，开发软件的语言也不完全一致，因此，CAD/CAM 的数据交换与共享是当今面临的重要课题。

目前，在计算机和工作站上用于数据交换的图形文件标准主要有 AutoCAD 系统的 DXF（图形交换文件）、美国标准 IGES（初始图形交换规范）及国际标准 STEP（产品模型数据交换标准）。

IGES 最早是 ANSI（美国国家标准协会）于 20 世纪 80 年代初制定的，建筑在波音公司 CAD/CAM 集成信息网络、通用电气公司的中心数据库和其他各种数据交换格式之上。其最初版本仅限于描述工程图样的几何图形和注释，随后又将电气、有限元、工厂设计和建筑设计纳入其中。1988 年 6 月公布的 IGES 4.0 又吸收了 ESP（电子稳定程序）中的 CSG（体素构造法）和装配模型，后经扩充又收入了新的图形表示法、三维管道模型，并对 FEM（有限元模型）功能进行了改进。IGES 5.0 定义了 B-rep（边界表示法）模型。然而，IGES 在文件结构中不合理地定义了直接存取的指针系统，其在应用中暴露的主要问题有：

（1）数据文件过大，数据转换处理时间过长；

（2）某些几何类型转换不稳定；

（3）只注意了图形数据转换而忽略了其他信息的转换。

尽管如此，IGES 仍然是目前各国广泛使用的国际标准数据交换格式，我国于 1993 年 9 月起将 IGES 3.0 作为国家推荐标准。

STEP 是国际标准化组织（ISO）制定的国际统一的 CAD 数据交换标准。现在，几乎每一个主要的 CAD/CAM 系统都包含一个由 STEP 应用协议定义的读写数据模块。在美国，最普遍的协议称为 AP-203。这个协议用来交换描述实体模型及实体模型装配体的数据。在欧洲，使用的是一个与 AP-203 非常相似的协议，称为 AP-214，其具有与AP-203相同的功能。

2. 数据交换

一个功能完善的 CAD 系统可能包含很多独立的模块，如设计计算、图形处理、数据管理、校核计算、有限元分析、设计优化、数控代码输出等。一些现成的软件系统往往只针对某一类问题而设计，如图形软件（SolidWorks 等）有很强的图形生成和编辑能力，有限元分析系统（ANSYS 等）擅长有限元分析计算，MasterCAM 主要用于计算机辅助制造与编程。这些现成的资源可以作为二次开发的某些功能模块，使不同的系统间的数据相互交换，这是实现大 CAD 系统或 CAD/CAM 集成的基础性课题之一。

所谓数据转换接口，实际上是一种能够实现两个以上系统间信息交换的程序或方法。数据转换接口的核心内容就是由其中一个系统（文件）读出信息，再将信息写入另一个系统（文件）。

尽管有 IGES 和 STEP 两个转换标准，但是数据的丢失是不可避免的。只有在同一内核下转换，数据才不会丢失。因此，UG、SolidEdge 和 SolidWorks 之间的数据交换应该尽可能采用它们的相同内核 Parasolid 格式进行。

三、认识 SolidCAM

启动 SolidWorks，在 SolidWorks 用户界面的菜单栏中选择 SolidCAM，单击【打开】菜单命令，出现 SolidCAM 启动界面，弹出【CAM 工件】对话框，如图 5-17 所示。

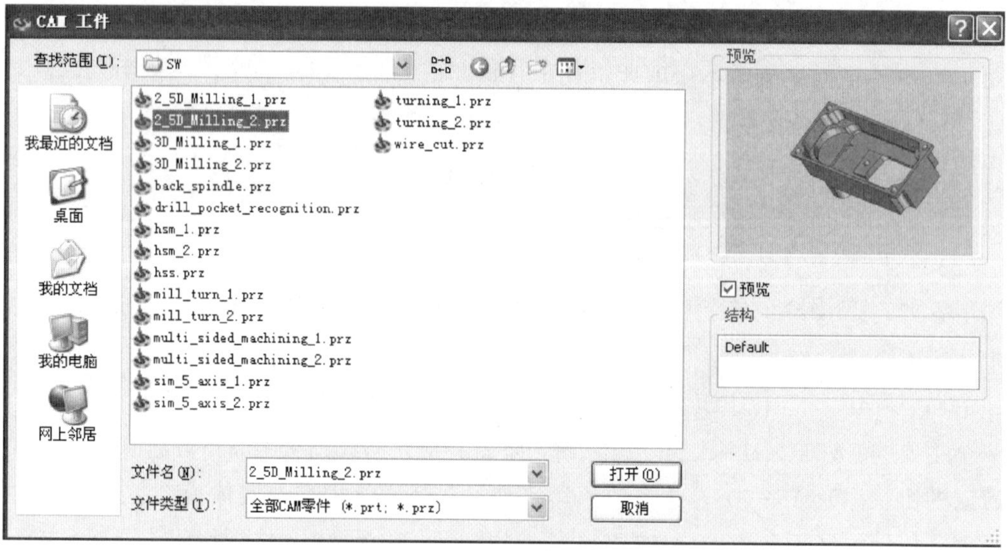

图 5-17　【CAM 工件】对话框

1. SolidCAM 包含的数据

（1）CAM-Part（加工零件）。加工零件包含了加工项目或者工件的基本数据信息，它包括模型名称、坐标系名称、刀具等信息。

（2）Geometry（几何）。几何通过选择边界、曲线、曲面或者实体来定义加工对象和加工范围。几何和 SolidWorks 模型是关联在一起的。

（3）Operation（操作）。在 SolidCAM 中，任何操作都是一个单独的加工步骤，一个工件通常要经过多个加工步骤，每个加工步骤都可以定义为一个单独的操作。

打开相应的 CAM 工件文件后，CAM 加工零件将被加载，如图 5-18 所示。

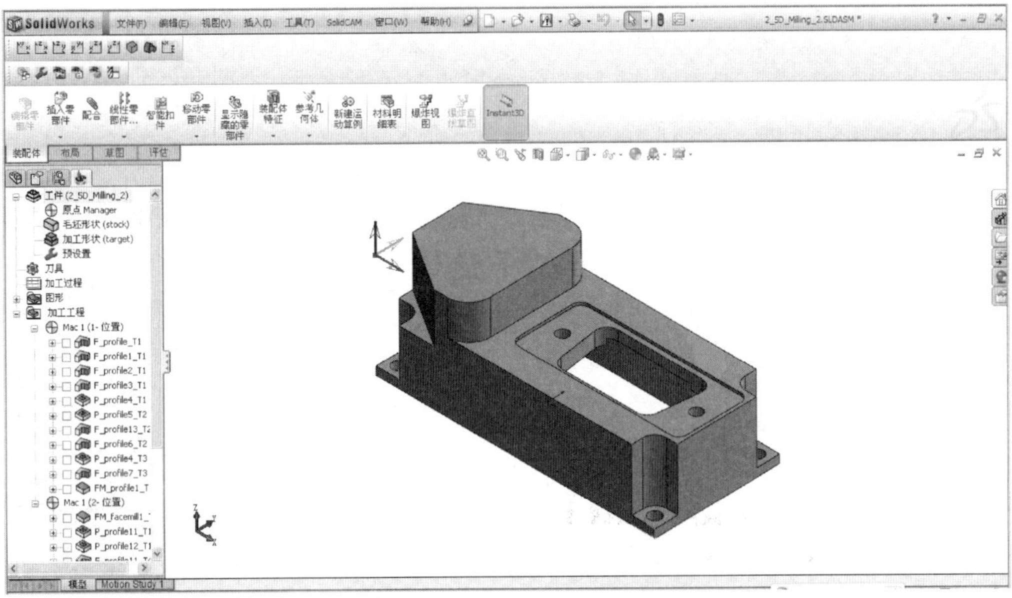

图 5-18　CAM 工件加载后的界面

2. SolidCAM 管理器

SolidCAM 管理器显示在屏幕左侧，该管理器为使用者查看和控制 CAM 工件提供了便利，可以激活 SolidCAM 中所有的 CAM 加工命令。要激活命令菜单，可以通过右击 Solid-CAM 管理器树状结构中的相应选项实现。管理器的树状结构如图 5-19 所示。

（1）CAM 零件 工件。在管理器中，CAM 零件选项提供了加工零件的定义，包括加工原点、素材形状（即毛坯模型）、加工形状（即目标模型）、工件设定等选项。通过鼠标右键单击各选项，可以进行相应的显示和管理。双击工件名，将显示【××工件设定】对话框。

（2）CAM 刀具 刀具。刀具选项提供了刀具的数据库。

（3）CAM 策略 加工过程。策略选项使用户可以采用参数化模板控制加工操作。

（4）CAM 几何 图形。几何选项使用户可以控制几何图形，单击“+”号就能展开所有在加工操作中未使用的几何图形列表。

（5）CAM 操作 加工工程。操作选项使用户可以对单步加工工艺进行操作。右击各加工工艺名称，可以获得相关的操作菜单。

3. 获取帮助

SolidCAM 在线帮助能够使用户在使用 SolidCAM 时获得各种帮助，帮助文件可以在 SolidWorks 菜单栏的【帮助】菜单下获得。如图 5-20 所示，选择【帮助】/【SolidCAM 说明】/【铣床】命令。

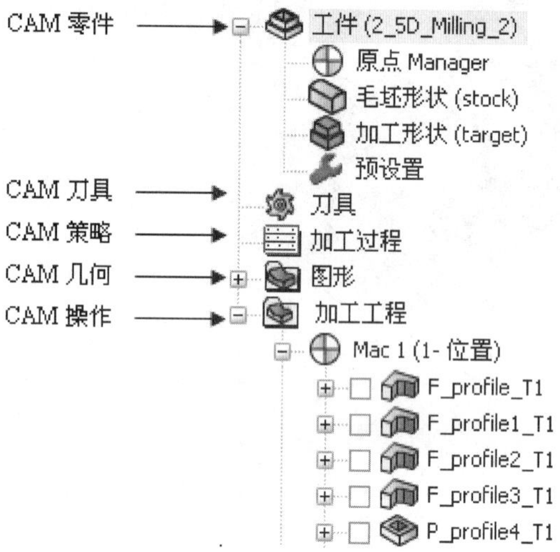

图 5-19 SolidCAM 管理器的树状结构

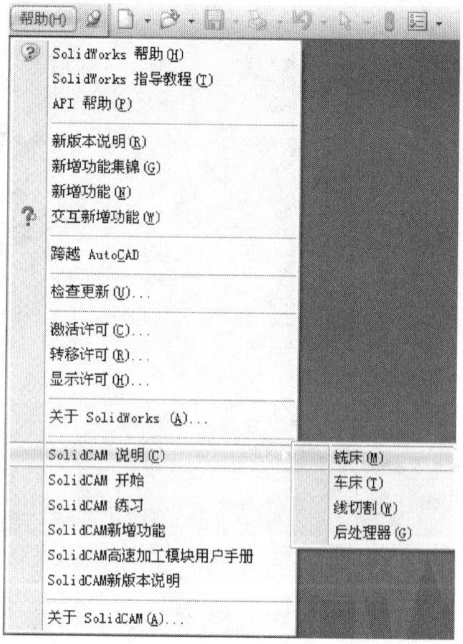

图 5-20 查找帮助操作界面

4. 加工仿真

在 SolidCAM 管理器中，右击 CAM 操作选项【加工工程】，选择【模拟】命令，出现【模拟】对话框，此时可以对加工轨迹进行仿真，单击运行按钮 ▶，如图 5-21 所示。

a) b)

图 5-21 加工仿真操作选择

a）选择【模拟】 b）【模拟】对话框

学习单元 2 数控铣床 CAM 操作

学习目标

➤ 掌握 SolidCAM 数控铣的基本操作过程

技能要求

CAM 加工过程操作

对如图 5-22 所示图形的 CAD 模型进行 CAM 加工过程操作。

操作准备

按图 5-22 所示建立 CAD 模型文件（文件名为 1. 2. 6. stp）。

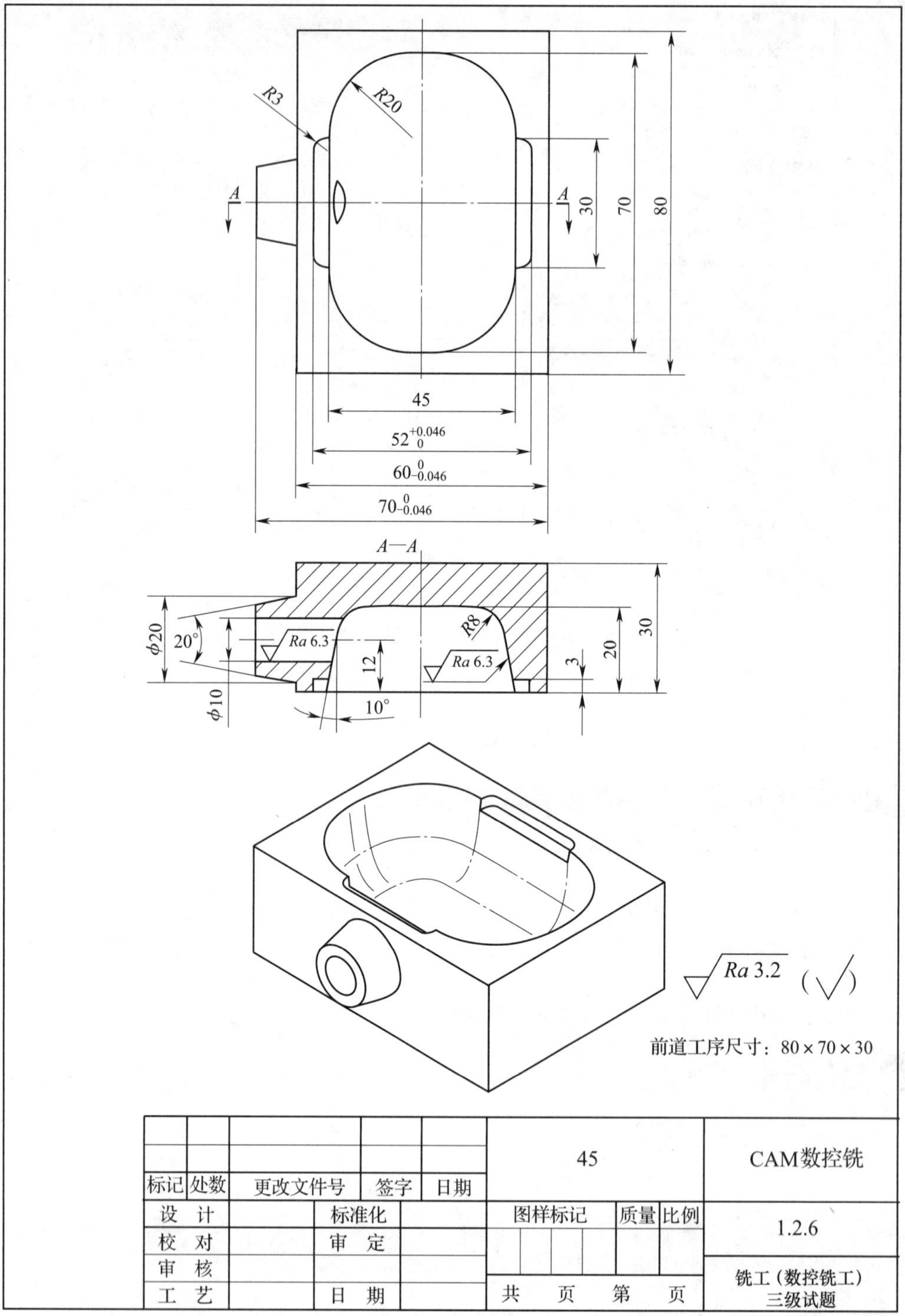
R3
R20
A
A
30
70
80
45
52 +0.046 0
60 0 -0.046
70 0 -0.046
A—A
ϕ20
20°
Ra 6.3
12
Ra 6.3
R8
3
20
30
ϕ10
10°
Ra 3.2 (√)
前道工序尺寸：80×70×30
标记 处数 更改文件号 签字 日期
设 计 标准化
校 对 审 定
审 核
工 艺 日 期
45
图样标记 质量 比例
共 页 第 页
CAM数控铣
1.2.6
铣工（数控铣工）三级试题

图 5-22　零件图样

操作步骤

步骤 1 制定零件加工工艺规程

填写数控加工工艺卡片，见表 5-1。填写数控刀具卡片，见表 5-2。

表 5-1 数控加工工艺卡片

CAM 数控铣单元数控加工工艺卡						零件代号		材料名称		零件数量
						1. 2. 6		45		1
设备名称		数控铣床	系统型号	FANUC	夹具名称	机床用平口虎钳		毛坯尺寸		80 mm×70 mm ×30 mm
工序号	工步号	工序内容			刀具号	主轴转速 (r/min)	进给速度 (mm/min)	背吃刀量 (mm)		NC 程序文件名
1		装夹平口虎钳，校正定位钳口								
2		数控铣削正面内凹型腔轮廓								
	1	装夹 1 号刀具								
	2	用平口虎钳装夹工件，以底面、侧面定位，粗铣中间大型腔，工件坐标系原点位于工件上表面左下角			1	600	240	2		1. 2. 6A_ NC
	3	工件装夹同上，精铣中间大型腔，工件坐标系不变			1	800	120	0. 5		1. 2. 6A_ NC
	4	装夹 2 号刀具								
	5	工件装夹同上，精铣内侧面 30 mm×*R*3 mm 轮廓，工件坐标系不变			2	1 500	100	1. 5		1. 2. 6A_ NC
3		侧面锥台铣削加工								
	1	装夹 1 号刀具								
	2	用平口虎钳重新装夹工件，侧面向上，以原来的底面、两侧面定位，粗铣锥台，工件坐标系原点位于工件上表面左下角			1	600	240	2		1. 2. 6B_ NC
	3	工件装夹不变，精铣，锥面工件坐标系不变			1	800	120	0. 2		1. 2. 6B_ NC
	4	装夹 3 号刀具								
	5	工件装夹不变，加工锥台清角与底平面，工件坐标系不变			3	800	120	0. 1		1. 2. 6B_ NC
	6	装夹 4 号刀具								
	7	工件装夹不变，钻孔，工件坐标系不变			4	600	100	5		1. 2. 6B_ NC
编制			审核		批准		年 月 日		共 1 页	第 1 页

表 5-2　　　　　　　　　　　　　　数控刀具卡片

序号	刀具号	刀具名称	刀具规格（mm）	刀具材料	备注
1	T1	牛鼻刀	D16R2	高速钢	
2	T2	立铣刀	$\phi6$	高速钢	
3	T3	立铣刀	$\phi16$	高速钢	
4	T4	钻头	$\phi10$	高速钢	
编制		审核　　批准	年　月　日	共 1 页	第 1 页

步骤 2　转入 iges 或 step 格式模型文件

在 SolidWorks 菜单中选择【文件】→【打开】命令，文件路径为“光盘：\millsucai”，文件类型为“STEP”，文件名为“1. 2. 6. stp”，如图 5-23 所示。

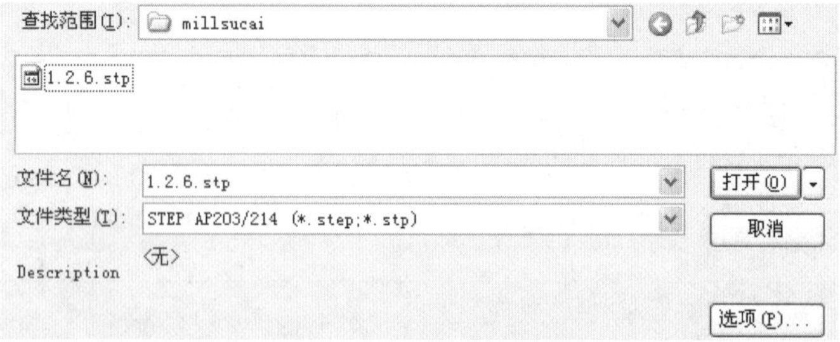

图 5-23　加载零件模型

步骤 3　分析零件模型并保存

分析零件模型，确定加工方案。为获得更佳的刀轨路径，必要时对零件模型做一定的编辑修改。如图 5-24 所示，为获得光顺的刀轨，对零件进行补面。最后，将文件保存为 SolidWorks 格式零件“126. SLDPRT”。

步骤 4　设置选择加工环境

（1）启动 SolidCAM。选择 SolidWorks 菜单中的【SolidCAM】→【新增】→【铣床】命令。启动 SolidCAM 后，显示如图 5-25 所示的【新的铣切工件】对话框，设置 SolidCAM 文件保存目录和 SolidCAM 文件名。

（2）工件设定。当创建了 CAM 零件后，将得到 SolidCAM 运行界面，界面左侧出现 SolidCAM 管理器中的【铣床工件设定】属性管理器，如图 5-26 所示。

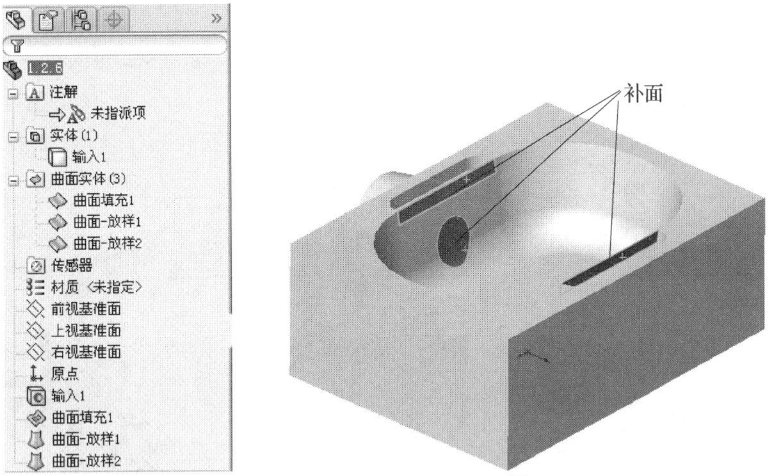

a)　　　　　　　　　　b)

图 5-24　分析零件模型

a）编辑补面的管理器　b）补面后模型

图 5-25　【新的铣切工件】对话框

(3) 定义坐标系

1）加工原点选择。单击【铣床工件设定】属性管理器中的【原点】设置组按钮，出现【加工原点】属性管理器，在【加工原点】属性管理器中的【定义原点选项】下单击【选取曲面】选项，然后在绘图区单击工件上表面。坐标系将自动定义在实体的角落，*Z* 轴自动垂直于所选取的表面，如图 5-27 所示。

2）加工原点设定。单击“√”按钮，确

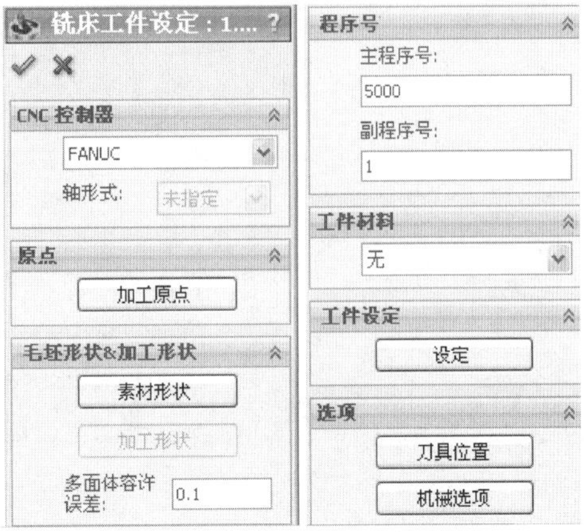

图 5-26　工件设定

认完成坐标系的定义，此时系统自动弹出【加工原点设定】对话框，在【加工原点设定】对话框中设置【刀具交换位置】【安全距离】【工件顶面】，如图 5-28 所示。

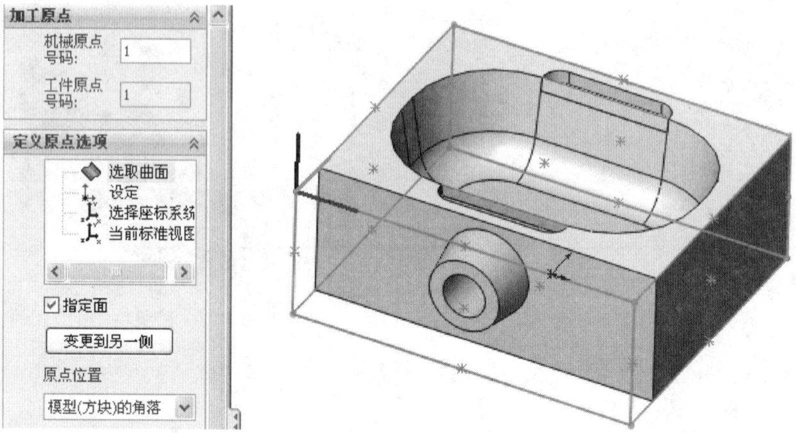

a)　　b)

图 5-27　加工原点选择

a）加工原点设置对话框　b）零件加工原点选择

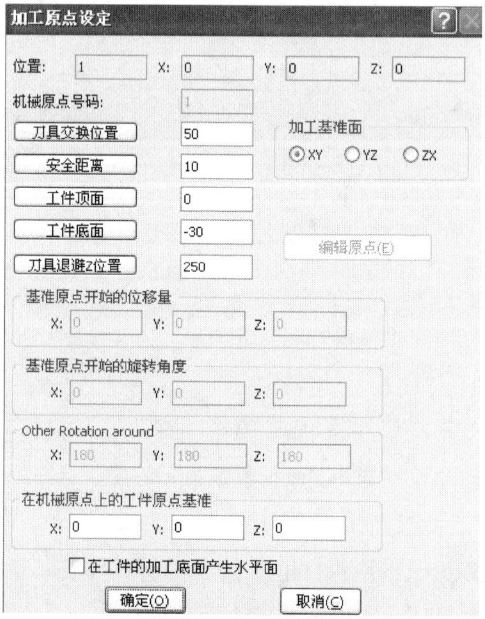

图 5-28　加工原点设定

3）建立侧面加工原点。单击【确定】按钮，完成第一个原点设定后，再在【1 位置】上点击鼠标右键，新增原点，如图 5-29 所示，用同样的方法建立第二个原点。

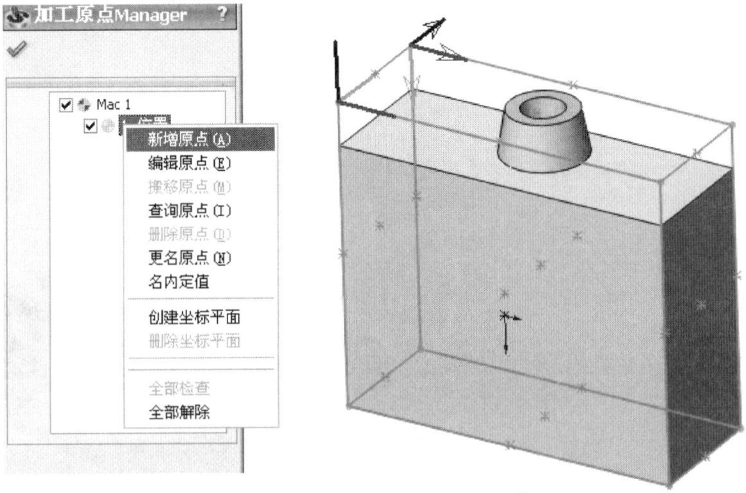

a)　　　　b)

图 5-29　新增原点

a）加工原点设置对话框　b）零件加工原点选择

（4）定义毛坯。如图 5-26 所示，在【铣床工件设定】属性管理器中单击【素材形状】（即毛坯模型）按钮，显示【素材形状】属性管理器。

SolidCAM 有以下三种毛坯定义方式。

- 指定范围：可以指定模型的边界链接或草图。
- 3D 模型：该选项对铸造模具加工非常有用。
- 3D 框选：在实体模型周围建立包容盒。

选择 3D 框选，按图 5-30 所示进行设置，单击工件任意位置，完成毛坯定义。

步骤 5　建立刀具表

根据表 5-2，在 SolidCAM 中建立刀具表，单击管理器中的【刀具】→【新增刀具】，在图 5-31 所示的界面中选择所需的“牛鼻刀”。进入“牛鼻刀”参数选择界面，如图 5-32所示。以此类推，完成所有刀具的选择，如图 5-33 所示。

步骤 6　创建刀轨

（1）型腔加工

1）选择加工类型。右击 SolidCAM 管理器中的【加工工程】，单击【新增】→【3D 立体加工】，如图 5-34 所示。

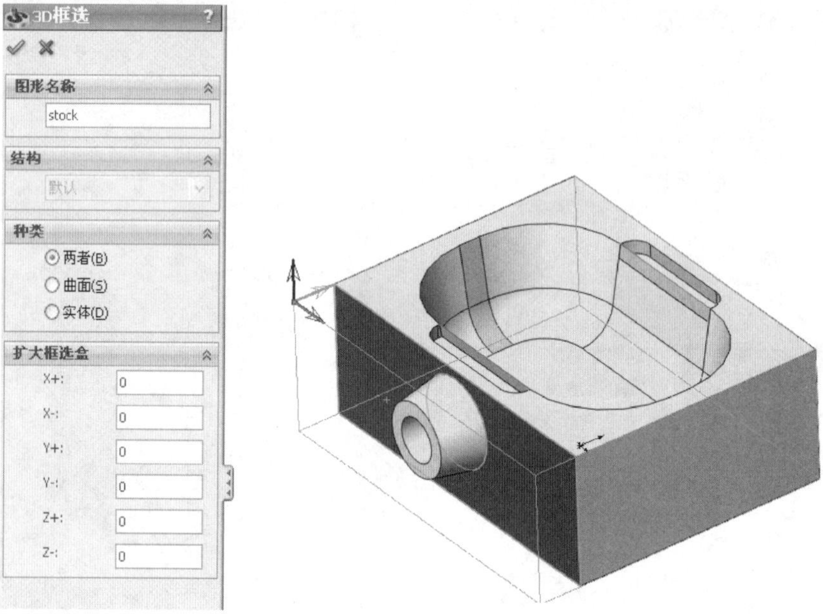

a)　　　　b)

图 5-30　定义毛坯

a）素材形状选择对话框　b）素材选择外框线

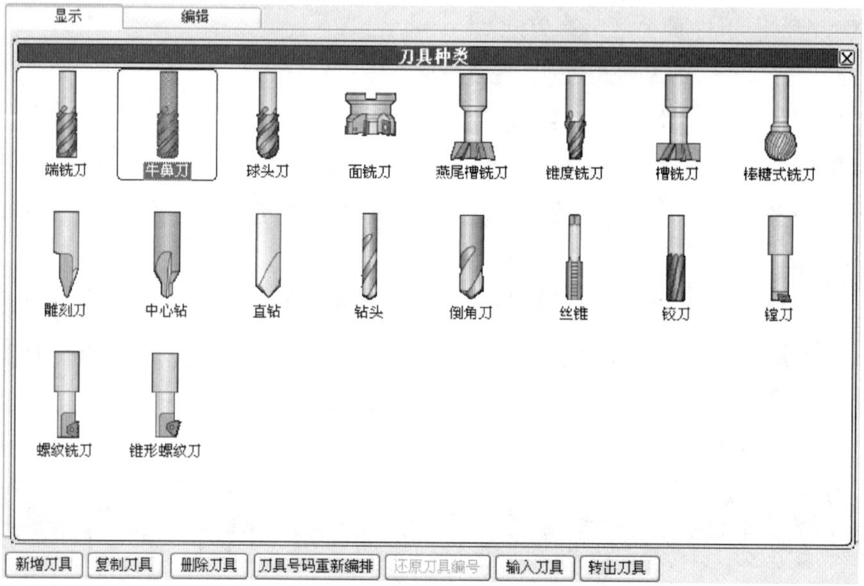

图 5-31　刀具种类选择

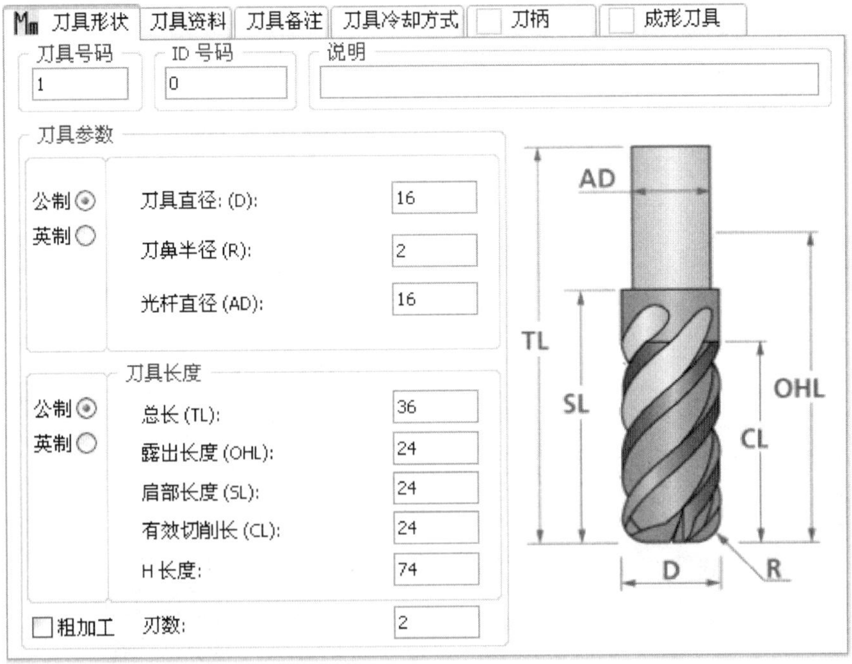

图 5-32 “牛鼻刀”参数选择

显示 编辑

刀具号码	ID 号码	使用者自...	直径	顶部直径	角度	刀鼻半径	锥度角度	光杆直径
1		牛鼻刀	16 mm			2 mm		16 mm
2		端铣刀	6 mm					6 mm
3		端铣刀	16 mm					16 mm
4		钻头	10 mm		118°			10 mm

图 5-33 SolidCAM 刀具表

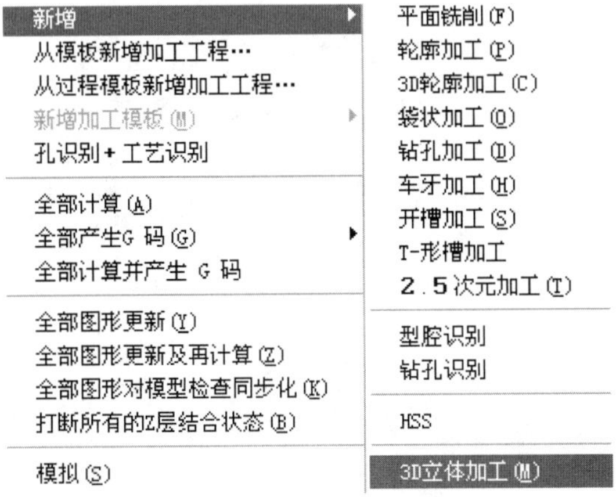

图 5-34 新增 3D 立体加工

2）定义参数。在【3D 立体加工工程设定】对话框中定义相关参数，如图 5-35 所示。

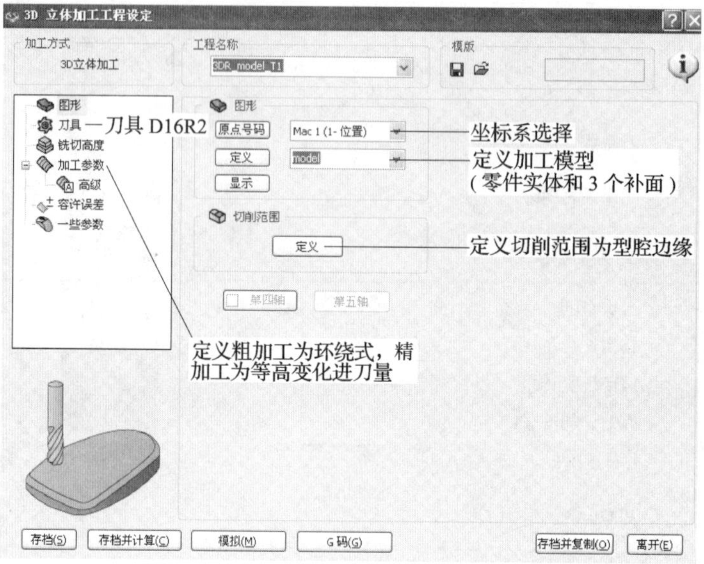

图 5-35　3D 立体加工工程设定

3）保存。单击【存档并计算】→【模拟】，结果如图 5-36 所示。

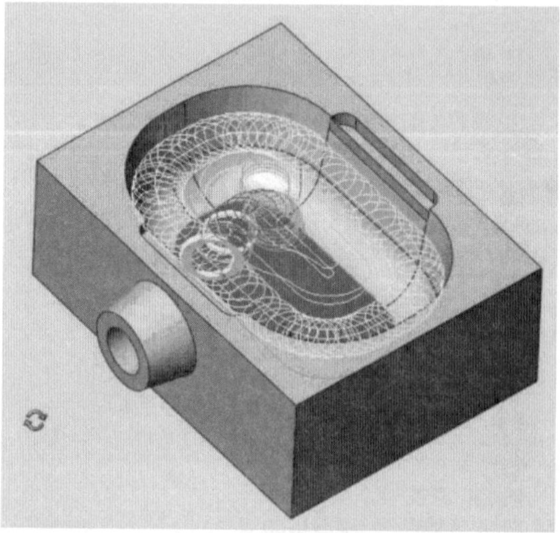

图 5-36　型腔加工轨迹模拟

（2）轮廓加工

1）选择加工类型。右击 SolidCAM 管理器中的【加工工程】，单击【新增】→【轮廓加工】。

2）定义参数。在【轮廓加工工程设定】对话框中定义相关参数，如图 5-37 所示。图 5-38 所示为轮廓定义。

3）保存。单击【存档并计算】→【模拟】。

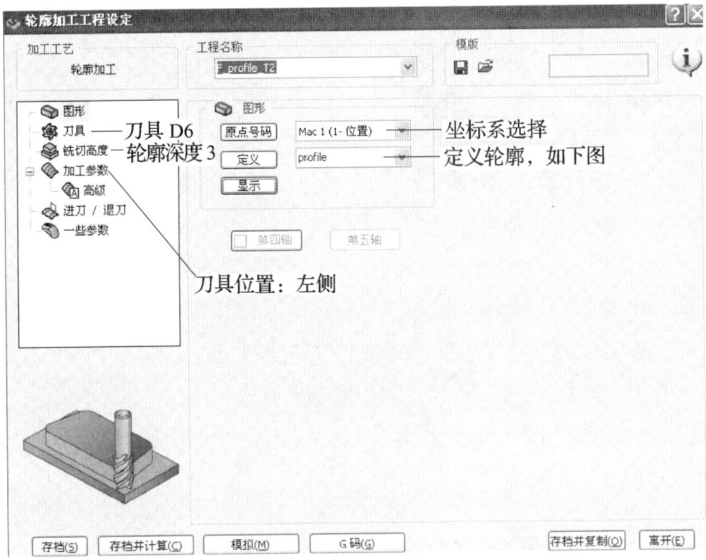

图 5-37　轮廓加工工程设定

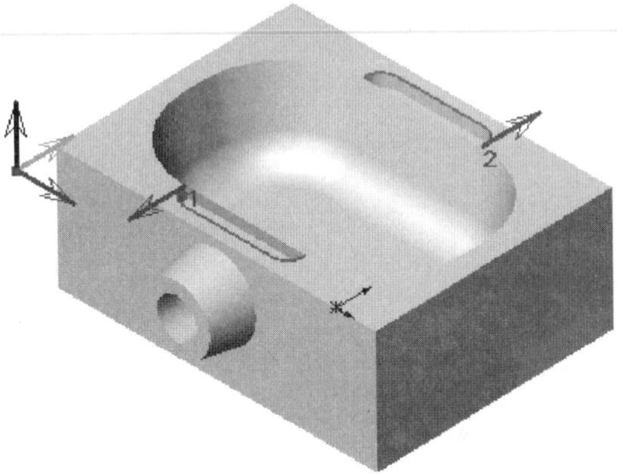

图 5-38　轮廓定义

（3）锥台加工。运用【3D 立体加工】策略，方法同上，完成锥台的粗、精加工，如图 5-39 所示。锥台清角加工如图 5-40 所示。

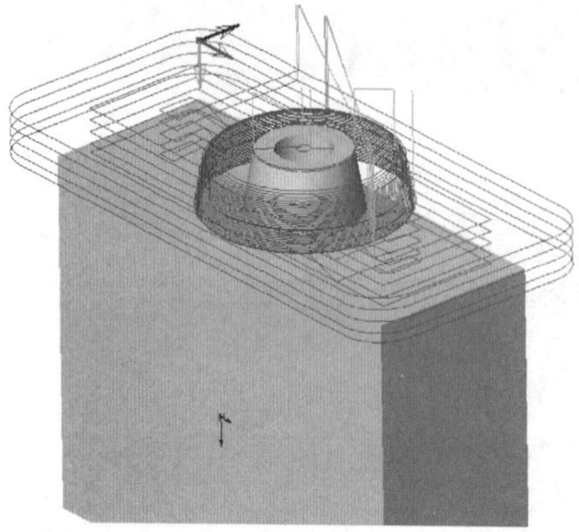

图 5-39　锥台粗、精加工

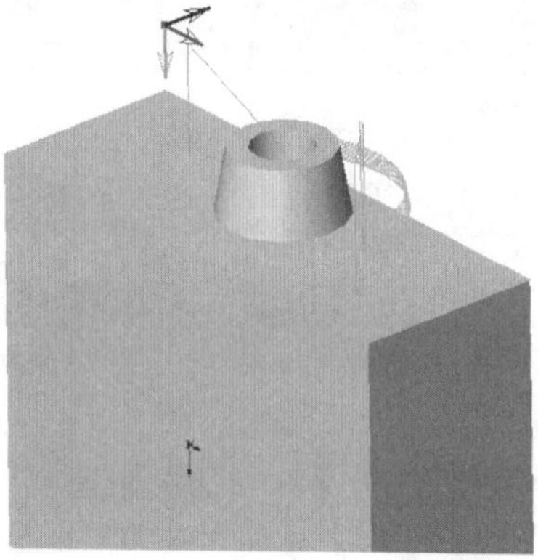

图 5-40　锥台清角加工

（4）钻孔加工

1）选择加工类型。右击 SolidCAM 管理器中的【加工工程】，单击【新增】→【钻孔加工】。

2）定义参数。在【钻孔加工工程设定】对话框中定义相关参数，如图 5-41 所示。

3）保存。单击【存档并计算】→【模拟】。

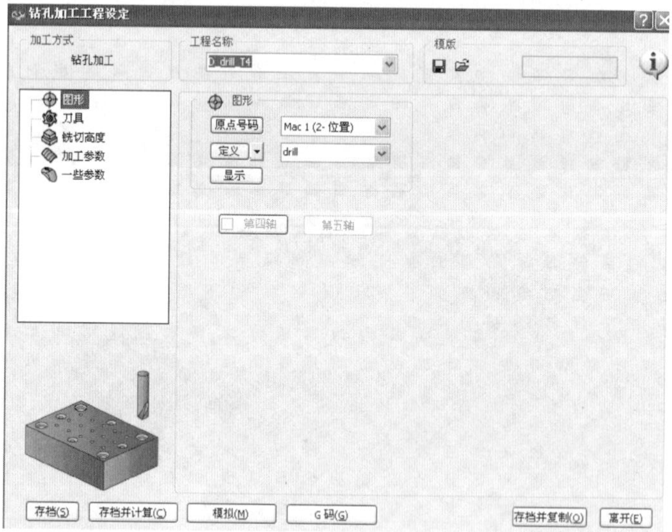

图 5-41　钻孔加工

步骤 7　模拟加工

（1）选择模拟方式。右击 SolidCAM 管理器（见图 5-42）中的【加工工程】，单击【模拟】。

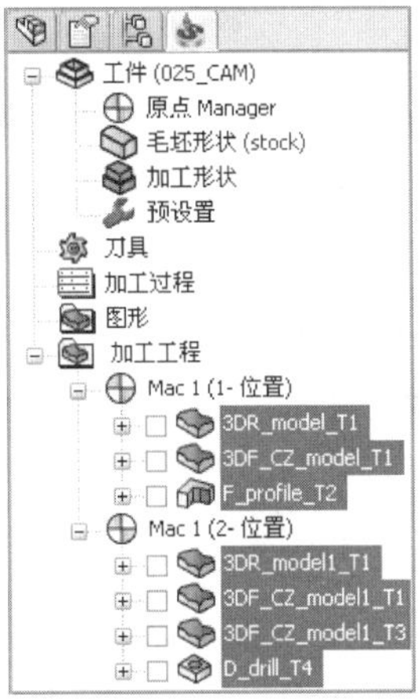

图 5-42　SolidCAM 管理器

(2) 模拟加工。在图 5-43a 所示的对话框中选择模拟方式，进行模拟加工，如图 5-43b、图 5-43c、图 5-43d 所示。

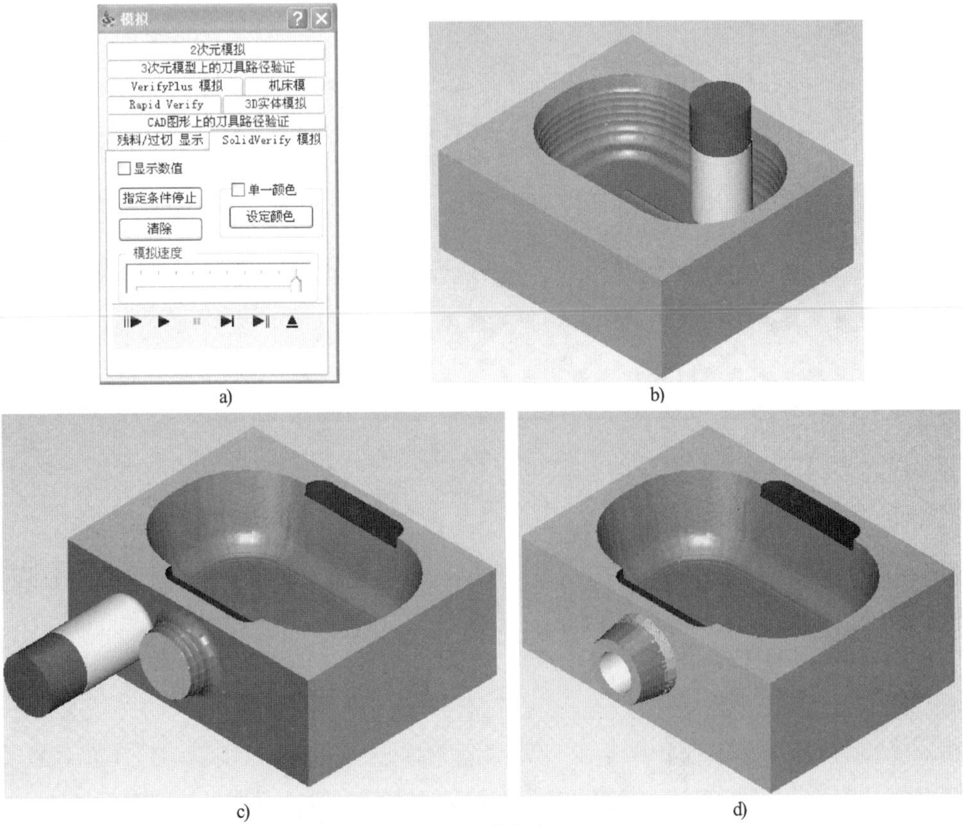

图 5-43　模拟加工

a）模拟加工对话框　b）模拟加工型腔　c）侧面轮廓加工　d）加工成形件

步骤 8　后处理

选中管理器中的工步，如图 5-44 所示，单击鼠标右键，在列表中选择【产生 G 码】→【产生】。产生的 G 代码如图 5-45 所示。

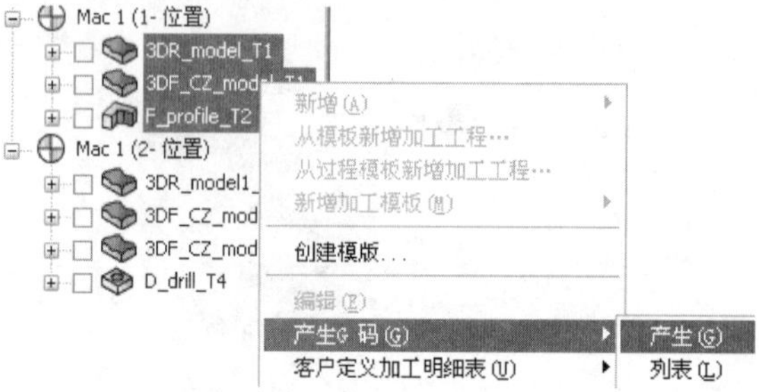

图 5-44　后处理

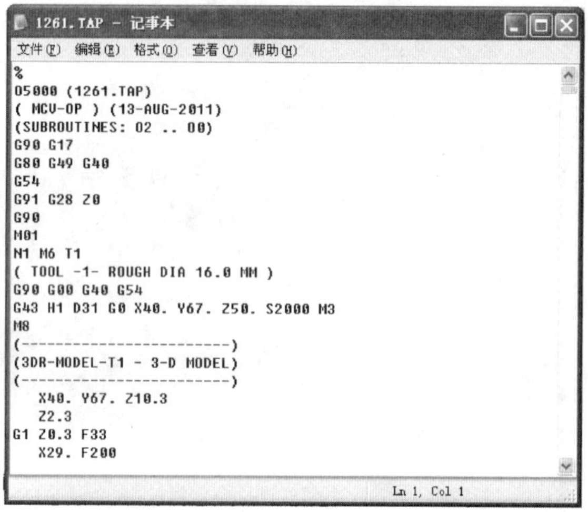

图 5-45　产生的 G 代码

注意事项

1. 在工件定义【素材形状】中，可以不考虑坯料四周的余量，以减少总的加工面，即图 5-30a 中 X+、X-、Y+、Y-、Z+、Z-均为 0。

2. 在管理器【加工工程】每个工步的“□”内打“√”，可以快速显示所有工步的加工轨迹，如图 5-46 所示。

3. 若管理器【加工工程】中某工步的“□”内显示“ * ”，则表示该工步存在错误，应重新检查各项设置是否正确，或以当前设置重新进行计算，即选择该工步后，单击鼠标右键，点击【计算】即可。

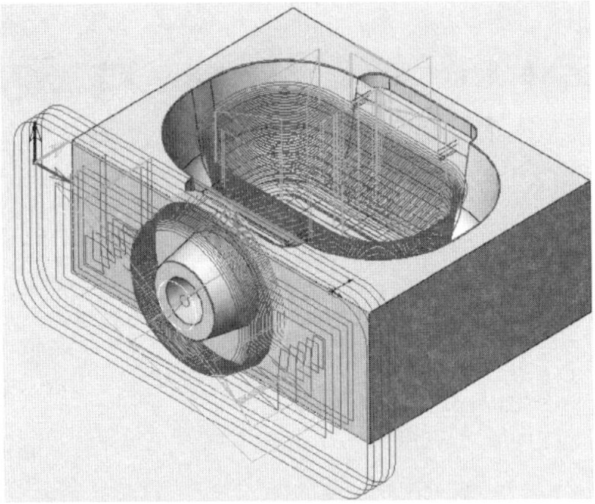

图 5-46　快速显示加工轨迹

特别提示

1. 在制作 SolidCAM 文件前，不管是否对原始文件进行过编辑修改（即上述步骤 3），均要先将其保存为“*. SLDPRT”文件格式，才能进行 CAM 的系统设计。

2. 每个零件的加工方法不尽相同，本例如果在不补面的情况下进行 SolidCAM 加工，刀具轨迹会产生一定的避让，其最终加工结果大致相同。

3. 对于其他孔系列的加工方法，如镗孔、攻螺纹等，在新增【加工工程】时均选择【钻孔加工】，基本操作方法类似，在选择钻孔种类界面选择所需的孔加工类型即可，如图 5-47 所示。

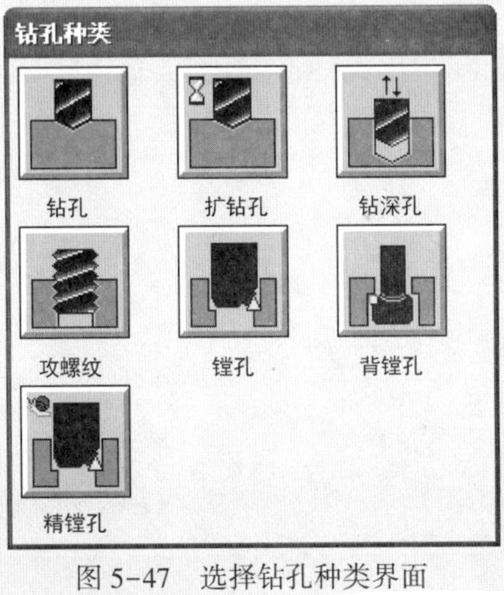

图 5-47　选择钻孔种类界面

4. 在轮廓加工中，在【加工参数】的【刀具位置】选项中，要注意轮廓切削方向选择一致，即本例中【刀具位置】为“左侧”，相当于编程的 G41 方向，则内轮廓的铣削方向为逆时针；反之，如果【刀具位置】为“右侧”，相当于编程的 G42 方向，则内轮廓的铣削方向为顺时针。

第 6 章

数控铣床的维护与常见故障的诊断和排除

第 1 节　数控铣床的维护与故障

学习单元 1　数控铣床的维护

学习目标

- 了解数控铣床的使用要求
- 熟悉数控铣床的定期维护检查内容
- 熟悉数控铣床的安全操作规程

知识要求

数控铣床是机电一体化设备，其能否长期可靠地运行很大程度上取决于使用与日常维护。正确的使用可避免突发故障，延长故障间隔时间。精心维护可使数控铣床处于良好的技术状态，延缓劣化的过程。因此，为确保数控铣床使用寿命，不仅要严格地执行数控铣床操作规程，而且必须重视数控铣床的维护工作，提高数控铣床操作人员的素质。

一、数控铣床的使用要求

1. 铣床位置的要求

铣床的位置应远离振源，避免阳光直接照射和热辐射的影响，避免潮湿和气流的影响。若铣床附近有振源，则铣床四周应设置防振沟；否则，将直接影响铣床的加工精度及稳定性，还会导致电子元器件接触不良，发生故障，影响数控铣床的可靠性。

2. 铣床电源的要求

一般的机加工车间不仅环境温度变化大，而且机电设备多，致使电网电压波动大。而安装数控铣床的场所对电源电压有严格的要求，电源电压波动必须在允许范围内，并且保持相对稳定，否则会直接影响数控系统的正常工作。日本的数控系统一般允许电源电压在电压额定值的±10%范围内波动。而欧美的一些数控系统要求波动在±5%以内，否则要外加交流稳压器。

3. 温度和湿度的要求

数控铣床的环境温度应低于 30℃，相对湿度应不超过 80%。一般来说，数控电控箱内部设有排风扇或冷风机，以保持电子元件特别是中央处理器的工作温度恒定或温差变化小。过高的温度和湿度将使控制系统元件的使用寿命缩短，导致故障增多，还会使灰尘增多，在集成电路板内产生黏结，导致短路。

4. 对操作人员的要求

如何发挥数控设备的生产效率在很大程度上取决于操作人员的技术水平。一名合格的数控铣床操作人员应做到以下几点：

（1）具有良好的职业道德和较高的思想素质，头脑清醒，思维敏捷，掌握机械加工必需的工艺技术知识并具有一定的加工实践经验；

（2）在操作数控铣床前，必须详细认真地阅读有关操作使用说明书，充分了解所用数控铣床的特性，熟练掌握各项操作及编程方法，不断提高操作技巧；

（3）严格执行数控铣床的安全操作规程，熟知铣床日常维护的项目内容，并做好保养工作，从而保证铣床处于良好的运行状态；

（4）在日常工作过程中，逐步掌握铣床运行中的某些规律，发现任何不正常情况和征兆能认真处理并做好记录，一旦发生故障，及时请维修人员进行维修，不断总结经验，提高对各种情况的综合判断、处理能力，以及对小故障的排除能力。

5. 数控加工的工艺要求

在熟练操作数控铣床的前提下，可适当进行零件加工程序的编制。首先，要选择合适的加工对象，采取合理的工艺措施，充分做好数控铣床加工前的工艺准备，严格按照数控加工的工艺要求，确定刀具选择、切削用量等。其次，要正确编制加工程序，输入铣床控制系统的存储器。然后，为避免加工程序存在错误，在正式加工前要进行程序的试运行检查，再进行试切削加工。最后，在试切削的过程中，对于把握不大的情况可采用“渐进”的保守方法进行处理。

二、数控铣床的定期维护检查

数控铣床与普通铣床一样，其使用寿命和效率不仅取决于铣床的精度和性能，很大程度上也取决于使用与维护。对数控铣床进行日常维护与保养可延长元件的使用寿命，防止机械部件的非正常磨损，避免发生意外恶性事故，使铣床始终处于良好的状态，尽可能保持长时间稳定工作。

要做好数控铣床的日常维护与保养工作，要求数控铣床的操作人员必须经过专门培训，必须详细阅读数控铣床说明书，对铣床有一个全面的了解，包括铣床结构、特点和数控系统的工作原理等。不同类型的数控铣床，其日常维护的具体内容和要求不完全相同，但各维护周期内的基本原则不变，以此可对数控铣床进行定点、定时的检查与维护。表 6–1 列举了一般数控铣床各维护周期需要维护与保养的主要内容，若发现问题应及时采取必要的措施。

表 6–1　数控铣床维护与保养的主要内容

序号	检查部位	检查内容			
		每天	每月	半年	一年
1	切削液箱	观察箱内液面高度，及时添加	清理箱内积存的切屑，更换切削液	清洗切削液箱，清洗过滤器	全面清洗、更换过滤器
2	润滑油箱	观察油标上的油面高度，及时添加	检查润滑泵工作情况，检查油管接头是否松动、漏油	清洁润滑油箱，清洗过滤器	全面清洗、更换过滤器
3	各移动导轨副	清除切屑及污物，用软布擦净，检查润滑情况及划伤与否	清理导轨滑动面上的刮屑板	检查导轨副上的镶条、压板是否松动	检验导轨运行精度，进行校准
4	压缩空气气泵	检查气动控制的压力是否正常	检查气泵工作状态是否正常，滤水管道是否畅通	检查空气管道是否渗漏	清洗气泵润滑油箱，更换润滑油
5	气源三联件	检查工作是否正常，观察空气过滤器中滤出的水，及时清理	擦净灰尘，清洁空气过滤网	检查空气管道是否渗漏，清洗空气过滤器	全面清洗、更换过滤器
6	液压系统	观察箱体内的油面高度，观察油压是否正常	检查各阀门工作是否正常，油路是否畅通，接头处是否渗漏	清洗油箱，清洗过滤器	全面清洗油箱、各阀门，更换过滤器
7	防护装置	清除切削区内防护装置上的切屑与污物，用软布擦净	用软布擦净机床内各防护装置上表面，检查有无松动	检查折叠式防护罩的衔接处是否松动	因维护需要，全面拆卸清理
8	刀具系统	检查刀具夹持是否可靠，位置是否准确，刀具是否损伤	检查刀具更换后重新夹持的位置是否正确	检查刀夹是否完好，定位是否可靠	全面检查，若有必要更换固定螺钉

续表

序号	检查部位	检查内容			
		每天	每月	半年	一年
9	换刀系统	观察转塔刀架定位、刀库送刀、机械手定位情况	检查刀架、刀库、机械手的润滑情况	检查换刀动作的平稳性，以无冲击为宜	清理主要零部件，更换润滑油
10	CRT显示屏及操作面板	注意报警显示、指示灯的显示	检查各轴限位及急停开关是否正常，观察CRT显示	检查面板上所有操作按钮、开关的功能情况	检查CRT电气线路、印制电路板等的连接情况，并清除灰尘
11	强电柜与数控柜	检查冷却风扇工作是否正常，柜门是否关闭	清洗控制箱散热风道的过滤网	清理控制箱内部，保持干净	检查所有电路板、插座、插头、继电器和电缆的接触情况
12	主轴箱	观察主轴运转情况，注意声音、温度	检查主轴上卡盘、夹具、刀柄的夹紧情况，注意主轴的分度功能	检查齿轮、轴承的润滑情况，测量轴承温升是否正常	清洗零部件，更换润滑油；检查主传动带，必要时及时更换；检验主轴精度，进行校准
13	电气系统与数控系统	检查运行功能是否正常，监视电网电压是否正常	直观检查所有电气部件及继电器、联锁装置的可靠性。若铣床长期不用，则需通电空运行	检查一个试验程序的完整运转情况	检查存储器电池，检查数控系统的大部分功能
14	电动机	观察各电动机运转是否正常	观察各电动机冷却风扇的运转是否正常	检查各电动机的轴承噪声是否严重，必要时可更换	检查电动机控制板情况，检查电动机保护开关的功能。对于直流电动机，要检查电刷磨损情况，必要时及时更换
15	滚珠丝杠	用油擦净丝杠暴露部位的灰尘和切屑	检查丝杠防护套，清理螺母防尘盖上的污物，在丝杠表面涂油脂	测量各轴滚珠丝杠的反向间隙，予以调整或补偿	清洗滚珠丝杠上的润滑油，涂上新油脂

三、数控铣床的安全操作规程

1. 熟悉数控铣床的有关资料，如主要技术参数、主要结构、润滑部位等。

2. 开机前应进行全面细致的检查，包括检查油位高低和油路是否通畅，以及数控铣床各部位是否正常等，并关闭电气控制柜柜门，确认数控铣床一切无误后方可开机。

3. 通电后，检查各开关、按钮和键是否正常、灵活，以及数控铣床有无异常现象。

4. 检查电压、气压、油压是否正常，需手动润滑的部位要先进行手动润滑。

5. 将各坐标轴手动回零（参考点），若某轴在回零（参考点）前已在零位（参考点）或接近零位（参考点），必须先将该轴移至离零位（参考点）一段距离后，再手动回零（参考点）。

6. 数控铣床应空运转 15 min 以上，以达到热平衡状态。

7. 输入程序后，应认真核对，保证无误。

8. 应按工艺规程装夹及找正夹具，正确确定工件坐标系，并对所得结果进行验证和验算。

9. 刀具补偿值（长度、半径）输入后，要对刀补号、补偿值、正负号、小数点进行认真核对。

10. 装夹工件前，应空运行程序，观察能否顺利执行，检查刀具长度选取和夹具装夹是否合理，有无超程现象。

11. 装夹工件时，注意螺钉压板是否妨碍刀具运动，检查零件毛坯和尺寸是否有超长现象。

12. 手摇进给和手动连续进给时，必须检查各开关所选位置是否正确，弄清正负方向，认准按键，然后再进行操作。

13. 数控铣床运行未完全停止前，禁止用手触碰任何转动部件，禁止拆卸或更换零件。

14. 操作完成后，清扫数控铣床，并将各坐标轴停在中间位置。

学习单元 2　数控铣床的故障

学习目标

➤ 了解数控铣床可靠性的定义

➤ 掌握数控铣床的故障分类

➤ 掌握数控铣床故障排除的一般原则

知识要求

数控技术应用了计算机技术与信息技术，使复杂的脑力劳动实现自动化，从而实现高柔性、高自动化生产。它能交换、共享有关数据信息，使企业在设计、计划、管理等方面做出最优决策。数控技术给机械制造业的发展创造了条件，并带来了很大的效益。而要提高数控铣床的效率，其故障诊断与维护就显得非常重要。熟悉并掌握故障诊断和维护的方法、工具、资料，对提高维护质量和故障诊断效率有很大的帮助。

一、数控铣床的可靠性

数控铣床的可靠性是人们十分关心的问题，所谓可靠性，是指在规定的条件（如环境温度、使用条件、使用方法等）下数控铣床维持无故障工作的能力。数控铣床全部或部分丧失了规定的功能称为故障。故障发生的频率及相关的运行时间是衡量数控铣床可靠性的基本参数。

1. 平均故障间隔时间

平均故障间隔时间（MTBF）是指一台数控铣床在使用中的两次故障间隔时间的平均值，即数控铣床在使用寿命范围内的总工作时间和总故障次数之比，它是衡量可靠性的主要指标。我国规定，数控系统可靠性验证用 MTBF 作为衡量指标，要求数控系统的 MTBF 应不低于 3 000 h。国外有些数控系统的 MTBF 已达 22 000 h。

2. 平均修复时间

平均修复时间（MTTR）是指数控铣床从出现故障开始直至能正常使用所需的平均修复时间，也就是排除故障的平均时间。显然，平均修复时间越短越好，它反映数控系统的可修复性。

3. 有效度

有效度（或可利用率）是从可靠度和维修度两方面对数控铣床的正常工作概率进行综合评价的尺度，是指一台可维修的铣床在某一段时间内维持其性能的概率，其计算公式为：

$$A = \frac{\text{MTBF}}{\text{MTBF}+\text{MTTR}}$$

可见，有效度 A 是一个小于 1 的数，且越接近 1 越好。

4. 平均故障率

有些国家常采用单位时间内发生故障次数的平均值（平均故障率，AFR）作为无故障性指标。占世界 CNC 系统产量一半的日本 FANUC 公司的数控系统就采用平均月故障率作为可靠性的主要指标。

5. 故障频率曲线

故障频率曲线是一条反映瞬时故障变化的曲线，它描述了数控铣床瞬时故障随时间变化的关系，如图 6-1 所示。按数控铣床故障频率的高低，整个使用寿命期大致可分为三个阶段，即初始使用故障期、相对稳定运行期及寿命终了期。

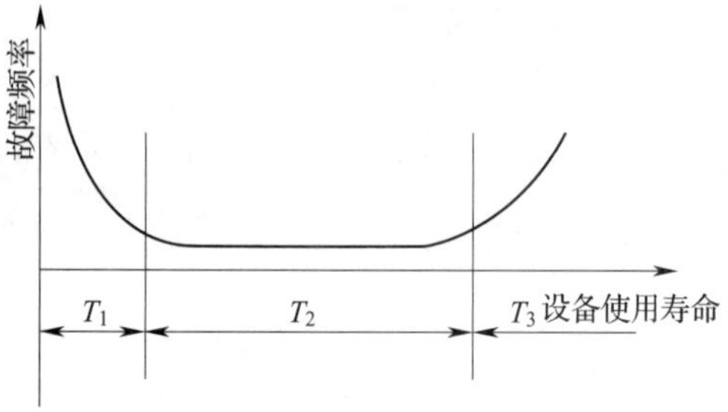

图 6-1　数控铣床故障频率曲线

T_1—初始使用故障期　T_2—相对稳定运行期　T_3—寿命终了期

（1）初始使用故障期。从整机安装调试后开始运行的半年至一年内，故障频率较高，一般无规律可循，但采取措施可消除。在这一阶段，要加强对数控铣床的检测，做好必要的记录，定期对数控铣床进行机电调整，以保证设备各项运行参数处于技术规范之内。

（2）相对稳定运行期。数控铣床在经历了初期的各种故障消除和调整后，开始进入相对稳定的正常运行期，此时故障较少，但并不排除偶发性故障的产生。在这个时期内，要坚持做好设备运行记录，以备排除故障时参考。相对稳定运行期时间较长，一般为 7~10 年，可靠性高的数控铣床可达 30 年左右。

（3）寿命终了期。数控铣床进入寿命终了期后，各类元器件开始加速磨损和老化，故障频率开始逐年递增，故障性质属于渐发性和器质性。在这个时期，同样要做好设备运行记录，寻找渐发性故障的规律，以排除大部分故障，延长数控铣床的使用寿命。

二、数控铣床的故障分类

数控铣床的故障主要包括机械系统故障和数控系统故障两大类，一般数控系统故障是指数控装置、伺服系统、编码器、可编程控制器等部分的故障。

1. 按故障发生的部件分类

按故障发生的部件分，数控铣床故障可分为主机故障与电气故障。

常见的主机故障有因机械安装、调试、操作使用不当等引起的机械传动故障及导轨运动摩擦过大故障。

电气故障分为弱电故障与强电故障。弱电部分主要指 CNC 装置、PLC、CRT 显示器及伺服单元、输入/输出装置等电子电路。弱电故障有硬件故障与软件故障之分。硬件故障主要是指上述各装置印制电路板上的集成电路芯片、分立元件、接插件、外部连接组件等的故障。软件故障主要是指加工程序出错、系统程序和参数的改变或丢失、计算机的运算出错等。强电部分是指继电器、接触器、断路器、熔断器、电源变压器、电动机、电磁铁、行程开关等电气元器件及其所组成的电路。强电故障十分常见，必须引起足够的重视。

2. 按故障发生的性质分类

按故障发生的性质分，数控铣床故障可分为系统性故障与随机性故障。系统性故障通常是指只要满足一定的条件或超过某一设定的限度，工作中的数控铣床必然会发生的故障，如过载、超程等。随机性故障通常是指数控铣床在同样的条件下工作时只偶然发生一次或两次的故障，这类故障的原因分析与诊断比较困难。一般来说，随机性故障的发生往往与安装质量、组件排列、参数设定、元器件品质、操作与维护、工作环境等诸多因素有关。

3. 按故障发生后有无诊断显示分类

按故障发生后有无诊断显示分，数控铣床故障可分为有诊断显示的故障与无诊断显示的故障。

有诊断显示的故障一般都与控制部分有关，操作人员可以根据报警信号较容易地找到故障原因。这类报警显示可分为硬件报警显示与软件报警显示。硬件报警显示通常是指各单元装置上警示灯的状态不正常，这给故障诊断带来了很大的便利。软件报警显示通常是指 CRT 显示器上显示出报警号和报警信息。数控铣床的自诊断功能使得一旦检测到故障即按故障的级别进行处理，同时在 CRT 显示器上以报警号的形式显示该故障信息。

无诊断显示的故障发生时没有任何硬件或软件的报警显示，因此分析诊断难度较大，通常要具体情况具体分析，要根据故障发生的前后变化进行分析判断。

4. 按故障发生的原因分类

按故障发生的原因分，数控铣床故障可分为自身故障与外部故障。数控铣床自身故障是由于其自身的原因引起的，与外部使用条件无关。数控铣床的大多数故障均属于此类故障。数控铣床外部故障是由于外部原因造成的，如电压、环境温度等。

三、数控铣床故障排除的一般原则

数控铣床的大部分故障都以综合形式出现，检测及排除故障一般应掌握以下原则。

1. 先静后动

维修要做到先静后动，不可盲目动手。应首先询问数控铣床操作人员故障发生的过程及状态，并阅读数控铣床说明书、图样资料后再动手查找故障原因。

另外，应先在数控铣床断电的静止状态下进行观察、分析，确认为非恶性循环性故障或非破坏性故障后再给数控铣床通电。之后，在运行工况下进行动态的观察、检验和测试，查找故障。对于恶性的破坏性故障，必须先行处理，排除危险后，方可给数控铣床通电，进行动态诊断。

2. 先外部后内部

数控铣床是机械、液压、电气一体化的设备，所以其故障必然从机械、液压、电气等方面综合反映出来。数控铣床的检修要求维修人员掌握“先外部后内部”的原则，即当数控铣床发生故障后，维修人员应先采用望、闻、听、问等方法，由外向内逐一进行检查。数控铣床中的外部行程开关、按钮开关、液压气动元件发生故障，以及电气接插件和外部或相互之间的连接部位因接触不良造成信号传递失灵等，是数控铣床故障发生的主要原因。应尽量避免随意地启封、拆卸，以及不适当的大拆大卸，这往往会扩大故障，使数控铣床丧失精度，降低性能。

3. 先机械后电气

一般来说，数控铣床的机械系统故障较易被察觉，而数控系统故障的诊断则难度要大些。“先机械后电气”就是在数控铣床的检修中首先检查机械部分是否正常，行程开关是否灵活，气动、液压部分是否存在阻塞现象等。这样就能先排除机械故障，往往可以达到事半功倍的效果。

4. 先公用后专用

公用性的问题往往影响全局，而专用性的问题只影响局部。如果数控铣床的几个进给轴都不能运动，应先宏观检查和排除各轴公用的 CNC 装置、PLC、电源、液压等部分的故障，然后再设法排除某个轴的局部问题。电网或主电源故障是全局性的问题，因此一般应先检查电源部分，看熔丝是否正常，直流电压输出是否正常。总之，只有先解决影响较大的主要矛盾，局部、次要的矛盾才能迎刃而解。

5. 先简单后复杂

当多种故障互相交织影响而无从下手时，应先解决简单的问题，后解决难度较大的问题。在解决简单故障的过程中，难度大的问题往往也可能变得容易解决。维修人员也可能在排除简单故障时受到启发，对复杂故障的认识更为清晰，从而有了解决办法。

6. 先一般后特殊

在排除某一故障时，要先考虑最常见的可能原因，然后再考虑很少发生的特殊原因。例如，一台 FANUC 系统的数控铣床 Z 轴回零不准常常是由降速挡块位置移动造成的，一旦出现这一故障，应先检查该挡块位置，在排除这一常见的可能原因后，再检查脉冲编码器、位置控制等。

第 2 节　数控铣床常见故障的诊断和排除

学习单元 1　常见机械系统故障的诊断和排除

学习目标

- 熟悉数控铣床机械故障的分类
- 掌握数控铣床主运动机构的故障诊断和排除方法
- 掌握数控铣床进给传动机构的维护与故障诊断和排除方法
- 掌握数控铣床液压系统与气动系统的维护

知识要求

一、机械故障的分类

在数控铣床工作时，机械的各项功能相互结合，故障现象与故障原因并非简单的一一对应关系，往往一种故障可能由几种不同原因引起，或一种原因可能引起几种故障，即大部分故障是以综合故障形式出现的，这给故障诊断及其排除带来了很大的困难。一般来说，机械故障的类型可分为以下几种。

1. 功能性故障

功能性故障主要是指工件加工精度方面的故障，表现为加工精度不稳定、加工误差大、运动反向误差大、工件表面粗糙度值大。

2. 动作性故障

动作性故障主要是指数控铣床的各种动作故障，表现为主轴不转动、液压变速不灵活、工件夹不紧、刀具系统定位精度低等。

3. 结构性故障

结构性故障主要是指由机械结构问题而引起的故障，如主轴发热、主轴箱噪声大、产生切削振动等。

4. 使用性故障

使用性故障主要是指使用及操作不当引起的故障，如过载引起的机件损坏、撞车等。

在机械故障出现以前，可以通过精心的日常维护与保养来延长数控铣床的使用寿命。当一般轻微的故障发生后，可以通过仔细调整来解决，如调整配合间隙、供油量、液（气）压、流量、轴承与滚珠丝杠的预紧力及堵漏等措施。对于已损坏或丧失功能的零部件，可通过修复或更换的方法来排除故障。但由于床身结构刚度低、切削振动大、制造质量不高等原因产生的故障一般很难排除。

二、主运动机构的故障诊断和排除

数控铣床主运动系统主要包括主轴部件、主轴箱、调速主轴电动机。其中，主轴部件包括主轴、主轴轴承、工件或刀具自动松夹机构，对于加工中心还包括主轴定向准停机构等。

1. 主运动机构的维护

主运动机构是影响数控铣床加工精度的主要因素，其主轴的回转精度会影响工件的加工精度，输出功率与回转速度会影响加工效率，自动变速、准停和换刀等会影响铣床的自动化程度。因此，主运动机构要具有与数控铣床工作性能相适应的高回转精度、刚度、抗振性、耐磨性和低温升等特点。在结构上，必须很好地解决刀具和工件的装夹、轴承的配置、轴承间隙的调整、润滑和密封等问题，平时必须注意做好必要的维护工作。

（1）熟悉数控铣床主运动系统的结构、性能参数，严禁超性能使用。

（2）主运动机构出现不正常现象时，应立即停机排除故障。

（3）操作者应注意每天观察主轴箱的温度，检查主轴润滑恒温油箱，调节温度范围，使油量充足。

（4）对于使用带传动的主轴系统，需定期观察调整主轴驱动带的松紧程度，防止出现带打滑现象。

（5）对于由液压系统平衡主轴箱质量的平衡系统，需定期观察液压系统的压力表，当油压低于要求值时，要进行补油。

（6）对于使用液压拨叉变速的主运动系统，必须在主轴停转后变速。

（7）对于使用啮合式电磁离合器变速的主运动系统，离合器必须在低于 2 r/min 的转速下变速。

（8）注意保持主轴与刀柄连接部位及刀柄的清洁，防止对主轴的机械碰击。

（9）每年更换一次主轴润滑恒温油箱中的润滑油，并清洗过滤器。

（10）每年清理润滑油池底一次，并更换液压泵滤油器。

（11）防止各种杂质进入润滑油箱，保持油液清洁。

（12）经常检查轴端及各处密封，防止润滑油的泄漏。

（13）刀具夹紧装置长时间使用后会使拉杆间隙加大，导致碟形弹簧伸缩量不够，影响刀具的夹紧，因此需及时调整液压缸活塞的位移量。

（14）经常检查压缩空气气压，并使其保持在标准要求值。只有保证足够的气压，才能彻底清除主轴锥孔中的切屑和灰尘。

2. 主运动机构的常见故障现象、原因与排除方法

主运动机构的常见故障现象、原因与排除方法见表6-2。

表6-2　　主运动机构的常见故障现象、原因与排除方法

序号	故障现象	故障原因	排除方法
1	主轴发热	主轴前、后轴承损伤，或轴承有污物	更换损坏轴承，清除污物
		主轴前端盖与主轴箱体压盖研伤	修磨主轴前端盖，使其压紧主轴前轴承，轴承与后端盖有0.02～0.05 mm的间隙
		轴承润滑油脂耗尽或润滑油脂涂抹过多	检查润滑油脂，保证每个轴承涂抹的润滑油脂量为3 mL
2	主轴在强力切削时丢转或停转	主电动机与主轴连接带过松	张紧主传动带
		带表面有油	用汽油清洗
		带使用过久而失效	更换带
		摩擦离合器过松或磨损	调整摩擦离合器或更换摩擦片
3	主轴有噪声	缺少润滑	保证每个轴承涂抹的润滑油脂量为3 mL
		带轮传动平衡情况不佳或带轮上的动平衡块脱落	重新进行动平衡
		主传动带过紧	重新调整带的松紧
		齿轮啮合间隙不均匀或齿轮损坏	调整啮合间隙或更换齿轮
		传动齿轮损坏或传动轴弯曲	修复或更换轴承，校直传动轴
4	主轴没有润滑油循环或润滑不足	油泵转向不正确或间隙太大	改变油泵转向或修理油泵
		吸油管没有插入油箱的油面以下	将吸油管插入油面以下2/3处
		油管或滤油器堵塞	清除堵塞物
		润滑油压力不足	调整供油压力
5	润滑油泄漏	润滑油量过多	调整供油量
		密封件损坏	更换密封件
		管件损坏	更新管件

续表

序号	故障现象	故障原因	排除方法
6	刀具不能夹紧	碟形弹簧位移量小	调整碟形弹簧的行程长度
		检查刀具松夹弹簧上的螺母是否松动	顺时针旋转松夹弹簧上的螺母，使其最大工作载荷为 13 kN
7	刀具夹紧后不能松开	松夹弹簧压合过紧	逆时针旋转松夹弹簧上的螺母，使其最大工作载荷不超过 13 kN
		液压缸压力和行程不足	调整液压和活塞行程开关位置

三、进给传动机构的故障诊断和排除

数控铣床进给传动机构的任务是实现执行机构（刀架、工作台等）的运动。进给传动机构以滚珠丝杠螺母副最为常见，其移动导轨副一般有塑料导轨、滚动导轨或静压导轨。

1. 进给传动机构的维护

进给传动机构的故障大部分是因运动质量下降造成的，如机械执行部件不能到达规定的位置、运动中断、定位精度下降、反向间隙过大、机械出现爬行、轴承磨损严重、噪声过大、机械摩擦力过大等。这些与日常维护的质量密切相关。

（1）滚珠丝杠螺母副的维护

1）轴向间隙的调整。为了保证反向传动精度和轴向刚度，必须消除轴向间隙。滚珠丝杠螺母副常用双螺母预紧的方式来消除轴向间隙，应注意预紧力不宜过大，否则会增加空载力矩，从而降低传动效率，缩短使用寿命。另外，还要注意消除丝杠安装部分和驱动部分的间隙。

2）支撑轴承的定期检查。应定期检查丝杠支撑轴承与床身的连接是否松动，以及支撑轴承是否损坏等。若有以上问题，应及时紧固松动部位并更换支撑轴承。

3）滚珠丝杠的润滑。滚珠丝杠的润滑可采用润滑脂或润滑油。润滑脂可采用锂基润滑脂，一般加在螺纹滚道和安装螺母的壳体空间内，每年更换一次，清洗丝杠上的旧润滑脂，涂上新润滑脂。润滑油一般为全损耗系统用油，经过壳体上的油孔注入螺母的空间内，可通过自动润滑系统在数控铣床工作时每隔 10~12 min 加油一次。

4）滚珠丝杠的防护。滚珠丝杠螺母副和其他滚动摩擦的传动元件一样，应避免硬质灰尘或切屑等污物进入，因此必须有防护装置。若滚珠丝杠螺母副在数控铣床上外露，应采用封闭的防护罩，一般有螺旋弹簧钢带套管、伸缩套管、折叠式套管等。若数控铣床处于隐蔽的位置，则可采用在螺母两端装密封圈的方式进行防护，密封圈有接触式与非接触式（迷宫式）两类。在数控铣床工作过程中应避免碰击防护装置，如有损坏要及时更换。

（2）导轨副的维护

1）滑动导轨间隙调整。导轨副维护中很重要的一项工作是保证导轨面之间具有合理的间隙。间隙过小，则摩擦阻力大，导轨磨损加剧；间隙过大，则运动失去准确性和平稳性，失去导向精度。一般采用压板、镶条、垫片等调整间隙。

2）滚动导轨的预紧。为了提高滚动导轨的刚度，消除间隙，应采取必要的预紧措施。滚动导轨常见的预紧方法有采用过盈配合或调整间隙法。

3）导轨的润滑。对导轨面进行润滑可减少磨损，防止导轨面锈蚀。滑动导轨常用的润滑剂为润滑油，而滚动导轨可采用润滑油或润滑脂。

4）导轨的防护。为了防止切屑、磨粒或切削液散落在导轨面上而引起磨损、擦伤和腐蚀，导轨面上应有可靠的防护装置。常用的防护装置有刮屑式防护罩、卷帘式防护罩和叠层式防护罩。在数控铣床的使用过程中，应防止损坏防护罩，经常清理导轨面的污物，特别是对于叠层式防护罩，要经常用刷子蘸机油清理移动接缝，以免产生碰壳现象。

2. 进给传动机构的常见故障现象、原因与排除方法

进给传动机构的常见故障现象、原因与排除方法见表6-3。

表6-3　　进给传动机构的常见故障现象、原因与排除方法

序号	故障现象	故障原因	排除方法
1	滚珠丝杠螺母副有噪声	丝杠支撑轴承压盖压合情况不好	调整轴承压盖，使其压紧轴承端盖
		丝杠支撑轴承破损	更换轴承
		电动机与丝杠联轴器松动	拧紧联轴器锁紧螺钉
		丝杠润滑不良	改善润滑条件，使润滑油量充足
		滚珠丝杠螺母副滚珠有破损	更换新滚珠
2	滚珠丝杠运动不灵活	轴向预加载荷太大	调整轴向间隙和预加载荷
		丝杠轴线与导轨不平行	调整丝杠支座位置，使丝杠轴线与导轨平行
		螺母轴线与导轨不平行	调整螺母座的位置
		丝杠弯曲变形	校直丝杠
3	滚珠丝杠螺母副脂润滑状况不良	各坐标轴滚珠丝杠螺母副的润滑脂不足	移动工作台，取下丝杠罩套，涂上锂基润滑脂

续表

序号	故障现象	故障原因	排除方法
4	导轨没有润滑或润滑状况不良	自动润滑站油箱的油量不足	在油箱内加 20 号导轨润滑油至油标的位置
		导轨的润滑油管堵塞，或分油器损坏	清除油管内堵塞物，更换压扁、破裂的油管，更换损坏的分油器
		自动润滑站的供油不良，或润滑泵损坏	清洗润滑站过滤器，清洗油箱，更换损坏的润滑泵
5	导轨研伤	数控铣床长期使用后，地基与床身水平有变化，使导轨局部单位面积负荷过大	定期进行床身导轨的水平调整，或修复导轨精度
		长期加工短工件或承受过分集中的负荷，使导轨局部磨损严重	注意合理分布短工件的装夹位置，避免负荷过分集中
		导轨润滑不良	参见本表中的序号 4
		导轨材质不佳	采用电镀加热自冷淬火的方法对导轨进行处理，导轨上增加锌铝铜合金板，以改善摩擦情况
		刮研质量不符合要求	提高刮研修复的质量
		数控铣床维护不良，导轨里落入污物	加强数控铣床的保养，保养好导轨防护装置
6	导轨上移动部件运动不良或不能移动	数控铣床滚珠丝杠与联轴器松动	拧紧联轴器上的螺钉
		导轨压板和镶条与导轨的间隙太小，调得太紧	调整压板和镶条与导轨的间隙，保证间隙为 0.02~0.03 mm
		导轨面研伤	用 180 号砂布修磨铣床导轨面上的伤痕
		导轨润滑不良	参见本表中的序号 4
7	加工面在接刀处不平	导轨直线度超差	调整或修刮导轨至标准精度允许误差要求
		导轨压板或镶条松动	调整压板或镶条的间隙
		数控铣床水平度差，使导轨发生弯曲	调整数控铣床导轨的平行度与垂直度，使其在标准精度允许误差范围内

四、液压系统与气动系统的维护

数控铣床液压系统的主要驱动对象有液压卡盘、静压导轨、液压拨叉变速、液压驱动机械手、主轴上的松刀液压缸等。数控铣床气动系统主要用于主轴锥孔吹气、防护门开关和某些加工中心主轴上刀柄的松卸等。

1. 液压系统的维护要点

（1）控制油液污染，保持油液清洁。控制油液污染，保持油液清洁，是确保液压系统正常工作的重要措施。据统计，80%的液压系统故障是由油液污染引起的，油液污染还会加速液压缸元件的磨损。

1）定期对油箱内的油液进行取样化验，检查油液质量，定期过滤或更换油液。

2）定期检查、清洗或更换液压元件。

3）定期检查、清洗或更换滤芯。

4）定期检查、清洗油箱和管道。

（2）控制油液的温升。控制液压系统中油液的温升是保证液压系统工作正常、动作可靠的重要环节。

1）检查油液的温度是否在允许范围内。

2）定期检查冷却器和加热器的工作性能。

（3）防止液压系统泄漏。防止液压系统泄漏极为重要，因为泄漏和吸空是液压系统常见的故障。

1）经常检查各液压缸及管接头是否有外漏。

2）定期检查、更换密封件，在提高密封件质量的同时，要注意正确安装及使用密封件。

（4）防止液压系统产生振动与异常噪声。振动会影响液压元件的性能，使螺钉松动，管接头松脱，从而引起漏油。

1）注意液压泵或液压电动机运转时是否有异常噪声等。

2）注意液压缸移动时工作是否正常、平稳。

3）注意液压系统工作时有无高频振动。

4）定期检查和紧固重要部位的螺钉、螺母、接头和法兰螺钉。

（5）严格执行日常点检制度。液压系统的故障存在隐蔽性、可变性和难以判断性，因此应对液压系统的工作状态进行点检，将故障排除在萌芽状态，减少故障的发生。

1）检查液压系统各测压点压力是否在规定的范围内，压力是否稳定。

2）检查电气控制或撞块（凸轮）控制的换向阀工作是否灵敏、可靠。

3）检查油箱的油量是否在油标刻度线范围内。

4）检查行程开关或限位挡块的位置是否有变动。

5）检查液压系统手动或自动工作循环时是否有异常现象。

6）定期检查蓄能器的工作性能。

2. 气动系统的维护要点

（1）保证供给洁净的压缩空气。压缩空气中通常含有水分、油分、粉尘等杂质。水分会使管道、阀门和气缸腐蚀；油分会使橡胶、塑料和密封材料变质；粉尘会造成阀体动作失灵。选择合适的过滤器可以清除压缩空气中的杂质。使用过滤器时应注意以下几点：

1）及时排除储水杯中积存的冷凝水；

2）定期清洗或更换滤芯；

3）检查冷凝水的排放阀动作是否可靠。

（2）保证空气中含有适量的润滑油。大多数气动执行元件都要求适度的润滑，一般采用油雾器进行喷雾润滑。

1）定期检查油雾器油杯内的油量是否足够，滴油量是否合适。供油量一般不宜过多，通常每 10 m^3的自由空气供 1 mL 的油量（即 40~50 滴油）。

2）定期检查润滑油是否变色、浑浊，油杯底部是否沉积灰尘和水。

3）定期检查电磁换向阀的润滑是否良好：将一张清洁的白纸放在换向阀的排气口附近，如果在换向阀工作三四个循环后，白纸上只有很轻的斑点，表明润滑良好。

（3）保持气动系统的密封性。漏气不仅会增加能量的消耗，也会导致供气压力的下降，甚至造成气动元件工作失常。对于严重的漏气，在气动系统停止运行时，很容易听见由漏气引起的响声；对于轻微的漏气，则可利用仪表或用涂抹肥皂水的方法进行检查。为保证密封性，应及时更换密封元件，处理管接头或连接螺钉松动等。

（4）保证气动元件中运动零件的灵敏度。从空气压缩机中排出的压缩空气包含粒度为 0.01~0.08 μm 的压缩机油微粒，在排气温度为 120~220℃ 的情况下，这些油粒会迅速氧化，氧化后，油粒颜色变深，黏度增高，并逐步由液态固化成油泥。对于这种微米级以下的颗粒，一般过滤器无法滤除。当它们进入换向阀后便会附着在阀芯上，使换向阀的灵敏度逐步降低，甚至出现动作失灵现象。为清除油泥，保证灵敏度，可在气动系统的过滤器后安装油雾分离器，将油泥分离出来。此外，定期清洗换向阀也可以保证换向阀的灵敏度。

（5）保证气动装置具有合适的工作压力和运动精度。调节工作压力时，压力表应当工作可靠，读数准确。

1）气动系统工作时，要检查压力表读数是否在规定的范围内。

2）定期检查调压阀盖或锁紧螺母，防止松动。

3）定期检查安全阀及压力继电器在调定压力下的动作是否可靠。

3. 液压元件的常见故障现象、原因与排除方法

液压元件的常见故障现象、原因与排除方法见表 6-4。

表 6-4　　液压元件的常见故障现象、原因与排除方法

序号	故障现象	故障原因	排除方法
1	液压齿轮泵噪声严重及压力波动	泵的滤油器被污物堵塞，不能起过滤油的作用	用干净的清洗油去除污物
		油位不足，吸油位置太高，吸油管露出油面	加油到油标位，降低吸油位置
		泵体与泵盖不垂直密封，旋转时吸入空气	在泵体与泵盖间加入纸垫，泵体用金刚砂在平板上研磨，使泵体与泵盖平面度误差不超过 0.005 mm。泵体与泵盖间不得有泄漏
		泵与电动机的联轴器不同轴，有扭曲摩擦	调整泵与电动机联轴器的同轴度，使其误差不超过 0.2 mm
		泵齿轮啮合精度不够	对研齿轮，达到齿轮啮合精度
		泵轴的油封骨架脱落，泵体不密封	更换合格的泵轴油封
2	液压齿轮泵输油量不足	轴向间隙与径向间隙过大	更换零件
		泵体裂纹，气孔泄漏	更换泵体
		油液黏度太高或油温过高	用 20 号机械油（适用 10～50℃ 的温度），温度太高时用冷却系统
		电动机反转	纠正电动机旋转方向
		滤油器有污物，管道不畅通	清除污物，更换油液，保持油液清洁
		压力阀失灵	修理或更换压力阀
3	油泵运转不正常或有咬死现象	泵轴向间隙及径向间隙过小	更换零件，调整轴向间隙及径向间隙
		滚针转动不灵活	更换滚针轴承
		盖板与轴的同轴度不好	更换盖板，使其与轴同轴
		压力阀失灵	更换压力阀弹簧，清除阀体小孔污物或换滑阀
		泵与电动机间联轴器的同轴度不够	调整泵与电动机间联轴器的同轴度误差在 0.02 mm 范围内
		泵中有杂质	用细铜丝网过滤机油，去除污物
4	换向阀工作压力不足	溢流阀调定压力偏低	调整溢流阀压力
		溢流阀的滑阀卡死	拆开清洗，重新组装
		调整弹簧损坏	更换调整弹簧
		系统管路压力损失太大	更换管路

续表

序号	故障现象	故障原因	排除方法
5	换向阀工作流量不足	系统供油不足	检查油源
		阀内泄漏量大	降低油温，更换新的滑阀与阀体
6	换向阀复位失灵	复位弹簧损坏与变形	更换复位弹簧
7	换向阀外渗漏	密封圈损坏	更换密封圈
		油口安装法兰面密封不良	紧固和密封相应部位
		各接合面紧固螺钉、调压螺钉锁紧螺母松动或堵塞	紧固相应部件
8	电磁换向阀滑阀动作不灵活	滑阀被拉坏	拆开清洗，修整滑阀与阀孔的毛刺及拉坏的表面
		阀体变形	调整安装螺钉的压紧力
		复位弹簧折断	更换复位弹簧
9	电磁铁线圈烧损	线圈绝缘不良	更换电磁铁
		电压不符合要求	使用电压应在额定电压的90%以上
		工作压力和流量超过规定值	调整工作压力，或采用性能更高的阀
		回油压力过高	检查背压，应在规定值16 MPa以下
10	液压缸外部漏油	活塞杆碰伤、拉毛	用极细的砂布或油石修磨，或更换新件
		防尘密封圈被挤出和反唇	拆开重新安装
		活塞和活塞杆上的密封件损伤	更换密封件
		液压缸安装定心不良，使活塞杆伸出困难	检查安装位置，拆下调整至符合要求
11	活塞杆爬行和蠕动	液压缸内进入空气	松开接头，将空气排出
		液压缸的安装位置偏移	调整活塞杆，使其与主机运动方向平行
		活塞杆全长弯曲或局部弯曲	校正活塞杆，使直线度误差不大于0.3 mm/100 mm；或更换活塞杆
		缸内锈蚀或拉伤	去除锈蚀和毛刺，严重时更换缸筒

学习单元 2　常见数控系统故障的诊断和排除

学习目标

- 了解数控系统故障检查的一般方法
- 熟悉数控系统的自诊断功能
- 熟悉数控系统的参数故障
- 掌握数控系统常见故障的处理方法

知识要求

一、数控系统的日常维护与故障检查的一般方法

1. 数控系统的日常维护

对数控系统进行日常维护和保养可延长数控铣床的使用寿命，防止各类故障特别是恶性事故的发生。

（1）制定数控系统日常维护的规章制度。根据各种部件的特点确定保养条例，如规定哪些地方需要天天清理，哪些部件需要定时加油或定期更换等。

（2）应尽量少开数控柜的门。若机加工车间空气中的油雾、灰尘甚至金属粉末落在数控柜内，易导致元器件及印制电路板损坏。因此，除非进行必要的调整和维修，应严禁随意开启数控柜的门。

（3）定期清理数控装置的散热通风系统。应每天检查数控装置上各冷却风扇的工作是否正常。视工作环境的状况，每半年或每季度清理一次风道过滤通道，防止数控系统过热报警。

（4）定期维护数控系统的输入/输出装置。对于带有光电式、磁性阅读器或计算机接口等的输入/输出装置要经常维护，防止信息传递出错。

（5）定期检查和更换直流电动机电刷。直流电动机电刷的过度磨损将会影响电动机的性能，甚至造成电动机损坏。

（6）监视数控装置用的电网电压。数控装置通常允许电网电压在额定值的 -15% ~ +10% 范围内波动。电网电压超出此范围会造成系统不能正常工作，甚至会引起数控系统

内的电子元器件损坏。

（7）定期更换存储器电池。数控系统在不通电期间由可充电电池维持存储。在一般情况下，即使电池还未失效，也应每年更换一次，以便保持系统能正常工作。电池更换应在数控装置通电的状态下进行。

（8）在数控铣床长期闲置的情况下，要经常给系统通电，特别是在环境湿度较大时。如果数控铣床由直流电动机驱动，还应取出电刷，避免电动机换向器的表面腐蚀。

2. 数控系统故障检查的一般方法

（1）直观法。直观法是一种最基本的方法。维修人员通过观察故障发生时的各种光、声、味等异常现象及认真查看系统的每一处，往往可将故障范围缩小到一个模块或一块印制电路板。直观法要求维修人员具有丰富的实际经验、较宽的知识面和综合判断的能力。

例如，TC1000 加工中心的控制面板显示消失，经检查发现面板 MS401 的电源熔丝烧断，而其内部无短路现象，更换熔丝后，故障消失，显示恢复正常。

（2）自诊断功能法。现代数控系统已经具备了较强的自诊断功能，能随时监视数控系统硬件和软件的工作状况。一旦发现异常，其能立即在 CRT 显示器上显示报警信息或用发光二极管指示故障区域。利用自诊断功能，也能检查系统与主机之间的接口信号状态，从而判断出故障发生在机械系统部分还是数控系统部分，并指示出故障的大致部位。这个方法是当前数控系统故障检查时最有效的一种方法。

（3）功能程序测试法。所谓功能程序测试法，就是将数控系统的常用功能和特殊功能，如直线定位、圆弧插补、螺纹切削等，编制成一个功能测试程序，输入数控系统使之运行，借以检查数控铣床执行这些功能程序的准确性和可靠性，进而判断出故障发生的可能原因的方法。功能程序测试法的应用场合有：

1）数控铣床加工产生废品而一时无法确定是编程、操作不当还是数控系统故障；

2）数控系统出现随机性故障，一时难以区别是外来干扰还是系统稳定性不好造成的；

3）闲置时间较长的数控铣床在投入使用时，或数控铣床进行定期检查时。

例如，某企业配有 FANUC-7M 的加工中心，加工过程中出现零件尺寸相差较大的现象，使用功能程序测试法进行故障检查，当加工到程序中含有 G01、G02、G18、G19、G40、G41 和 G42 指令代码的四角带有圆弧过渡的长方形典型零件时，维修人员发现铣床运动轨迹与所要求的加工图形不符合，从而确定铣床的刀具补偿不良。该数控系统的刀具补偿软件存放在 EPROM 中，更换该集成块，系统恢复正常。

（4）交换法。交换法是一种简单易行的方法，也是现场判断最常用的方法之一。所谓交换法，就是在分析出故障大致起因的情况下，利用备用的印制电路板、模板、集成电路芯片或元器件替换有疑点的部分，从而把故障范围缩小的方法。它实际上也是在验证分析的正确性。

（5）转移法。所谓转移法，就是将数控系统中具有相同功能的两块印制电路板、模板、集成电路芯片或元器件相互交换，观察故障现象是否随之转移，从而迅速确定系统故障部位的方法。这个方法实际上是交换法的一种。

例如，数控铣床有些进给轴的驱动单元具有相同的当量，如立式加工中心，其 X 轴与 Y 轴的驱动单元往往是一致的，当其中某一轴发生故障时，可以用另一轴来替代，观察故障的转移情况，快速确定故障的部位。注意更换要在断电后进行。

（6）参数检查法。数控系统参数能直接影响数控铣床的性能。参数通常存放在磁泡存储器或需由电池保持的 CMOS RAM 中，一旦电池电量不足或受外界某种因素干扰，个别参数就会丢失或变化，引发混乱，使数控铣床不能正常工作。此时，通过核对、修正参数就能将故障排除。当数控铣床长期闲置，工作时“无缘无故”地出现不正常现象或有故障而无报警时，就应根据故障特征，检查和校对有关参数。

（7）测量比较法。数控系统生产厂商在设计印制电路板时，为了调整、维修的便利，在印制电路板上设计了多个检测用的端子。用户可以利用这些端子比较测量正常的印制电路板和有故障的印制电路板之间的差异，如检测这些测量端子的电压或波形，分析故障的位置。有时还可对正常的印制电路板人为地制造“故障”，如断开连线或短路、拔去组件等，以判断真实故障的起因。

（8）原理分析法。根据数控系统的组成原理，可从逻辑上分析各点的逻辑电平和特征参数（如电压值或波形），然后用万用表、逻辑笔、示波器或逻辑分析仪进行测量、分析和比较，从而对故障进行定位。这种方法要求维修人员必须对整个系统或每个电路的原理有清楚的、较深的了解。

二、数控系统的自诊断功能

故障自诊断技术是当今数控系统一项十分重要的技术，其强弱是评价系统性能的一个重要指标。随着微处理器技术的发展，数控系统的自诊断能力越来越强，从原来简单的诊断发展为多功能和智能化的诊断，如许多系统均有硬件、操作、NC 报警、PLC 报警等多种类别的自诊断功能。一旦数控系统发生故障，借助系统的自诊断功能，往往可以迅速、准确地查明原因并确定故障部位。因此，对维修人员来说，熟悉和运用系统的自诊断功能是十分重要的。

自诊断技术的思想是：向被诊断的部分或装置写入一串称为测试码的数据，然后观察系统的相应数据（称为校验码），根据事先已知的测试码、校验码与故障的对应关系，通过对观察结果的分析确定故障。目前，各种数控系统的自诊断方式各有特色，其大多利用数控装置中的计算机、运行诊断软件来进行各种测试。常用的自诊断方式主要有启动诊断、在线诊断和离线诊断三种。

1. 启动诊断

启动诊断又称开机自检，是指数控系统每次从通电开始到进入正常的运行准备状态为止，内部自诊断软件对系统中最关键的硬件和控制软件，如数控装置中的 CPU、RAM、ROM 等芯片，MDI、CRT、I/O 等模块，以及监控软件、系统软件等，逐一进行检测，并将检测结果在 CRT 显示器上显示出来。一旦检测不通过，即在 CRT 显示器上显示报警信息或报警号，指出哪个部分发生了故障。只有当全部开机诊断项目都正常通过后，系统才能进入正常运行准备状态。启动诊断通常在 1 min 内结束。

启动诊断可将故障原因定位到印制电路板或模块上，有些甚至可定位到芯片上，如指出哪块 EPROM 出现了故障。但在很多情况下，启动诊断仅可将故障原因定位在某一范围内，维修人员需要通过维修手册找出真正的原因并加以排除。

2. 在线诊断

在线诊断又称实时自诊断，是通过数控系统的内装程序，在系统处于正常运行状态时，实时自动地对数控装置、伺服系统、外部的 I/O 及与数控装置相连的其他外部装置进行自动测试、检验，并显示有关状态信息和故障。系统不仅能在屏幕上显示报警号及报警内容，而且还能实时显示 NC 内关键标志寄存器及 PLC 内操作单元的状态，为故障诊断提供了极大的便利。

3. 离线诊断

当数控系统出现故障或要判断系统是否有故障时，往往要停止加工和停机进行检查，这就是离线诊断（又称脱机诊断）。离线诊断的主要目的是修复系统和故障定位，力求把故障定位在尽可能小的范围内，如缩小到某个模块、某个印制电路板或板上的某部分电路，甚至某个芯片或器件。这种更为精确的故障定位对彻底修复故障系统是十分必要的。离线诊断可以在现场，也可以在维修中心或数控系统制造厂进行。

三、数控系统的参数故障

1. 设置参数的目的

（1）满足客户多样化的需求。客户的需求是多样化的，如果为每一位用户都定制一种系统，系统厂商会感到负担太大，力不从心，且用户要负担的成本太高。因此，系统制造厂家便把某些经常需要改变的功能参数化，把主动权交给用户，用户可根据自己的需要改变参数，以得到满意的配置。对于数控系统厂家而言，这样做降低了开发、制造成本，且能使系统用在各式各样的机床上。例如，基于 PC 的全软件开放式数控系统 PA-8000 可以通过改变参数直接用于车床、铣床、加工中心、数控冲床等。

（2）满足整个系统调试的需要。一台数控机床就是一个完整的系统，这个系统由许多电子、机械零部件和软件组成。这些零部件的制造精度不可能完全相同，用这些零部件组装成的系统尽管功能相同，但在精度、性能上存在差异，也称误差。为调整误差，数控系统厂商设计了一些参数，通过这些参数调整整个系统的误差，如某一个轴的正反向间隙、螺距补偿等。

（3）便于机床维修。在机床维修中，有时要利用某些参数调整机床，有些参数要根据机床运行状态进行必要的修正。数控机床在使用一段时间后，其机械部件必然会发生磨损，磨损到一定程度，机床精度将超差，通过调整一些参数，可以使机床恢复精度，而不必立刻更换零件。事实上，在数控机床的整个使用寿命内，由于正常磨损而更换零件的情况比较少，这类问题大多可以通过调整参数来解决。

（4）简化最终用户的操作。数控系统的最终用户就是机床操作者。为了方便最终用户，数控系统生产厂商也提供了一些参数。这些参数与数控指令、功能的使用相配合。例如，FANUC 0T 系统提供了外圆、端面粗加工固定循环指令（G71、G72），用户可以在指令中规定每次的进刀深度和退刀量，同时在指令中可以不指定这些数据，而由参数来设定。由于每个编程人员对加工工艺的理解不同，同一个零件的加工工艺会出现很大的差异。对于某些机床经常加工的零件，如果通过研究得到了一组合适的进刀、退刀数据，那么就可以把这些数据放入参数，这样企业就可以规范加工工艺，保证加工质量和效率。

2. 参数的分类

（1）按参数的功能分类

1）机床参数。机床参数范围很广，包括机床的行程、控制轴数、显示内容等，其主要与机床的规格有关。

2）伺服参数。伺服参数涉及整个机床的进给性能与精度，如加减速时间、跟随误差、反向间隙、螺距补偿等。

3）主轴参数。主轴参数规定主轴性能，如主轴的最高、最低转速等。

4）程序参数。有些程序参数规定了某些指令的格式，如一个程序段中 M 指令的个数限制；有些程序参数用于固定加工循环。

（2）按参数的表示形式分类

1）状态型参数。状态型参数是指每项参数的八位二进制数中，每一位都表示了一种独立的状态或者某种功能的有无。

2）比率型参数。比率型参数是指某些参数设置的某几位所表示的数值都是某些参量的比例系数。

3）真实值参数。真实值参数是指某些参数直接表示系统某个参数的真实值。这类参数的设定范围一般是规定好的，用户在使用时一定要注意其所表示的范围，以免造成设定参数的数值超出范围值。

（3）按参数的性质分类

1）普通型参数。普通型参数是指数控系统生产厂商在各类公开发行的资料中所提供的参数，这类参数都有明确的含义及规定，或有详细的说明。

2）秘密级参数。秘密级参数是指数控系统生产厂商在各类公开发行的资料中不做介绍的参数，这类参数只是在随机所附带的参数表中有初始的设定值，用户不清楚其具体的含义。如果这类参数发生改变，用户将不知所措。

3. 参数故障及其诊断

（1）产生参数故障的原因。数控机床在使用过程中有时会出现参数全部丢失或个别参数改变的现象。产生这种现象的原因如下。

1）数控系统后备电池失效。后备电池失效将导致全部参数丢失。因此，在机床正常工作时，应注意是否显示电池电压低的报警。长期停用的机床最容易出现电池失效现象，要定期为机床通电，使机床空运行一段时间，这对机床数控系统、机械系统使用寿命的延长有很大的益处。

2）操作者的误操作。误操作是初次接触数控机床的操作者经常出现的问题。误操作可能会将全部参数清除，或将个别参数改变。为避免出现这类情况，应对操作者加强上岗业务技术培训，同时制定有效可行的操作章程，并要求严格执行。

3）数控机床在 DNC 状态下加工工件或进行数据通信时，电网瞬间停电。

（2）参数检查和恢复。参数的改变或丢失现象有的可以通过采取措施减少或杜绝，有的则无法避免。当参数改变或丢失时，首先要进行的工作就是参数检查和恢复。修改参数是一件非常严肃的工作，要改变已有的参数，必须得到上级的批准和专业人员的指导。在修改参数以前，必须记录该参数的原状。一般可以采用的参数恢复方法如下。

1）对照随机资料参数表的硬拷贝逐个检查机床参数，当发现有不一致的参数时，就硬拷贝该参数。这种方式不需要外部设备，但检查并恢复 10 000 多个参数用时长，效率低，容易出错，因此一般仅用于修改个别参数。

2）利用计算机和数控机床的 DNC 功能，通过 DNC 软件进行参数输入。这种方式效率高，操作简单，输入参数的出错率极低。采用这种方式全面恢复一台数控机床的参数用时不超过 10 min。

（3）利用参数调整维修数控机床。某数控铣床加工精度降低后的误差补偿调整如下。

1）设置失动量补偿参数。按第 3 章介绍的反向间隙简便测试方法测量反向间隙，一般在各轴行程的两端和中间进行测量，各点的反向间隙各不相同，在数控系统中通过设置反向间隙消除失动量。

在 FANUC 的参数中设置反向间隙，第 0535～0538 号参数分别对应 *X*、*Y* / *Z*、3 th/*Z*、4 th 轴的反向间隙。在一台机床上只能设一个反向间隙数值，因此要先对测量的数据进行分析后再设置。当各点的反向间隙差距不大时，可以取其算术平均值，如测得三个位置的反向间隙分别为 0.02 mm、0.014 mm、0.03 mm，可以设置为 0.021 mm。当各点的反向间隙相差比较大时，可以取经常使用的那段行程范围内的间隙值作为设置值。

2）设置定位参数。定位参数通常被称为螺距补偿，补偿的依据是测量得到的各点定位误差。丝杠螺距补偿前，相关的设定参数有参考点的补偿点号、负方向最远端补偿点号、正方向最远端补偿点号、补偿值放大倍率、补偿点间隔。某些数控机床进行双向丝杠螺距补偿后，可以不再补偿丝杠反向间隙。

FANUC 0 系统各轴的补偿起点分别放在 1000、2000、3000、4000 号参数中；补偿间隔放在 0712～0715 号参数中；补偿值放在 1001～1128、2001～2128、3001～3128、4001～4128 号参数中（这表明每个轴可以设置 128 个补偿点）。每个点允许输入的数值为-7～+7，单位是脉冲当量个数。如果机床的最小脉冲当量是0.001 μm，那么补偿量是-0.007～+0.007 μm。与这个参数相关，0011 号参数的第 0 位和第 1 位是一个倍率，实际补偿量是所设置的补偿脉冲当量数乘以倍率。因此，实际可以补偿的范围是 0～±56 个脉冲当量。

在设置参数时要取出最大、最小的补偿量，据此选择合适的倍率，最终确定输入的补偿当量个数。

另外，在数控机床加工中，加工精度除取决于进给传动的定位精度外，对于闭环、半闭环数控机床来说，还可能与位置环增益或检测增益系数 *K*v 有关。*K*v 是数控机床伺服系统的重要参数，*K*v 越大，响应越快，位置控制精度越高，但也容易使位置环产生振荡。*K*v 与进给速度和跟踪误差有关。一般定位精度低与增益系数 *K*v 太低有关，此时可增大 *K*v 来提高定位精度。但 *K*v 太高易使机床产生振动，位置环的稳定性变差。因此，要全面考虑，注意观察调整后的结果。

四、数控系统的常见故障

1. 电源接通后 CRT 无辉度或任何画面

造成电源接通后 CRT 无辉度或任何画面的可能原因如下。

（1）与 CRT 单元有关的电缆连接不良引起。应对电缆重新检查后再连接一次。

（2）CRT 单元的输入电压不正常。在检查前，应明确 CRT 所用的电源是直流还是交流，以及电压有多高。

（3）CRT 本身的故障。

（4）用示波器检查是否有视频信号输入；若无，则故障出在 CRT 接口印制电路板或主控制印制电路板上。

（5）数控系统的主控制印制电路板上如有报警显示，也可影响 CRT 显示。

2. CRT 无显示且机床不能动作

CRT 无显示且机床不能动作最可能的原因是主控制印制电路板或存储系统控制软件的 ROM 板损坏。

3. CRT 无显示但机床仍能正常工作

CRT 无显示但机床仍能正常工作，说明数控系统的核心控制部分仍能正常地进行插补运算及伺服控制等，只是显示部分或 CRT 控制部分出了故障，对相关故障进行排除后一般即有显示。

4. 机床不能运动

对数控系统来说，导致机床不能运动的原因可以分成以下两类：

（1）系统处于不正常的状态，如报警状态、紧急停止状态，或复位按钮处于被接通的状态；

（2）设定错误，如将进给速度设定为零值，将机床设定为锁住状态等，此时运行程序虽然在 CRT 上有位置坐标值显示但机床却不能运动。

5. 出现“NOT READY”显示

有时，数控系统一接通电源就出现“NOT READY”显示，过几秒钟后电源就自动切断；有时，数控系统接通电源后显示正常，但在运行程序的中途突然显示“NOT READY”，随之电源被切断。造成这类故障的一个原因是 PLC 故障。这可以通过查 PLC 的参数及梯形图来发现。

6. 运行宏程序出现报警

当数控系统进入用户宏程序时出现超程报警或显示“PROGRAM STOP”，而一旦退出用户宏程序则运行正常，这类故障多出在用户宏程序。若操作人员错按“RESET”按钮，就会造成宏程序的混乱。此时可通过全部清除数控系统的内存，重新输入 CNC 和 PLC 的参数、宏程序变量、刀具偏置号及设定值等来恢复。

7. 机床不能正常返回参考点

（1）机床不能正常返回参考点，且有报警产生。发生此故障的原因如下。

1）脉冲编码器的一转信号没有输入主控制印制电路板。脉冲编码器断线或脉冲编码器的连接电缆和接头断线等均可引起此故障。

2）返回参考点时的机床位置距参考点太近。

（2）在返回参考点过程中，数控系统突然变成“NOT READY”状态，但CRT画面却无任何报警发生。这种情况多为用于返回参考点的减速开关失灵，开关触头压下后复位所致。

8. 手摇脉冲发生器不能工作

（1）转动手摇脉冲发生器时，CRT画面的位置显示发生变化，但机床不动。

1）先通过诊断功能检查系统是否处于机床锁住状态。

2）若机床未锁住，则再由诊断功能确认伺服断开信号是否已被输入数控系统中。

3）如果上述情况都不存在，则故障多出在伺服系统。

（2）转动手摇脉冲发生器时，CRT画面的位置显示无变化，机床也不动。

1）通过参数检查数控系统是否带有手摇脉冲这个功能。

2）通过诊断功能检查机床锁住信号是否被输入。

3）用自诊断功能检查手摇脉冲发生器的方式选择信号是否已输入，检查主板是否报警。

4）手摇脉冲发生器损坏或手摇脉冲发生器接口板损坏。

9. 进给驱动系统故障

进给驱动系统故障量占整个数控系统故障量的1/3左右。其故障的反映形式大致可分为三种：一是利用软件的诊断程序，在CRT上显示报警信息；二是利用速度控制单元上的硬件来显示报警；三是没有任何报警指示。

（1）软件报警形式。现代数控系统都具有对进给驱动进行监视、报警的功能。

1）伺服进给出错报警。这类报警大多是由速度控制单元故障引起的，或者是由主控制印制电路板内位置控制或伺服信号有关部分的故障引起的。

2）检测元件（测速发电机、旋转变压器或脉冲编码器）或检测信号方面引起的故障报警。

3）过热报警。伺服单元、变压器及伺服电动机过热，引起报警。

（2）硬件报警形式。硬件报警包括速度控制单元上的报警指示灯闪烁和熔丝熔断，以及各种保护开关跳开等。

1）高电压报警。输入交流电压超过额定值的10%，引发高电压报警。

2）大电流报警。速度控制单元上的功率驱动元件损坏，引发大电流报警。

3）电压过低报警。输入电压低于额定值的85%或电源连接不良，引发电压过低报警。

4）过载报警。机械负载不正常，或速度控制单元上电动机电流的上限值设定得太低，引发过载报警。

5）速度反馈断线报警。伺服电动机的速度或位置反馈线损坏或接触线接触不良引发速度反馈断线报警。

6）速度控制单元上的熔丝熔断或断路器跳闸。引发这类现象的主要原因为速度、位置检测单元或电动机故障。

7）保护开关动作。首先分清是何种保护开关动作，然后再采取相应措施予以解决。

（3）无故障显示报警。这类报警故障多以机床处于不正常运动状态的形式出现，故障的根源在进给驱动系统。

1）机床失控。伺服电动机内的检测元件发生故障，会导致机床失控。

2）机床振动。检测增益系数太高或参数设定错误，会导致机床振动。

3）工件圆柱度误差超差。定位精度太低或位置环增益系数调整不好，会导致工件圆柱度误差超差。

4）机床过冲。快速移动时间常数设定太小或速度环增益系数设定太低，会导致机床过冲。

10. 主轴驱动故障

与进给驱动一样，主轴驱动也分为直流和交流两种。下面是交流主轴驱动常见故障分析。

（1）电动机过热。造成电动机过热的原因如下：

1）负载太大；

2）电动机冷却系统堵塞；

3）电动机冷却风扇损坏；

4）电动机与控制单元之间接触不良。

（2）交流输入电路的熔丝熔断。造成交流输入电路熔丝熔断的原因如下：

1）交流电源侧的阻抗太高；

2）交流电源输入处的浪涌吸收器损坏；

3）电源整流桥损坏；

4）逆变器用的晶体管模块损坏；

5）控制单元的印制电路板有故障。

（3）再生回路用的熔丝熔断。主轴电动机的加减速频率太高，会导致再生回路用的熔丝熔断。

（4）主轴电动机有异常噪声和振动。若在减速过程中，则检查再生回路的熔丝和晶体管；若在恒速过程中，则检查反馈电压是否正常；若在停转过程中，则故障多出在机械部分。

（5）电动机速度超过额定值。造成电动机速度超过额定值的原因如下：

1）设定错误；

2）所用软件不正确；

3）印制电路板有故障。

（6）主轴电动机不转或达不到正常转速。造成主轴电动机不转或达不到正常转速的原因如下：

1）速度指令不正常；

2）主轴电动机不能启动可能与主轴定向控制用的传感器安装不良有关。